先驱体转化陶瓷纤维与复合材料丛书

高温透波氮化物陶瓷纤维

Nitride Ceramic Fibers for High-Temperature Electromagnetic-Transmission

邵长伟　龙　鑫　王小宙　王　兵　著

科学出版社
北京

内 容 简 介

高温透波氮化物陶瓷纤维是一类以耐高温和透波功能应用为主的连续陶瓷纤维,既具有氮化物陶瓷的基本物理性质,也具有连续纤维的力学性能,是结构与透波一体化复合材料的关键原材料,在高马赫数飞行器和中远程精确打击武器系统的天线罩和天线窗中具有不可替代的用途。目前,高温透波氮化物陶瓷纤维主要采用聚合物先驱体转化法制备,为推动高温透波陶瓷纤维的技术进步和广泛应用,本书主要概述高温透波氮化物纤维的进展,系统介绍 BN、Si_3N_4 和 SiBN 三类透波纤维的制备方法及其结构与性能。

本书可供陶瓷纤维及其复合材料的研究开发和工程技术人员参考使用,还可以作为天线罩设计与研制人员的参考资料。

图书在版编目(CIP)数据

高温透波氮化物陶瓷纤维 / 邵长伟等著. —北京:
科学出版社,2022.4
(先驱体转化陶瓷纤维与复合材料丛书)
ISBN 978 – 7 – 03 – 071469 – 5

Ⅰ.①高… Ⅱ.①邵… Ⅲ.①高温陶瓷—氮化物陶瓷—陶瓷纤维 Ⅳ.①TQ343

中国版本图书馆 CIP 数据核字(2022)第 026122 号

责任编辑:徐杨峰 / 责任校对:谭宏宇
责任印制:黄晓鸣 / 封面设计:殷 靓

科 学 出 版 社 出版
北京东黄城根北街 16 号
邮政编码:100717
http://www.sciencep.com

南京展望文化发展有限公司排版
苏州市越洋印刷有限公司印刷
科学出版社发行 各地新华书店经销

*

2022 年 4 月第 一 版 开本:B5(720×1000)
2022 年 4 月第一次印刷 印张:16 1/2
字数:285 000

定价:130.00 元
(如有印装质量问题,我社负责调换)

丛 书 序

在陶瓷基体中引入第二相复合形成陶瓷基复合材料,可以在保留单体陶瓷低密度、高强度、高模量、高硬度、耐高温、耐腐蚀等优点的基础上,明显改善单体陶瓷的本征脆性,提高其损伤容限,从而增强抗力、热冲击的能力,还可以赋予单体陶瓷新的功能特性,呈现出"1+1>2"的效应。以碳化硅(SiC)纤维为代表的陶瓷纤维在保留单体陶瓷固有特性的基础上,还具有大长径比的典型特征,从而呈现出比块体陶瓷更高的力学性能以及一些块体陶瓷不具备的特殊功能,是一种非常适合用于对单体陶瓷进行补强增韧的第二相增强体。因此,陶瓷纤维和陶瓷基复合材料已经成为航空航天、武器装备、能源、化工、交通、机械、冶金等领域的共性战略性原材料。

制备技术的研究一直是陶瓷纤维与陶瓷基复合材料研究领域的重要内容。1976 年,日本东北大学 Yajima 教授通过聚碳硅烷转化制备出 SiC 纤维,并于1983 年实现产业化,从而开创了有机聚合物制备无机陶瓷材料的新技术领域,实现了陶瓷材料制备技术的革命性变革。多年来,由于具有成分可调且纯度高、可塑性成型、易加工、制备温度低等优势,陶瓷先驱体转化技术已经成为陶瓷纤维、陶瓷涂层、多孔陶瓷、陶瓷基复合材料的主流制备技术之一,受到世界各国的高度重视和深入研究。

20 世纪 80 年代初,国防科技大学在国内率先开展陶瓷先驱体转化制备陶瓷纤维与陶瓷基复合材料的研究,并于 1998 年获批设立新型陶瓷纤维及其复合材料国防科技重点实验室(Science and Technology on Advanced Ceramic Fibers and Composites Laboratory,简称 CFC 重点实验室)。三十多年来,CFC 重点实验室在陶瓷先驱体设计与合成、连续 SiC 纤维、氮化物透波陶瓷纤维及复合材料、纤维增强 SiC 基复合材料、纳米多孔隔热复合材料、高温隐身复合材料等方向取得一系列重大突破和创新成果,建立了以先驱体转化技术为核心的陶瓷纤维和陶瓷基复合材料制备技术体系。这些成果原创性强,丰富和拓展了先驱体转化技术领域的内涵,为我国新一代航空航天飞行器、高性能武器系统的发展提供了强有力的支撑。

CFC 重点实验室与科学出版社合作出版的"先驱体转化陶瓷纤维与复合材料丛书",既是对实验室过去成绩的总结、凝练,也是对该技术领域未来发展的一次深入思考。相信这套丛书的出版,能够很好地普及和推广先驱体转化技术,吸引更多科技工作者以及应用部门的关注和支持,从而促进和推动该技术领域长远、深入、可持续的发展。

中国工程院院士

北京理工大学教授

2016 年 9 月 28 日

前　言

透波陶瓷材料伴随雷达天线罩而诞生,是在航空航天装备的牵引下逐步发展起来的一种结构功能一体化材料。先进飞行器的速度、航程、空域不断拓展,超声速和高超声速的飞行器开始广泛研制和使用。作为飞行器的关键头部部件,天线罩既有重要的空气动力学作用,又有保护雷达通信的重要作用,尤其在中远程导弹高速飞行和再入时,天线罩首先受到极端的高温、高压、振动等热力环境冲击,完整结构和透波性能对导弹目标实现具有极其重要的作用。因此,以透波纤维增强的陶瓷基复合材料,集耐高温、高强度、高韧性和良好的透波性能于一体,是新一代天线罩的理想材料。

透波纤维是复合材料天线罩的关键原材料,是天线罩的力学性能和透波性能的基础。传统的有机纤维、玻璃纤维和石英纤维都在不同类型的天线罩中获得了应用,但是它们的最高使用温度限制了其在高马赫数飞行器的应用,氮化物陶瓷纤维成为亟待突破的关键瓶颈材料。连续陶瓷纤维的发展,如 SiC 纤维和 Al_3O_2 纤维,主要是以耐高温性能和力学性能为导向。氮化物陶瓷纤维与碳化硅纤维的发明几乎是同步的,但是由于对其透波功能重视不够或者应用需求不大,国内外对氮化物陶瓷纤维的研制主要局限于制备方法的创新。国防科技大学于 1990 年就开始研究多种氮化物陶瓷纤维的制备方法,自 2005 年起,陶瓷纤维与先驱体团队将氮化物透波陶瓷纤维作为重要发展方向,以高温透波天线罩应用为目标,利用先驱体转化原理和技术开展了 Si_3N_4 纤维、BN 纤维和 SiBN 纤维的系统研究。在科学技术部国家高技术发展计划(简称 863 计划)、武器装备预研、武器装备探索、国防基础科研、国家科技重大专项、军品配套科研项目等的长期支持下,国防科技大学研制出了氮化物陶瓷纤维,推动了高温透波陶瓷基复合材料的发展,为新型导弹天线罩方案提供了重要基础。

本书主要总结陶瓷纤维与先驱体课题组 20 年来在高温透波氮化物陶瓷纤

维的研究成果,系统介绍 BN 纤维、Si_3N_4 纤维、SiBN 纤维的先驱体转化制备方法、结构与性能。本书共 5 章。第 1 章"氮化物陶瓷与纤维概述"由邵长伟执笔,简要介绍天线罩与透波材料、氮化物陶瓷结构与性能、氮化物陶瓷纤维的制备方法及发展方向;第 2 章"BN 纤维"由王兵执笔,主要介绍 BN 纤维的先驱体合成、熔融纺丝、不熔化和无机化等制备过程,以及 BN 纤维的结构与性能;第 3 章"Si_3N_4 纤维"由邵长伟执笔,主要介绍以聚碳硅烷空气不熔化纤维的氮化过程和 SiNO 纤维的结构与性能、以聚碳硅烷电子束辐照交联纤维氮化制备的 Si_3N_4 纤维及其结构与性能;第 4 章"SiBN 纤维"由王小宙执笔,主要介绍聚硼硅氮烷转化制备 SiBN 纤维的主要过程,包括聚硼硅氮烷合成、熔融纺丝、不熔化和脱碳烧成等过程的组成结构演变;第 5 章"SiBN 纤维组成与性能关系"由龙鑫执笔,主要介绍硼元素对连续 SiBN 纤维高温结构与性能的影响规律,包括不同硼含量 SiBN 纤维在氮气、氩气和空气中的结构演变规律和力学性能及介电性能变化规律。全书由邵长伟统稿。

本书涵盖了陶瓷纤维与先驱体课题组雷永鹏、王小宙、龙鑫、胡暄、纪小宇、王珊珊等学位论文的部分研究内容,课题组研究生唐云、李文华、邓橙、李永强等在学期间也对氮化物透波纤维相关研究作出了重要贡献;同时,本书相关研究成果是在国防科技大学陶瓷纤维课题组长期研究基础上获得的,是在课题组王应德教授、王军教授、宋永才教授、王浩研究员和谢征芳副研究员的指导下完成的。另外,本书参考了新型陶瓷纤维及其复合材料国防科技重点实验室的氮化物陶瓷基复合材料专业的硕士和博士学位论文。本书是该实验室一代代老师和同学们长期奋斗的成果,在此,向他们表示感谢。新型陶瓷纤维及其复合材料国防科技重点实验室策划了"先驱体转化陶瓷纤维与复合材料丛书",本书作为其中一册,是国内外第一本系统总结高温透波氮化物陶瓷纤维的专著,一是总结前期研究结果,二是为陶瓷先驱体与陶瓷纤维研发人员提供参考资料,希望为读者提供一点有益的知识和启发。

鉴于作者的学识和水平有限,本书一定还存在不少值得商榷之处,对书中存在的不足,敬请读者谅解并不吝赐教。

邵长伟

2021 年 12 月 28 日

目　录

第1章 氮化物陶瓷与纤维概述

随着高性能陶瓷材料在空天飞行器的应用范围不断拓展,氮化物陶瓷与纤维凭借特殊的介电性能和热力电一体化的优势,成为极端环境中透波、吸波陶瓷材料难以替代的基础材料,必将在我国空天技术发展中发挥重要作用。我国航空航天和武器装备正在向着国际领先水平迈进,有更多的技术盲区需要探索,也将为氮化物陶瓷与纤维等结构功能一体化材料带来新的发展空间。本章将主要从氮化物陶瓷的结构与性能、氮化物陶瓷纤维的制备等方面,全面介绍国内外氮化物陶瓷与纤维的相关研究进展,重点讨论氮化物透波陶瓷纤维的发展趋势。

1.1 透波氮化物陶瓷材料

1.1.1 天线罩与透波材料

天线罩又称为雷达罩,其英文名称 radome 就是雷达(radar)和圆顶(dome)的合成词,主要用于保护雷达,以避免受到粒子流和热流等外界环境的干扰和破坏,同时能够透过雷达电磁波并尽量减少对电磁波的干扰和损耗,广泛应用于航空航天飞行器和地面雷达站。在航空航天特别是军事航天领域,天线罩具有导流、防热、透波、承载等多种功能,保证飞行器在恶劣环境条件下进行通信、遥测、制导、引爆等系统正常工作。天线罩一般位于飞行器的前端,天线罩及导弹见图 1-1。

天线罩通常位于导弹或者飞行器的头部,其外形满足一定的空气动力学要求,因此不同飞行器的天线罩外形也各不相同。有利于雷达通信的理想天线罩形状是半球形,但对于高超声速飞行器来说,最有效的空气动力学截面是细长的锥体,现有的导弹天线罩外形实际上是这两个极端之间的平衡。同时,最大限度地增加雷达罩的体积,以容纳更多的电子硬件是雷达罩外形设计的另一个目标。最常见的鼻型有圆锥形、切线形、抛物线形、冯·卡门形等,如图 1-2 所示[1]。

图 1-1　天线罩及导弹

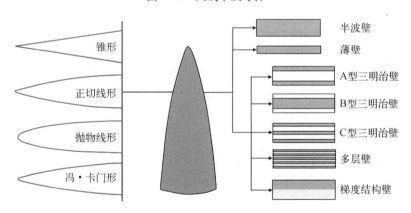

图 1-2　天线罩外形及罩壁结构示意图

实际应用的天线罩通常是圆锥体、椭圆体或它们的组合体。在给定的细度比
(长度/基底直径)下,冯·卡门形能最大限度地提高体积与阻力的比值,是比较
流行的天线罩外形。天线罩的外形一般由飞行器的气动外形设计确定,但是随
着飞行器马赫数的提高,尤其在飞行器速度提升到超声速甚至高超声速的情况,
天线罩面临的气动热冲击将对其结构强度带来极端重要的考验。天线罩不仅需

要稳定的宽频透波性能,还需要具备耐高温、抗冲刷、耐烧蚀等能力,保证罩体的气动外形不发生大的变化,满足雷达导引系统对功率传输系数、瞄准误差和瞄准误差斜率等电气性能的要求。

同时,为了适应不同雷达通信方式的要求,天线罩壁还具有不同的结构。天线罩壁结构在很大程度上决定了可使用的透波频率或宽带,一般采用半波壁结构,常见的罩壁结构还有薄壁结构和宽带结构,包括 A 型三明治壁、C 型三明治壁、多层壁及梯度结构壁等,如图 1-2 所示。多层结构在带宽上优势,但各层的热性能匹配难度大,难以满足高温环境应用要求,制约了其在高速导弹雷达罩中的应用,而梯度结构有可能应用于超高温环境。

天线罩的性能,一方面取决于罩体的外形和结构设计,另一方面则取决于罩体材料的性能。透波性能是首先要考虑的关键指标。一般来说,罩体材料要求对频率为 0.3~300 GHz 的电磁波有较高的透过率,统称为透波材料。在军事航天领域,雷达天线的频率主要为 2~18 GHz。在评价材料的透波性能时,主要考察材料的介电性能,包括介电常数和介电损耗。介电性能取决于介质的极化,这种极化现象是在内外电场力的作用下由电荷的移动引起的,同时在电介质表面或体积内部形成约束电荷。某些极化过程伴随着在电介质中发生能量损耗,主要由三种过程造成:① 离子迁移损耗,其中包括电导损耗、离子跃迁和偶极子弛豫损耗;② 离子振动和变形损耗;③ 电子极化损耗。在外部条件及电气系统变化的情况下,能量损耗的数值及特征由极化过程确定。极化率 P 与材料的介电常数 ε 有如下函数关系:

$$P = (E-1)\varepsilon/4\pi \qquad (1-1)$$

式中,E 为作用于介质材料的电场强度。在电场强度一定的情况下材料的极化程度与介电常数相关,介电常数越大,极化程度越高,材料的透波性能越差。

对介电常数和介电损耗角的定量讨论通常是引入复介电常数 ε 的概念:

$$\varepsilon = \varepsilon_1 + j\varepsilon_2 \qquad (1-2)$$

复介电常数 ε 的实部 ε_1 是介质的介电常数,虚部 ε_2 则表示介质的损耗。

$$\tan\delta = \varepsilon_2/\varepsilon_1 = \sigma/\omega\varepsilon_1 \qquad (1-3)$$

式中,ω 为微波入射时的角频率;σ 为介质的电导率;δ 为损耗角,其正切值 $\tan\delta$ 为介电损耗。在正弦电磁场下的各向同性线性介质(设材料为弱磁性),可以推得材料中微波吸收系数 α_p 与介电常数的关系:

$$\alpha_p = 4\pi k/\lambda_0 = 2\pi\varepsilon_2/\varepsilon_0 n\lambda_p = 2\pi\varepsilon_1\tan\delta/\varepsilon_0 n\lambda_0 \approx 2\pi\sqrt{\varepsilon_1}\tan\delta/\varepsilon_0\lambda_0$$

$$(1-4)$$

从式(1-4)可见,材料微波吸收系数 α_p 和相对介电常数 ε_1 及损耗角正切值 $\tan\delta$ 有着很明显的关系, ε_1 和 $\tan\delta$ 的值越小,材料的微波吸收系数值越低,即材料的微波透过率越高。而且,材料的介电常数越大,则电磁波在空气与天线罩分界面上的反射就越大,这将明显降低传输效率。因此,选取低介电常数、低介电损耗的材料能获得较理想的微波透波性能。一般来说,透波材料适宜的相对介电常数值为 1~4,损耗角正切值为 $10^{-4}\sim10^{-1}$。

20 世纪 40 年代,美国研制出供轰炸机瞄准用的雷达,并用有机玻璃材料制成半球形天线罩来保护雷达天线正常工作。之后,美国波音公司采用玻璃纤维缠绕成型增强树脂研制出"波马克"天线罩,用于马赫数为 3 的精确制导导弹。透波材料在航空航天领域的需求牵引下发展起来,从材料种类上分为有机透波材料和无机透波材料两大类,无机透波材料发展历程为氧化铝陶瓷→微晶玻璃→石英陶瓷→氮化物陶瓷。

有机透波材料主要是以有机纤维、玻璃纤维和石英纤维为增强体的树脂基复合材料。聚乙烯纤维在各频率下都表现出很好的介电性能,高模量的聚乙烯纤维可以应用于透波复合材料的增强体。此外,氟塑料也具有较低的介电常数和损耗角正切值,已经进入了天线罩产品领域,其典型代表是美国 Gogers 公司研制的"Sparrow AIM-71"导弹天线罩。树脂基透波材料具有介电性能优异、可加工性能好和成本低廉等优点,在一些较低马赫数的导弹天线罩中得到了应用。芳纶纤维具有较低的介电常数,但其压缩强度和抗扭剪强度差,吸湿性较强,少量的吸潮就能导致复合材料的介电常数大幅度提高,从而降低其介电性能。有机透波天线罩采用的典型增强纤维及其复合材料的主要性能见表 1-1。

表 1-1　有机透波天线罩采用的典型增强
纤维及其复合材料的主要性能

透 波 材 料	介电常数	损耗角正切值	密度/(g/cm³)	最高服役温度/℃
高密度聚乙烯纤维	2.00	0.000 4	0.97	104
Kevlar 49 纤维	3.85	0.008	1.47	176
E-玻璃纤维	6.10	0.004	2.55	371
S-玻璃纤维	5.21	0.006	2.49	398
石英纤维	3.78	0.000 2	2.20	>537
M-玻璃纤维	7.00	0.003 9	2.77	—
D-玻璃纤维	4.00	0.002 6	2.10	—

由于应用环境和制造成本的双重考虑,各种材料体系各有所用。一般来说,有机透波复合材料主要是以聚合物为基体的复合材料,包括玻璃纤维和石英纤维等纤维增强的聚合物基复合材料,其耐温性一般低于500℃,主要由于低速飞行器。可用于透波复合材料的玻璃纤维主要包括 E-玻璃纤维、S-玻璃纤维、M-玻璃纤维、D-玻璃纤维、石英纤维等,这些纤维均具有较低的介电常数和介电损耗。其中,D-玻璃纤维是国外专门为天线罩而研制的新型玻璃纤维,它具有较低的介电常数和介电损耗,但力学性能较高硅氧玻璃纤维低。石英纤维的介电常数和介电损耗最小,其力学性能取决于制造工艺技术,国内外已经广泛使用这种纤维。

无机透波材料,包括 Al_2O_3 陶瓷、微晶玻璃、石英陶瓷、磷酸盐、Si_3N_4 陶瓷及陶瓷基复合材料(表 1-2),主要用于高速飞行器,这类透波材料也称为热透波材料,可耐受 1 000℃以上温度。Al_2O_3 是最早应用于高温天线罩的陶瓷材料,具有强度高、硬度大、耐雨蚀等优点,在美国的麻雀Ⅲ和响尾蛇导弹中获得应用,Al_2O_3 的缺点是膨胀系数大,抗热冲击性能差,难以承受超高声速飞行器的热振冲击。美国康宁公司研制了代号为9606的微晶玻璃,它以堇青石为主要成分,具有介电常数低、损耗角正切值小、耐高温、强度高、膨胀系数低及介电常数随温度和频率的变化不大的特点,在美国的 AMRAAM 导弹和 STANDARD 导弹中获得应用,但其生产工艺复杂,微结构控制难度大。熔融石英陶瓷,也称石英陶瓷,是一种以熔融石英或者石英玻璃为原料,经过粉碎、成型、烧结等工艺制成的烧结体。石英陶瓷最早由美国佐治亚理工学院在 20 世纪 50 年代后期研制成功并于 1963 年实现产业化,在美国的爱国者、潘兴Ⅱ、SAM-D 及意大利的 ASPIDE 导弹中获得应用。石英陶瓷的热膨胀系数较低,介电常数和损耗角正切较小,抗热振性能优良,高温熔化后的黏度较大,不易被气流冲刷流失,是耐高温透波部件的重要候选材料。但熔融石英陶瓷的弯曲强度较低(40~70 MPa)、断裂韧性较差(约 1.0 MPa·$m^{1/2}$)、抗烧蚀能力有限,在高马赫数气动加热时往往会发生软化和熔融,无法在较为严苛的环境下应用。

表 1-2　常见透波陶瓷材料的介电性能参数(10 GHz)

透波材料	介电常数	损耗角正切值
BeO	4.2	0.000 5
微晶玻璃	5.6	0.000 2
Al_2O_3 陶瓷	9.6	0.001 4
石英陶瓷	3.4	0.000 4

透波材料	介电常数	损耗角正切值
反应烧结 Si_3N_4 陶瓷	5.6	0.005
Si_2N_2O	4.8	0.002
β – SiAlON	7.3	0.003
BN	4.5	0.000 3

Suzdal'tsev[2] 对比了石英、微晶玻璃 Pyroceram 9606 和 Al_2O_3 三种陶瓷透波材料的力学和热力学相关性能,如图 1 – 3 所示。石英陶瓷具有最优的抗热振性能,较低的线膨胀系数和热导率,并且随着温度的升高不发生明显的变化,但其弯曲强度相对较差;Pyroceram 9606 和 Al_2O_3 陶瓷的抗热振性能较差,两者的线膨胀系数和热导率较大,并且随温度变化较大。值得注意的是,石英陶瓷的弯曲

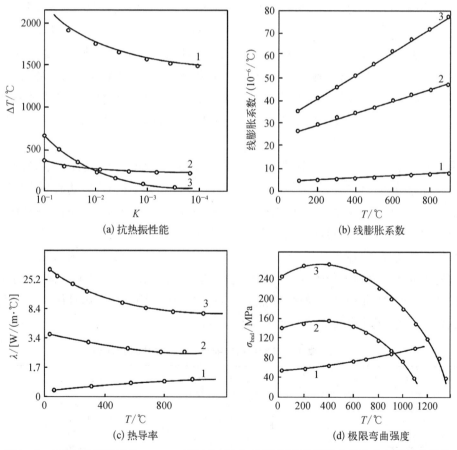

(a) 抗热振性能　　　　　　　　　　　　　(b) 线膨胀系数

(c) 热导率　　　　　　　　　　　　　　(d) 极限弯曲强度

图 1 – 3　石英、微晶玻璃 Pyroceram 9606 和 Al_2O_3 陶瓷透波材料的力学和热力学相关性能

强度虽然较低,但是随着温度的提高有上升趋势,而 Pyroceram 9606 和 Al_2O_3 陶瓷的室温强度虽大,但当温度大于 400℃ 之后,其力学性能急剧下降,材料稳定性和可靠性较差。

通过上述三种材料的介电常数和损耗角正切值随温度变化情况(图 1-4),石英陶瓷的介电常数最低,并且随温度变化极小,当测试温度升至 1 200℃ 时,其升高幅度小于 4%。天线罩材料的介电常数和损耗角正切值的变化应分别小于 10% 和 0.01。材料介电常数的变化将导致天线罩半波壁厚发生变化,从而引起电气厚度的失配,天线罩中心工作频率将发生较大偏离,直接影响天线罩的瞄准误差及误差斜率[3]。此外,介电常数的大小也关系到天线罩的壁厚容差。对于介电常数为 3.3~3.5 的石英陶瓷,其厚度公差为 0.1 mm;而对于介电常数为 6~8 的微晶玻璃和介电常数为 9~10 的 Al_2O_3 陶瓷,其厚度公差则分别要求低于 0.01 mm 和 0.001 mm,将给天线罩构件的加工带来巨大困难。

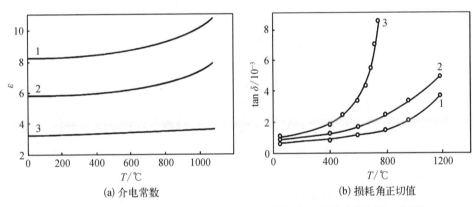

(a) 介电常数　　　　　　　　　　(b) 损耗角正切值

图 1-4　氧化铝陶瓷、Pyroceram 9606 和石英的介电常数和损耗角正切值

氮化物陶瓷则是另一类低介电损耗的材料,在 20 世纪 80 年代前后被尝试单独或者和氧化物陶瓷复合后用于透波天线罩。氮化物陶瓷透波材料主要包括 BN、Si_3N_4 和赛隆(SiAlON)陶瓷等,其中 BN 陶瓷具有六方(h-BN)和立方(c-BN)两种结构[4]。BN 陶瓷具有优异的热稳定性能,其氧化温度高于 850℃,而分解温度高达 3 000℃。同时,BN 陶瓷具有优异的介电性能,介电常数为 3.1~4.5 左右,损耗角正切值仅为 0.000 3,与石英陶瓷相近。此外,BN 陶瓷的抗热振性能优良、耐腐蚀性能及机械加工性能良好。但是 BN 陶瓷也存在明显缺陷,如烧结性能较差、弯曲强度偏低、抗雨蚀性能不足,难以制备大尺寸构件等。

Si_3N_4 陶瓷具有 α 和 β 两种晶型,且均属于六方晶系[5]。其中,$β-Si_3N_4$ 陶瓷由棒状晶体结构组成,具有出众的力学性能,热压烧结 Si_3N_4 陶瓷的弯曲强度可以达到 1 GPa 左右。此外, Si_3N_4 陶瓷的耐热性能和介电性能优良,热膨胀系数为 $(2.5\sim3.6)\times10^{-6}/K$,常压分解温度高达 1 900℃。反应烧结和热压烧结 Si_3N_4 陶瓷的介电常数分别为 5.6~5.8 和 7.9~8.2,被公认为是耐高温天线罩的重要候选材料[6]。但作为共价化合物, Si_3N_4 陶瓷烧结困难,一般需要添加氧化钇(Y_2O_3)等助剂进行高温烧结,且在烧结过程中存在体积收缩和玻璃相残留等问题,在一定程度上限制了大型构件的净尺寸成型制备。 Si_2N_2O 陶瓷是介于 SiO_2 和 Si_3N_4 二者之间的唯一稳定的三元结晶态化合物,具有[SiN_3O]四面体单元构成的正交晶系三维结构。 Si_2N_2O 陶瓷兼具 SiO_2 和 Si_3N_4 的优点,电阻率高而介电损耗低,是非常优异的透波材料。同时, Si_2N_2O 陶瓷具有突出的高温稳定性和化学稳定性,在 1 550℃下仍保持优良的抗氧化性能,而 Si_3N_4 在 1 200℃以上即发生显著氧化, SiO_2 在 1 000℃以上即产生析晶脆化。因此,在高温透波复合材料方面,相对于 Si_3N_4 和 SiO_2 纤维, Si_2N_2O 陶瓷纤维的综合性能更优,应用范围更广。

赛隆陶瓷是由 Si、Al、O 和 N 组成的一类具有离子键的 Si_3N_4 固溶体[7],其化学式为 $Si_{6-z}Al_zO_zN_{8-z}$,式中 z 为 O 原子置换的 N 原子数,正常压力下 $0<z\leqslant4.2$ 。赛隆陶瓷具有强度高、韧性好、硬度大和抗氧化等优点,同时高温力学和高温介电性能优异,有望在高温透波领域得到广泛应用。20 世纪 80 年代,美国 General Dynamics 公司率先开发出了 GD-1 赛隆陶瓷透波材料,材料密度为 3.02 g/cm³,化学组成为 $Si_4Al_2O_2N_6$,常温和 1 000℃高温介电常数分别为 6.84~7.66 和 7.00~7.66,最高使用温度可达 1 510℃。Ganesh 等成功制备出了弯曲强度和弹性模量分别达到 140 MPa 和 214 GPa 的大尺寸 β-SiAlON-SiO_2 陶瓷天线罩[8],复相陶瓷的介电常数和损耗角正切值分别为 5.9 和 0.002(17 GHz),表现出较为优异的透波性能。美国研制的几种透波材料的主要性能参数见表 1-3。

表 1-3　美国研制的几种透波材料的主要性能参数[8]

主要成分	商品名 (制造单位)	密度/ (g/cm³)	弯曲强度/ MPa	弹性模量/ GPa	热膨胀系数/ (10^{-6}/℃)	介电 常数	损耗角 正切值
$Mg_2Al_4Si_5O_{18}$	Pyroceram 9606 (Corning)	2.6	240	121	4.7	5.5	0.000 5
SiO_2	Fused silica (Ceradyne)	2.0	43	37	0.7	3.3	0.003
Si_3N_4	IRBAS (Lockheed Martin)	3.18	550	280	3.2	7.6	0.002

续表

主要成分	商品名 （制造单位）	密度/ （g/cm³）	弯曲强度/ MPa	弹性模量/ GPa	热膨胀系数/ （10⁻⁶/℃）	介电 常数	损耗角 正切值
Si_3N_4	Ceralloy 147 （Ceradyne）	3.21	800	310	—	8	0.002
$\beta - Si_4Al_2O_2N_6$	β - SiAlON （General Dynamics）	3.02	260	230	4.1	7.4	0.003
β - SiAlON - SiO_2	Invisicone （Advanced Materials Organization）	2.2	532	—	2.0	4.9	0.002
Si_2N_2O	SS40 - 5 （ARCI Materials）	2.81	140	214	3.5	5.9	0.002

采用 Si_3N_4 与 BN 两种材料制备的 Si_3N_4 - BN 复合陶瓷材料,具有更稳定的综合性能。法国已成功制备该种天线罩,俄罗斯则达到实用化水平。山东工业陶瓷研究设计院采用冷等静压成型,在气氛压力烧结炉中烧结制备了 Si_3N_4 - BN 复合陶瓷材料[9],加入质量分数为 30% 的 BN 粉料后,0~900℃ 的热循环次数可达 11 次以上。加入 BN 有效降低了材料的介电常数,而且 BN 的片状结构起到"钉扎作用",阻止裂纹扩展,起到增韧作用;另外,BN 的导热性能好,有利于传热,大大提高了材料的抗热振性。尤其进入 21 世纪以后,高马赫数飞行器逐步成为各国军事航天能力的竞争焦点,氮化物陶瓷也随之得到了广泛研究。

1.1.2　Si_3N_4 陶瓷的结构与性能

Si_3N_4 陶瓷作为一类人工合成的共价键陶瓷材料,常温下存在无定形结构和两种晶态结构(α 和 β,图 1-5)[10]。α - Si_3N_4 属于等轴状晶体,具有优异的力学性能和热学性能,还具有较低的介电常数和介电损耗;β - Si_3N_4 为长柱状或针状晶体,具有很高的抗弯强度和优异的抗热振性能等,但介电常数和介电损耗较高。在常压下没有熔点,无定形 Si_3N_4 在 1 400℃ 以上会逐步形核结晶,α - Si_3N_4 在 1 530℃ 以上会转变为 β 相,在 1 840℃ 的 1 bar* N_2 气氛中,Si_3N_4 会分解为单质 Si 和 N_2,提高 N_2 压力能够提高 Si_3N_4 的分解温度。

Si_3N_4 陶瓷的制备方法很多,例如利用硅粉与氮气在高温下的化学反应就能直接合成 Si_3N_4,但是通常合成的 Si_3N_4 密度不高,为了进行烧结致密化,除了采

---

* 1 bar = 10^5 Pa = 1 dN/mm²。

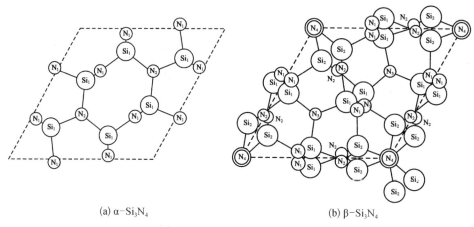

(a) α-Si$_3$N$_4$ (b) β-Si$_3$N$_4$

图 1-5 两种 Si$_3$N$_4$ 晶胞结构示意图

用高温高压的方法外,添加烧结助剂是获得高致密度 Si$_3$N$_4$ 陶瓷的有效手段,通常以 Si$_3$N$_4$ 为主要组成的多元复合物和固溶体都称为 Si$_3$N$_4$ 陶瓷。实际上,Si$_3$N$_4$ 陶瓷往往因存在其他微量元素或成分而形成各有特点的微结构,而微结构单元的形态、尺寸和排列对陶瓷产品的耐高温、热导率、介电损耗等性能影响显著(表 1-4)[11]。通过组成结构的调控,Si$_3$N$_4$ 陶瓷具有多方面、宽范围的性能调控,为不同的应用需求提供了可能性,因此 Si$_3$N$_4$ 陶瓷也称为全能陶瓷。

表 1-4 三种 Si$_3$N$_4$ 陶瓷材料的性能参数

性 能	热压 Si$_3$N$_4$	无压烧结 Si$_3$N$_4$	反应烧结 Si$_3$N$_4$
密度/(kg/m^3)	3.07~3.37	2.8~3.4	2.0~2.8
热导率/[W/(m·K)]	29.3	15.5	2.6~20
比热容/[J/(kg·K)]	711.756	711.756	—
拉伸强度/MPa	1 200(20℃) 600(1 400℃)	1 000(20℃) 800(1 400℃)	400(1 400℃)
抗压强度/MPa	4 500	4 000	—
线性热膨胀系数/(10^{-6}/℃)	3~3.9 (20~1 000℃)	≈3.5 (20~1 000℃)	2.5~3.1 (20~1 000℃)
杨氏模量/GPa	250~320(20℃) 175~250(1 400℃)	195~315(20℃)	100~220(20℃) 120~200(1 400℃)
断裂韧度/(MPa·m$^{1/2}$)	2.8~12	3.0~10	≈3.6

作为耐高温的透波陶瓷材料,Si$_3$N$_4$ 的热稳定性和介电性能是两个关键参数。无定形 Si$_3$N$_4$ 属于亚稳态,Si$_3$N$_4$ 晶体结构稳定性能够保持到 1 600℃以上,从单纯的结构稳定性上来说,β-Si$_3$N$_4$ 是理想的耐高温陶瓷材料。同时,Si$_3$N$_4$

陶瓷具有优异的抗热振性能,经受温度冲击的能力很强,在1000℃处理后立即投入冷水中而不会发生破坏,而Al_2O_3和氧化锆(ZrO_2)能够耐受的温差变化只有不到400℃。但Si_3N_4陶瓷的实际耐温性受到组成和微结构的显著影响,同时受氮气分压的影响,一般氮气分压越高越有利于Si_3N_4的稳定性。和其他的非氧化物陶瓷一样,Si_3N_4陶瓷在空气或含水的气氛中会发生氧化,温度和氧分压对氧化层稳定性和氧化过程影响显著。由于受到多方面因素的影响,需要实际工况下测试,才能获得Si_3N_4陶瓷实际使用温度的准确结果。

Si_3N_4自身的室温电阻率高达10^{14} Ω·cm,在1200℃下的电阻率为10^6 Ω·cm,是一种优良的绝缘体。Si_3N_4陶瓷的介电常数为6~8(1 MHz),介电损耗低,是优异的高温透波材料,常用于雷达窗口。同时,Si_3N_4陶瓷的微结构,特别是烧结助剂引入的金属元素对电阻率有较大影响。因此,作为透波材料使用时,Si_3N_4陶瓷的成分是非常重要的控制因素。

Si_3N_4陶瓷具有良好的介电、机械特性及高的抗雨蚀、抗热冲击性能,是较理想的高温天线罩材料[12]。以美国为首的发达国家在多孔Si_3N_4陶瓷透波材料制备方面投入较大。美国Raytheon公司和MIT合作,利用反应烧结技术研制了冯·卡门外形的Si_3N_4天线罩;波音公司采用"可控密度Si_3N_4"技术,可制备出密度为0.6~1.8 g/cm^{3}的多孔Si_3N_4陶瓷。在烧结条件下,α-Si_3N_4晶须生长并互连,产生出类似泡沫的多孔壁结构,通过控制孔隙率可改变材料的密度,进而调控介电常数。波音公司以多孔Si_3N_4为芯层并提供抗弯曲强度,以致密Si_3N_4为表层并提供了抗雨蚀和防潮性能,研制了多倍频程宽带天线罩。以色列利用不同比例的Si_3N_4、硅粉和成孔剂制备出密度不同的多孔Si_3N_4陶瓷材料,并制备了具有特定形状的宽频带Si_3N_4天线罩;在低密度的多孔Si_3N_4结构表面覆盖1层高密度的Si_3N_4材料,成功研制出介电损耗小于0.003的天线罩材料,而且耐雨蚀和砂蚀性能良好,耐高温达到1600℃。

1.1.3　BN陶瓷的结构与性能

BN陶瓷有无定形结构和h-BN、w-BN、c-BN等多种晶体结构,都是人工合成陶瓷材料[13]。在元素周期表中,B、C和N是相邻元素,BN则是C的等电子体。由于BN原子的结合方式与空间堆积方式有所不同,各种BN陶瓷材料也具有各自的特点,三种典型晶体结构如图1-6所示。其中,六方BN(h-BN)为六方晶系,属于P6$_3$/mmc群,晶格参数为a=2.504 Å,c=6.666 1 Å,层内B—N键长为1.446 Å,体密度为2.34 g/cm^3;B、N原子均以sp^{2}杂化方式形成σ共价键,构成了平面六圆环刚性结构,平面之间存在 π - π 范德瓦耳斯力作用,同时 B、N 原子电子结构和电负性有区别,在 c 轴方向上,B、N 原子交替排列,因此 h - BN 是电子绝缘体,其表观颜色也是白色的,俗称"白石墨"。c - BN 为立方晶系,属于 Fd3m 群,晶格参数为 $a=3.615$ Å,B—N 键长为 1.54 Å,体密度为 3.49 g/cm³。在 h - BN 结构中,B 与同平面的 3 个 N 原子形成共价键,而 c - BN 中 B 与周边 4 个 N 原子以 sp³ 杂化方式形成 4 个 σ 共价键,因此,h - BN 的微观形貌为片层状,常常用作表面或界面层,减弱界面作用力,而 c - BN 的微观形貌为立方颗粒状,主要表现出与金刚石类似的高硬度性质。因此,关于 BN 陶瓷材料的研究和应用吸引了广泛的关注。

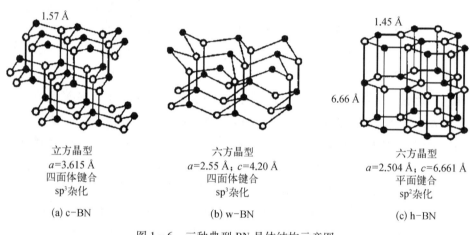

(a) c-BN	(b) w-BN	(c) h-BN
立方晶型	六方晶型	六方晶型
$a=3.615$ Å	$a=2.55$ Å;$c=4.20$ Å	$a=2.504$ Å;$c=6.661$ Å
四面体键合	四面体键合	平面键合
sp³杂化	sp³杂化	sp²杂化

图 1-6 三种典型 BN 晶体结构示意图

BN 陶瓷在红外光谱 780~1 370 cm⁻¹ 有明显吸收峰,借鉴文献报道,这些不同结构的 BN 陶瓷的吸收峰位置可以参照图 1-7。但是通过红外光谱分辨 h - BN、c - BN、a - BN 等结构则比较困难。采用拉曼光谱可以很方便地区别 h - BN 和 c - BN 陶瓷,h - BN 陶瓷在 1 367 cm⁻¹ 有一个特征峰,而 c - BN 陶瓷在 1 055 cm⁻¹ 和 1 355 cm⁻¹ 有两个特征峰。除此之外,X 射线衍射(X - ray diffraction,XRD)是更加直接测定晶体结构的分析手段,借助于标准卡片数据库能够很方便地分辨 h - BN 和 c - BN 陶瓷结构,同时不同晶体的尺寸、分布及纯度对吸收峰的位置与强度影响很大。综合运用多种分析方法来确定 BN 陶瓷的结构是极其重要的。

在所有的 BN 陶瓷中,h - BN 具有类似石墨的层状结构和特殊的电子结构,密度低、硬度低而耐高温性能优异,常常用作高温环境下的固体润滑材料、涂层、导热材料和绝缘材料,在空气中的耐温性达到 1 000℃,显著优于石墨材料。在

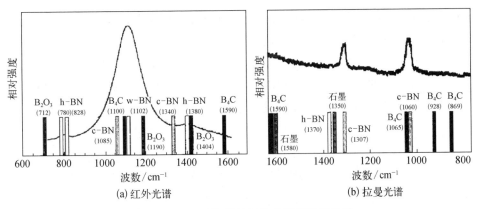

图 1-7　c-BN 陶瓷的红外光谱和拉曼光谱

惰性气氛中的耐温性达到 2 800℃，与 ZrO_2 相当，远高于 SiC、Si_3N_4 和 Al_2O_3 陶瓷。同时，h-BN 还具有非常优异的抗热振性能和化学惰性，不会与常见的 Al、Fe、Zn、Cu 等金属和 Si、B 等非金属发生润湿作用。特殊的性能使 h-BN 作为一种高性能陶瓷材料、涂层或添加剂，广泛应用于航空航天、电子工业和金属冶炼等领域。

六方 BN(h-BN)在 1 200℃ 范围内的介电损耗在 10^{-4} 量级，且随温度变化很小，作为透波材料的增强组分获得了广泛的应用。李端等对 BN 透波材料进行了总结[14]，Rice 等采用烧结法制备的 BN 颗粒增强 Al_2O_3 复合材料具有良好的抗热冲击性能。Dodds 等用热压烧结工艺制备出 BN 颗粒增强 SiAlON 材料，其基体组成为 $Si_{6-z}Al_zO_zN_{8-z}$($z=3$ 或 4)，其中，$z=3$ 时复相陶瓷的密度为 2.74 g/cm^3，断裂强度达 309.7 MPa，介电常数为 6.62~7.67，损耗角正切值为 0.003 2~0.014 4。Morris 等采用热压烧结制得 BN-AlN 复相陶瓷，35%BN 的复合材料从室温到 1 000℃ 的介电常数为 7.07~7.80，介电损耗为 0.011 5~0.017 0（8.5 GHz）。Paquette 等采用热等静压成型得到整体式天线窗，其密度为 2.4~2.9 g/cm^3，介电常数为 4.5~7.0，损耗角正切值小于 0.01，拉伸强度达 138~290 MPa，2 350℃ 下的高温电性能衰减损耗小于 3 dB，耐烧蚀抗雨蚀性能非常好。Gilbert 等用 BN 和氧化铍（BeO）制成夹层结构天线罩，层与层之间有真空间隔，能对抗高能激光武器，保护微波天线正常工作。

值得注意的是 BN 陶瓷在高温下具有异常介电性能[15]。利用高性能等离子弧（10 MW）对热压 BN 的加热实验结果表明，在 1 500~2 000℃ 的温度范围内，其损耗角正切值比常温时增大了 2 个数量级，在 2 000~3 000℃ 的温度范围内，介电损耗又增加了 3 个数量级。同时，对热压 BN 进行了飞行模拟实验，热压

BN 的透波损失高达 45 dB。分析认为,BN 材料在高温烧蚀时,化学变化引起临界温度以上介电性能的突变,导致烧蚀表面出现导体层或等离子体表层,并存在大约 0.125 s。理论分析表明,热压 BN 在低于 1 200℃时为绝缘体,当处于烧蚀温度时转变为导体。BN 的烧蚀温度大约为 3 000℃,在烧蚀温度,介电材料由于热激发表现为本征半导体,从而造成信号衰减。

1.1.4　SiBN 陶瓷的结构与性能

Si_3N_4 相比 BN 陶瓷具有优异的抗氧化性能,但是 BN 陶瓷的高温结构稳定性远远高于 Si_3N_4。特别是针对极端高温环境的应用,Si_3N_4 的结晶温度、晶型转变温度及其分解温度成为其瓶颈。而在透波应用方面,Si_3N_4 的介电常数与损耗偏高,BN 的透波性能更具优势。综合高温结构稳定性和透波性能,SiBN 陶瓷具有强强联合、弱点互补的复合优势,是当前具有明显比较优势的高温透波材料。其中,$Si_3B_3N_7$ 陶瓷是最早引起广泛关注,也是最受瞩目的 SiBN 陶瓷。$Si_3B_3N_7$ 陶瓷从组成上可看作 Si_3N_4 和 BN(物质的量的比为 1∶3)的混合物,却表现出了特殊的性质,其高温稳定性不仅远远高于 Si_3N_4,而且显著优于其混合物(图 1-8)[16]。这种特殊的复合物所带来的特殊性质引起了 SiBN 陶瓷结构与性能研究的热潮。

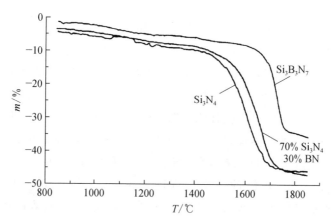

图 1-8　$Si_3B_3N_7$、Si_3N_4/BN(70%Si_3N_4, 30%BN)和 Si_3N_4 的热失重曲线

1998 年,美国康奈尔大学的 Hoffmann 和 Kroll 以 SiN_4 和 BN_3 为结构单元,基于 α-Si_3N_4 和 β-Si_3N_4 晶体结构和 BN 晶体结构分别构筑了几种假想的 $Si_3B_3N_7$ 晶体结构[17]。模拟的最低能量结构优化结果表明,B 原子以平面结构存在,N 原

子以近平面结构存在。其中,两种能量最低结构与 Si_3N_4 晶体结构和 BN 晶体结构比较相似,球棍结构模型如图 1-9 所示,具体参数如下:$\beta-2-Si_3B_3N_7$ 结构中,B—N 键长为 1.43 Å 和 1.47 Å,N—B—N 和 B—N—B 的键角分别为 117.1° 和 114.68°,N—B—N—B 和 B—N—B—N 的二面角分别为 14.5° 和 112.28°;$\alpha-1-Si_3B_3N_7$ 结构中,B—N 的键长为 1.486 Å 和 1.492 Å,N—B—N 和 B—N—B 的键角分别为 126.1° 和 123.28°,N—B—N—B 和 B—N—B—N 的二面角分别为 160.7° 和 159.58°。基于晶体结构模型计算得到其密度在 2.8 g/cm³ 左右,低于 Si_3N_4 晶体的体积密度;同时,计算得到的 4～6 eV 带宽显示这些晶态结构具有宽禁带半导体特性。并且,计算 $Si_3B_3N_7$ 晶体结构分解的能量 ΔE 约为 -1.7 eV,表明这种晶态结构的室温热力学稳定性较低,有可能因为其熵量赋予其稳定性,特别是高温下的稳定性。由于尚未获得这种化学计量比的晶态结构,当前计算得到的性能参数可以作为一种参考。

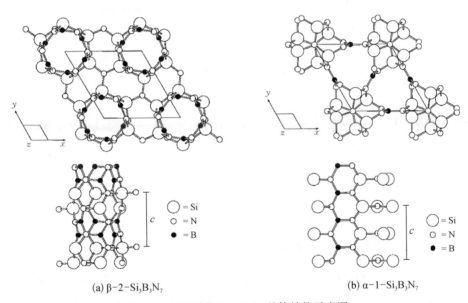

(a) $\beta-2-Si_3B_3N_7$　　　　　　　(b) $\alpha-1-Si_3B_3N_7$

图 1-9　两种模拟 $Si_3B_3N_7$ 晶体结构示意图

由于实验室制备的多为非晶态 SiBN 陶瓷,更多的研究是围绕无定形结构来开展的。2001 年,日本精细陶瓷中心的 Matsunaga 和 Iwamoto 通过分子动力学方法研究了 SiBN 陶瓷中的原子结构及原子扩散速率[18],在同一密度(2.5 g/cm³)条件下比较了不同 B 原子含量的 Si_3N_4、Si_3BN_5、$Si_3B_2N_6$ 和 $Si_3B_3N_7$ 等无定形结构,BN_3 单元结构和 Si—N—B 结构是 SiBN 无定形结构的重要特征。而且,在 1 400 K 条件下,引入 B 原子以后,N、Si 原子的扩散速率大幅下降(图 1 - 10),并且随着 B 原子含量的提高或者 B/Si 原子比例的增加,N 原子的扩散速率持续下降,这也是 SiBN 陶瓷热稳定性的主要原因。

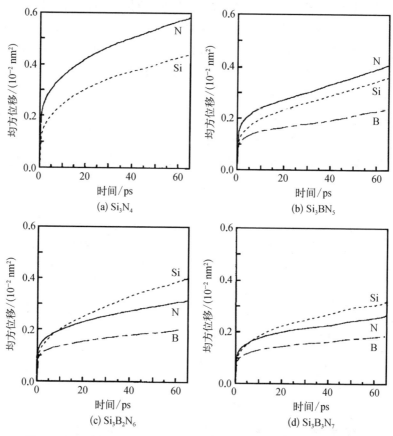

图 1 - 10　不同硼含量 SiBN 陶瓷中原子平方距离平均值的变化曲线

德国马普研究所的 Hannemann 等和 Jansen 等基于非晶态 SiBN 陶瓷近程结构的分析结果,模拟了几种不同条件下合成得到的 a - $Si_3B_3N_7$ 结构特征[19,20],如图 1 - 11 所示,获得的键长数据分别如下:B—N 为 1.43 Å,Si—N 为 1.72 Å,B—N—B 和 N—B—N 为 2.44 Å,N—Si—N 和 Si—N—B 为 2.74 Å,Si—N—Si 为 3.1 Å。模型计算结果与其合成方法有密切关系,其中与实验数据吻合较好的方法是纳米晶烧结模型(class B)和聚合物先驱体转化(溶胶凝胶)模型(class E)。

而且,这两种方法计算得到的密度数值与实验结构也最为接近,值得注意的是,所有的无缺陷结构模型给出的密度为 2.5~2.8 g/cm³,而前述的晶体结构模

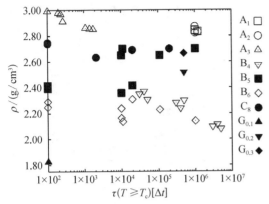

模型	序号	备注
A	1	采用分子动力学方法实现熔融平衡,随后采用分子动力学方法冷却
	2	采用蒙特卡罗方法实现熔融平衡,随后采用蒙特卡罗方法冷却
	3	采用分子动力学方法实现熔融平衡,随后模拟退火优化结构
B	4	对低密度结晶区域进行模拟退火
	5	对中密度结晶区域进行恒压下的蒙特卡罗方法冷却
	6	对中密度结晶区域进行恒定体积下的蒙特卡罗方法冷却
C	7	对开放边界条件的团簇进行恒压下的蒙特卡罗方法冷却
	8	对具有周期界面的团簇进行恒压下的蒙特卡罗方法冷却
D	9	随机闭合堆积模型
E	10	溶胶凝胶模型

图 1-11　不同模型与模拟程序及其模拟密度结果

型密度为 2.9 g/cm^3 左右,以 Si_3N_4 和 BN 密度数值计算得到的 $Si_3B_3N_7$ 陶瓷密度为 2.75 g/cm^3,然而,实验合成的 a-$Si_3B_3N_7$ 陶瓷的密度仅有 1.8 g/cm^3,这说明在合成的无定形 a-$Si_3B_3N_7$ 陶瓷中存在相当多的亚纳米孔隙,这种尺度的缺陷很难被观察到。提高温度是实现致密化的重要方法,但是在计算中,2 000 K 以下的处理温度难以提高 SiBN 陶瓷的密度。这从另一方面说明了无定形 a-$Si_3B_3N_7$ 陶瓷的亚纳米缺陷和共价键 Si—N—B 结构的稳定性。计算体积密度与实验结果的巨大差异是一个值得注意的重要问题,Kroll 对密度与先驱体转化非晶态陶瓷的结构模型的研究[21],进一步说明了这种孔隙的存在形式,孔隙尺寸达到 5~10 Å。同时,计算结果表明,在高温下 a-$Si_3B_3N_7$ 会发生相分离现象,在 2 000℃这种非晶的随机无序网络结构已不能存在,B 原子聚集形成 BN,而且 BN 主要分布在孔隙内表面,如图 1-12,其中 B 用红色大球表示,Si 和 N 分别用蓝色和绿色小圆圈表示。

美国明尼苏达大学的 Dumitrica 课题组采用从头分子动力学(ab initio molecular dynamic, aiMD)方法计算了无定形结构的 $Si_3B_xN_z$ 陶瓷材料(a-Si_3BN_5、a-$Si_3B_3N_7$、a-$Si_3B_9N_{13}$),结果显示[22],只要 BN 不聚集成为 h-BN,BN 含量对其热导率、弹性模量的影响不大;但是当 BN 含量高于 90%,其团聚成 h-BN 时,就会显著改变其物理性能。美国得克萨斯大学阿灵顿分校的 Dasmahapatra 和 Kroll 通过密度泛函理论(density functional theory, DFT)计算及分子动力学(molecular dynamic, MD)模拟表征了非晶 SiBN 陶瓷的导热性及其对成分、密度和温度的依赖性[23]。分别对不同类型的 a-SiBN 模型[Si_3N_4 : BN = 1 : 0(Si_3N_4)、1 : 1(Si_3BN_5)、1 : 3($Si_3B_3N_7$)和 1 : 9($Si_3B_9N_{13}$)]进行了研究,包括 Si_3N_4 和 BN 的晶

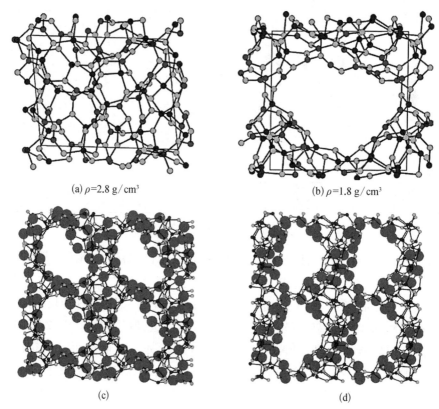

(a) ρ=2.8 g/cm³ (b) ρ=1.8 g/cm³

(c) (d)

图 1-12 两种非晶态 a-Si₃B₃N₇结构模拟及其高温相分离结构模拟图

体结构及 Si₃BN₅ 和 Si₃B₃N₇的假想晶体模型。在高温下,SiBN 模型的导热系数为 2.3~2.7 W/(m·K),且仅与成分略有关系。MD 模拟结果表明,图 1-13,当温度从 300 K 提高到 2 100 K 时,导热系数几乎以指数形式下降。对大规模非晶 SiBN 模型的系统研究表明,导热系数随着 BN 含量的增加而增加。与高温相比,低温时成分的影响更大,致密模型比开放模型更明显。对 a-Si₃B₃N₇进行更详细的研究,发现导热系数与密度之间存在线性关系,其斜率取决于温度,如图 1-13 所示。

除了 Jansen 等以 TADB 先驱体转化合成 a-Si₃B₃N₇陶瓷,还有一些研究机构报道了不同组成结构及不同形态的 SiBN 陶瓷材料。印度国家科学技术和开发研究所的 Andriotis 等基于从头算法模拟构建了类石墨烯 Si₂BN 平面结构,这种稳定的单原子厚度的二维层状材料,在费米能级具有类似金属的有限态密度,还可以卷成纳米管[24]。Si 原子在二维结构中具有更高的活性,有可能在储氢等领域发挥重要作用。进一步将 Pd 原子负载在 Si₂BN 二维结构上[25],通过 DFT 和范德瓦耳斯

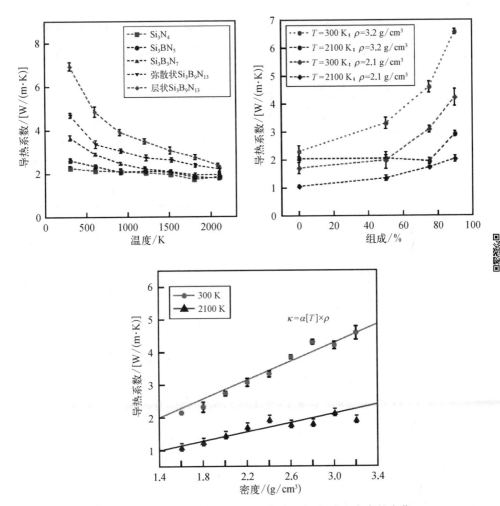

图 1 - 13　分子动力学模拟的热导率随温度、组成和密度的变化

作用计算了与 H_2 的作用过程及其能量变化,结果表明,H_2 与 Si_2BN 的结合能为 1.85 eV,与 $Pd-Si_2BN$ 的结合能为 0.31 eV,$6-H_2$ 与 $Pd-Si_2BN$ 的结合能为 1.93 eV。单层 $Pd-Si_2BN$ 材料的储氢容量为 6.95% ~ 10.21%,满足美国能源部储氢目标 7.5%,有可能成为优异的室温储氢材料及 Li 离子和 CO_2 的吸附材料[26](图 1 - 14)。

从结构上分析,SiBN 陶瓷与 Si_3N_4 和 BN 陶瓷有很大区别,后两种氮化物陶瓷皆有共价键结构及其相应的晶体结构,其不同晶体结构中各原子皆有固定的化学计量比,而 SiBN 陶瓷则属于复合型陶瓷材料,其组成元素没有确定的化学计量比,其结构与性质也表现出 Si_3N_4 和 BN 陶瓷二者的复合特性,但不是简单

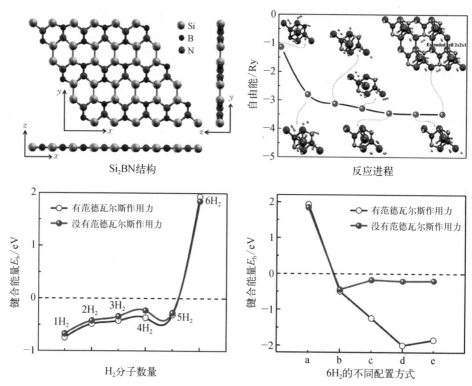

图 1-14　优化的类石墨烯 Si_2BN 结构示意图及其 Pd 复合物的储氢性能

（H_2 与 Pd-Si_2BN 的作用过程的自由能变化、H_2 与 Pd-Si_2BN 的结合能与
H_2 分子数量的关系、$6H_2$ 分子与不同构型 Pd-Si_2BN 的结合能）

的二元复合。如果其组成偏向于富硅,则宏观上更多表现出 Si_3N_4 的性质,同时受到 BN 的强烈影响。从另一方面来说,正是这种不确定的化学计量比使得 SiBN 陶瓷具有了灵活的可设计性和可调控性,为其不同领域的应用提供了先天优势。如何寻找一种组成结构与性能的对应关系从而实现性能最优化,是 SiBN 陶瓷材料性能基础研究和推广应用的重要课题,这些结构计算研究结果以点带面勾勒出 SiBN 陶瓷组成结构与性能的大致轮廓。

1.2　氮化物陶瓷纤维

人类利用自然黏土创造发明的陶瓷器具,镌刻着人类的文明发源史,承载着生生不息的民族文化与工匠精神,至今还是重要的生活用具。相对于传统陶瓷材料,现代陶瓷材料用途更广,内容更加丰富,一方面是满足生活需要的日用品和美术品;另一方面是满足工业和新兴产业需要的高性能陶瓷或者先进陶瓷。先进陶瓷材料,不仅发扬了传统陶瓷材料轻质、耐高温的优点,使役温度不断提升,而且发展了更多的光、电、磁等功能特性,应用领域不断拓展,继续朝高性能、低成本、多功能等方向发展。

先进陶瓷材料作为一类特殊的无机非金属材料,在国民经济和国防安全方面具有重要作用。先进陶瓷材料有很多分类方法,按照化学组成,则可以分为氧化物陶瓷、碳化物陶瓷、氮化物陶瓷、复合陶瓷等,如氧化铝、氧化锆、氧化钇等氧化物陶瓷,碳化硅、碳化钽、碳化钨等碳化物陶瓷,氮化硅、氮化硼、氮化铝等氮化物陶瓷。而且,同种化学组成的陶瓷还具有不同的结构类型和尺寸形貌,由此构成了多种多样的陶瓷材料。其中,氮化物陶瓷具有稳定的、高键能的共价键结构,不仅具有很高的熔融温度或者分解温度,而且具有特殊的电子能带结构,使其在高温结构材料、高硬度材料、热管理材料、电子材料方面具有广阔的应用空间。

依据先进陶瓷材料不同的特性要求,多种制备方法也应运而生,例如粉末合成方法采用陶瓷粉末为原料在高温下进行烧结,化学气相沉积方法采用低沸点液体或气体为原料在高温下进行化学气相反应合成,先驱体转化方法采用有机或无机聚合物为原料在高温下热分解为陶瓷材料。粉末合成方法广泛用于尺寸较小或形状简单的陶瓷材料,化学气相沉积方法广泛用于各种陶瓷涂层,先驱体转化方法则适用于形状特殊的陶瓷材料,如陶瓷纤维、陶瓷基复合材料、3D 打印陶瓷等。先驱体转化方法采用的先驱体可以是有机聚合物,也可以是无机聚合物,还有有机无机杂化聚合物等。但是在通常意义上,先驱体转化方法主要指以有机聚合物为先驱体的陶瓷制备方法,也称为聚合物先驱体转化方法。先驱体转化陶瓷主要用于制备非氧化物陶瓷材料,包括碳化物、氮化物、硼化物等二元体系及不同二元体系复合的多元陶瓷体系。其中,碳化硅陶瓷是先驱体转化法最为成功的示范之一。得益于碳化硅陶瓷先驱体的广泛而深入的研究,多种不同物理化学特性的碳化硅陶瓷先驱体被开发出来,并形成了商品化的产品,大大促进了先驱体转化材料的发展。在本书中,先驱体转化法即以有机聚合物为先驱体制备陶瓷的方法。

1.2.1 连续陶瓷纤维的制备方法

先驱体转化方法萌发于 20 世纪 50~60 年代,Fritz、Ainger、Chantrell 等尝试将不同的有机化合物转化为陶瓷材料。20 世纪 70 年代,Verbeek 等采用聚硅氮

烷制备了 Si_3N_4/SiC 陶瓷纤维,掀开了有机聚合物转化制备陶瓷材料的序幕。同时,Yajima 改进了聚碳硅烷合成方法,并成功建立了聚碳硅烷转化制备 SiC 陶瓷纤维的技术路线。这个时间段也是国际上碳纤维技术的蓬勃发展时期,陶瓷纤维也引起了科学界和工业界的重视。之后,聚合物先驱体的合成与改性及转化方法逐步发展起来,成为陶瓷材料的重要制备方法之一。

1. 先驱体转化方法的一般过程

先驱体转化方法以目标陶瓷组成结构为出发点进行逆分析,设计与之相匹配的聚合物分子结构,并结合聚合物合成与成型要求进行聚合物结构优化,从而获得目标陶瓷的先驱体。相应地,采用先驱体转化法,由分子到陶瓷的转化过程,完美诠释了"自下而上"的材料制备策略。一般来说,先驱体转化过程主要分为由小分子合成聚合物、聚合物成型加工、有机无机转化等步骤。目前,以Ⅲ、Ⅳ、Ⅴ主族元素为主构成的聚合物,为先驱体转化陶瓷提供了丰富的原料库,其中一些聚合物已经商品化。先驱体转化陶瓷主要为非氧化物陶瓷,包括 SiC、BN、Si_3N_4 等二元体系,SiCO、SiCN、SiBN、BCN 等三元体系,SiBCN、SiAlCN、SiBNO 等四元体系,过渡金属元素引入聚合物结构可以构成更加多元化的陶瓷体系。因为聚合物的共价键结构很大程度上会保留到最终陶瓷产物中,所以先驱体转化陶瓷不仅具有可预测的元素组成及微观结构,还可以具有可设计、可调控的物理化学性能。因此,聚合物的分子结构设计与合成方法,是先驱体转化陶瓷的第一步,也是具有先决性的步骤。

借助于高分子化学与物理的研究基础,先驱体转化方法不仅可用于制备复杂组成结构的陶瓷材料,还能够适应于大多数聚合物加工成型工艺。例如,采用熔融纺丝或干法纺丝技术,将先驱体转化为连续纤维;采用静电纺丝、离心甩丝或气流喷丝等技术,将先驱体转化为微纳米纤维;采用浸渍裂解技术、注射成型等技术,将先驱体转化为复合材料。先驱体通过溶液浸渍、刷涂等方式形成涂层,通过模板或成孔添加剂制备多孔材料,还能够通过 3D 打印制备复杂陶瓷结构。聚合物的可熔融、可溶解等性质为先驱体成型加工奠定了重要基础,因此先驱体的结构设计与合成方法除了满足目标陶瓷的组成结构外,满足加工性能也是非常重要的输入条件。

先驱体的加工成型只是聚合物形态的改变,先驱体转化为陶瓷的第三个重要步骤是有机无机转化,这是先驱体逐步由有机结构转化为无机结构的过程,不仅有外在形态的变化,更重要的是化学结构的变化。有机无机转化之前,为了保持已加工好的形态并提高陶瓷转化率,通常需要进行交联反应,在物理或化学外场作用下使聚合物分子链进一步网络化,形成不熔融、不溶解的网状结构聚合物,这个交联反应过程也可通俗地称为不熔化处理过程。

经过交联反应,先驱体在更高温度下热处理后完成陶瓷化过程,聚合物中部分化学键断裂,部分结构片段以气体形式逸出,同时产生新的化学键,逐步形成无机结构的陶瓷产物。在热解无机化过程中,逸出的气体通常是甲烷、乙烯等烃类小分子,这些逸出的气体指示了有机无机转化过程的化学反应。从先驱体到陶瓷产物的质量保留率一般称为陶瓷产率,用于衡量先驱体的有效转化率。因为无机化同时伴随气体逸出,先驱体转化陶瓷中存在一定量的孔道缺陷,由于陶瓷化温度远低于粉末烧结方法,先驱体陶瓷往往表现出非晶态,随着陶瓷化或热处理温度的提升,还可以继续转化为微晶态或多晶态。先驱体转化陶瓷的组成结构,主要来源于聚合物本身的组成结构,同时受热解温度和气氛、压力的影响,有些气氛会与先驱体发生化学反应,从而显著改变陶瓷产物的组成结构。

综上所述,先驱体转化法是以聚合物化学与物理为基础,从分子出发合成陶瓷材料的重要方法,在陶瓷纤维、涂层、多孔材料和复合材料等方面应用广泛。先驱体转化陶瓷可分为先驱体合成、加工成型和有机无机转化等三个步骤,其中先驱体的组成结构设计与构建需要兼顾目标陶瓷的组成与结构、加工成型方式的要求及合成工艺的难易程度,同时制造成本也是规模应用考虑的重要因素。借助于聚合物多种多样的加工成型手段,先驱体通过溶液或熔融等或者直接加工成不同维度、不同尺度、不同结构的聚合物材料,经过物理或化学作用下的交联反应将其转化为热固性,进一步经高温热解无机化后,成为预定组成结构、预定形态、预定性能的陶瓷材料。

2. 先驱体转化方法制备陶瓷纤维的一般过程

先驱体转化法是制备连续陶瓷纤维和复杂形状陶瓷基复合材料的重要方法,例如,聚碳硅烷合成与转化制备 SiC 陶瓷纤维和 SiC 陶瓷喷管,如图 1-15 所示,先驱体转化路线包括聚合物合成、成型与无机化等关键过程。

SiC 陶瓷纤维的制备技术一般包括聚先驱体合成、熔融纺丝、不熔化、预烧和终烧五个步骤,取决于各步骤具体技术与工艺的不同,所制备的 SiC 陶瓷纤维具有不同组成结构和性能特点。先驱体转化法制备 SiC 陶瓷纤维,首先是先驱体的合成。对于 SiC 陶瓷来说,以 Si—C 化学键为链节的聚碳硅烷符合 SiC 陶瓷

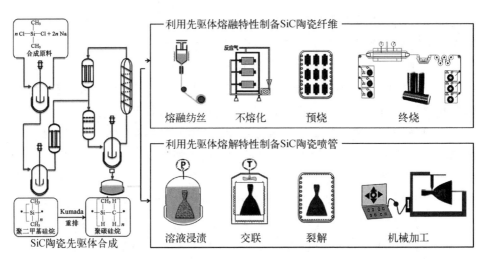

图 1 - 15　聚碳硅烷合成与转化制备连续 SiC 陶瓷纤维和 SiC 陶瓷喷管

化学组成要求。进一步,对于 SiC 陶瓷纤维来说,聚碳硅烷还需要满足纺丝成型的要求,而不同的纺丝技术则需要相应理化性能的聚碳硅烷。目前,多数研制单位选择了熔融纺丝技术制备 SiC 陶瓷纤维,也就需要具有一定熔融温度、熔体具有一定黏度的聚碳硅烷。Yajima 开创了聚二甲基硅烷高温裂解重排方法,合成出了以 Si—C 为重复单元、含有大量 Si—H、Si—CH$_3$ 取代基的固态聚碳硅烷,数均相对分子量 1 000 ~ 3 000,化学稳定性好,熔融温度适中,熔融纺丝性优异,可以纺成连续长度数千米、直径 10 μm 的聚合物纤维,这种聚合物纤维称为原纤维或原丝。

由于聚碳硅烷的分子量较低且有玻璃类似的脆性,熔融纺丝制备的原纤维既脆且弱,加热后还会熔化。因此,原纤维必须经过交联反应获得不熔化纤维,才能在高温无机化过程中保持形貌。依据聚碳硅烷的化学结构特征,可以通过外源性活性气氛(如空气、臭氧、碘蒸气)直接与原纤维产生化学反应,也可以通过高能射线辐照使其发生化学反应,分子链产生一定量的交联反应使得分子链相互缠结并固定下来,原纤维则不能再熔化或溶解,陶瓷产率会大幅度提高,为制备低缺陷、高致密度的陶瓷纤维奠定了关键基础。以日本 Nippon Carbon 公司研制的系列 SiC 纤维为例,Nicalon 纤维采用空气或氧气交联反应,SiC 纤维的氧质量分数为 12%,Hi - Nicalon 和 Hi - Nicalon type S 纤维采用电子束辐照交联工艺,SiC 纤维的氧质量分数为 1% 以下。随着氧质量分数大幅降低,热不稳定的 SiC$_x$O$_y$ 组分相应降低,SiC 纤维的高温稳定性则大幅提升。

不熔化纤维在高温中热解转化为陶瓷纤维,热解温度和气氛对陶瓷纤维组成结构有明显影响。由于 SiC_xO_y 组分在 1 300℃ 以上会发生分解,Nicalon 纤维的热解温度不能高于 1 300℃,否则就会形成大量孔道缺陷,伴随快速的晶粒增长。而 Hi - Nicalon 纤维则可以处理到 1 500℃,没有明显组成变化。以同样的不熔化纤维出发,在惰性气氛中热解无机化得到 Hi - Nicalon 纤维,在氢气气氛中热解无机化得到 Hi - Nicalon type S 纤维,前者 C/Si 原子比为 1.35,后者 C/Si 原子比为 1.05~1.1,接近化学计量比。不熔化纤维在高温氢气气氛中去除了更多的甲烷等烃类小分子,显著减少了保留到最终陶瓷纤维中的碳含量。由于自由碳的减少,SiC 聚集形核结晶与生长也少了动力学抑制作用,在相同温度下,Hi - Nicalon type S 纤维的晶粒尺寸明显大于 Hi - Nicalon 纤维。因此,热解温度与气氛也是先驱体转化过程的重要因素,是获得目标陶瓷必须注意的重要参数,应在先驱体结构设计时加以考虑。

先驱体转化法在制备非氧化物陶瓷材料,尤其是陶瓷纤维中获得了巨大成功,产生了 SiC、BN、Si_3N_4、SiBN、SiCN、SiBCN 等连续纤维。其中,SiC 纤维研究发展比较成熟,日本、美国和我国均建立了产业化的先驱体转化技术,形成了系列化的 SiC 纤维产品。BN、Si_3N_4、SiBN、SiBCN 等氮化物陶瓷纤维的技术路线与连续 SiC 纤维类似,不同元素组成、不同结构的氮化物先驱体可以转化成为多种多样的氮化物纤维,但是限于需求不甚明确,大多数研究止步于实验室,没有进行商品化开发。在氮化物纤维方面,由于 BN、Si_3N_4、SiBN 三类氮化物纤维具有重要的透波功能,迎来了重要的发展机遇。

在充分发挥先驱体转化制备陶瓷纤维优势的基础上,除了通过聚合物先驱体进行组成结构的调控,科研工作者还可以通过活性气氛介入聚合物纤维到陶瓷纤维的转化过程,从而对最终陶瓷纤维的组成结构进行调控,尤其对于氮化物透波陶瓷纤维,以氨气介入无机化过程是常用手段。Si_3N_4 纤维的制备方法也分为两种,一种方法则是采用全氢聚硅氮烷进行干法纺丝,直接无机化就可以得到 Si_3N_4 纤维;另一种是借鉴 SiC 纤维的制备方法,改变有机无机转化过程的气氛为氨气,利用氨气的氮化脱碳作用,调控最终纤维的 C、N 元素含量,制备得到 Si_3N_4 纤维。前者的关键在于全氢聚硅氮烷的合成与干法纺丝,得到高质量的原纤维,后者的关键在于氮化脱碳过程的精确控制。SiBN 纤维的制备方法与 SiBCN 纤维的方法类似,二者的主要区别在于是否需要进行氮化脱碳处理。与 Si_3N_4 纤维类似,国内外也有两种先驱体转化方法,一种是采用聚硼硅氮烷先驱体熔融纺丝;另一种是采用含硼聚硅氮烷干法纺丝,两种方法的主要区别是先驱体组成结构,并由此决定了纺丝成型的方法。

BN 纤维的制备方法主要分为 B_2O_3 纤维转化法和聚硼硅氮烷先驱体转化法，各有优势。前者在原料获得、纺丝成型方面相对简单，难点在于由 B_2O_3 纤维完全转化为 BN 纤维。未完全转化的纤维中由于少量 B_2O_3 在空气中潮解往往会导致粉化。后者难点则是先驱体合成困难、性质活泼，纺丝成型和转化处理过程中易吸水和氧化，造成纤维氧含量过高，力学性能和耐高温性能不理想。

1.2.2 Si_3N_4 纤维及其制备方法

Si_3N_4 纤维是以 Si—N 共价键构成的 SiN_4 为主要结构单元的陶瓷纤维。采用先驱体转化法制备 Si_3N_4 纤维，由于先驱体聚合物的合成路线不同，具有不同的组成、结构与性能[27]。

从先驱体化学组成上，可以分为全氢聚硅氮烷(不含有碳元素)和聚硅氮烷或聚碳硅烷(含有部分碳元素)，其技术路线的设计体现了先驱体转化法的两个重要特征，一是先驱体组成结构设计的灵活性，二是转化过程设计的灵活性。从最终产物组成上，又可以分为 Si_3N_4 纤维和 SiCN 纤维两类。美国道康宁公司、日本东亚燃料公司和法国波尔多大学是三种不同技术途径的典型代表，其技术路线示意图如图 1-16 所示。

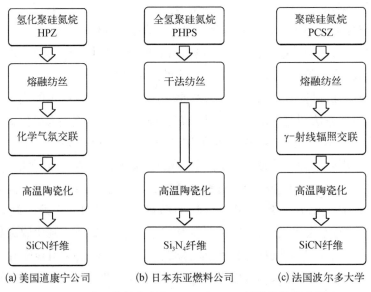

图 1-16 先驱体转化制备 Si_3N_4 和 SiCN 纤维的技术路线

　　美国道康宁公司于 1985 年研究开发了 Si_3N_4 纤维[28,29]，该公司以三氯硅烷（$HSiCl_3$）和六甲基二硅氮烷（$Me_3SiNHSiMe_3$）为原料，按摩尔比为 1/3 进行混合，缓慢升温至 200~230℃ 下保温约 1 h，减压蒸馏以除去微量的未反应原料及小分子低聚体，得到一种稳定的、可熔融纺丝的氢化聚硅氮烷（hydridopolysilazane，HPZ）。将 HPZ 熔融纺丝可得到直径为 15~20 μm 的聚合物纤维，并将其暴露到多官能的氯硅烷 $RSiCl_3$ 气氛中，可快速实现不熔化处理。然后将 HPZ 不熔化纤维置于高温炉中在高纯氮气流中处理到 1 200℃，便制得 Si_3N_4 纤维。这种 SiCN 陶瓷纤维的直径为 10~15 μm，其拉伸强度达到 3.1 GPa，杨氏模量为 260 GPa。HPZ 聚合物、不熔化纤维及其陶瓷产物的元素组成如表 1-5 所示，由表不难看出，美国道康宁公司制备的 SiCN 纤维中有较高的碳含量，这显然不利于其介电性能；同时，假设其组成相分别以 Si_3N_4、SiC 和 SiO_2 形式存在，组成可表示为 $Si_{0.14}(Si_3N_4)_{0.58}(SiC)_{0.19}(SiO_2)_{0.07}$，也就是说，用这种方法制备的 SiCN 纤维中存在游离的 Si 原子，由于 Si 的半导体性质，这显然也对其介电性能不利。因此，由道康宁公司的技术路线制备的 Si_3N_4 纤维不能用作透波纤维。

表 1-5　HPZ 先驱体及其陶瓷产物的元素组成（单位：%）

材　料	Si	C	N	H	Cl	O
HPZ 先驱体	47.2	23.0	22.1	7.8	<0.1	<0.2
HPZ 不熔化纤维	35	8	18	4	26	
块体陶瓷	59	11	27	0		
SiCN 纤维	60	2.3	32.6	0	0	2.2

　　日本东亚燃料公司通过另一种制备方法略晚于美国道康宁公司制得了 Si_3N_4 纤维[30,31]。该公司采用二氯硅烷（SiH_2Cl_2）为起始原料，在惰性气氛中，使吡啶与二氯硅烷反应生成白色固体络合物，然后进行氨解、聚合反应制备得到以—SiH—NH—为主链结构的全氢聚硅氮烷（perhydropolysilazane，PHPS）先驱体。这种先驱体具有两个特点：在组成上中除了 Si 和 N 外不存在其他会残留在陶瓷产物中的元素；在结构中存在较多的 Si—H 键与 N—H 键，具有较高的反应活性，受热易与自身交联而不再熔融，但能溶解。基于这两个特点，对这种聚硅氮烷进行干法纺丝得到 PHPS 原丝。由于不需要不熔化处理，将 PHPS 原丝在惰性气氛或氨气气氛中加热至 1 100~1 200℃，在高纯氮气中处理到 1 400℃，便得到 Si_3N_4 纤维，所得纤维长度达到 1 000 m，纤维直径为 6~24 μm。纤维的典型的组

成(质量分数):Si 59.8%、N 37.1%、O 2.7%、C 0.4%;拉伸强度为 2.5 GPa,弹性模量为 300 GPa,电阻率为 $5×10^{12}$ Ω·m,介电常数为 4.5。由于制备过程中避免了不熔化处理而引入氧等其他杂质,自身也不含其他杂质元素,这种全氢聚硅氮烷适用于制备高纯 Si_3N_4 纤维。

日本东亚燃料公司制备的 Si_3N_4 纤维和道康宁公司的 Si_3N_4 纤维相比具有较高的氮含量,更加接近化学计量比。该纤维具有优良的高温抗氧化性,在空气中经 1 200℃处理 12 h 后,纤维可以维持 93% 的原始强度。这是由于高纯 Si_3N_4 纤维在高温下烧成后形成了一层氧化薄膜,从而防止了进一步的氧化。由全氢聚硅氮烷制得的高纯 Si_3N_4 纤维具有高耐温性与抗氧化性,适用于高性能复合材料,如 CMC、MMC 的增强纤维。同时,该纤维具有较好的介电性能,适合于做透波纤维。但是,该路线的一个主要缺陷是,其合成的先驱体全氢聚硅氮烷由于为全氢结构,其活性相当高,自身交联速度很快,在操作过程中很难控制其性能。

法国波尔多大学合成了具有 Si—N 和 Si—C 结构的聚碳硅氮烷(PCSZ)并制得了性能优良的 SiCN 纤维[32,33]。先驱体聚碳硅氮烷采用有机氯硅烷经两步反应合成而得,其软化点约为 170℃。熔融纺丝后的原纤维分别采用空气不熔化处理和 γ 射线不熔化处理,在 1 200℃的惰性气氛中高温裂解分别得到了 SiCNO 和 SiCN 纤维,具有较好的力学性能,抗张强度分别为 1.85 GPa 和 2.5 GPa,抗张模量分别为 186 GPa 和 214 GPa。特别是后者,经 1 600℃高温处理后,仍能保持较高的力学性能,经处理后纤维的抗张强度为 2.1 GPa,抗拉模量为 220 GPa。由于制得的 SiCN 纤维在高温下仍保持较高的力学性能,在高性能复合材料上有较大的应用价值,但是其高的碳含量显然不能用于透波领域。

借鉴于 SiC 纤维的技术路线及 NH_3 的脱碳作用,采用 PCS 不熔化纤维直接氨气中进行高温无机化同时能够脱出 PCS 纤维中绝大部分的碳元素,从而制备得到 Si_3N_4 纤维。日本原子能研究所(Japan Atomic Energy Research Institute,JAERI)首先尝试这种方法[34,35],将熔融纺丝制备的 PCS 纤维进行空气不熔化或者电子束辐照交联,得到不熔化的 PCS 纤维,进一步在 500~1 000℃的 NH_3 气氛中反应即得到 Si_3N_4 纤维,这一氮化脱碳过程则是组成结构发生剧烈变化的关键阶段,大致机理如图 1-17 所示。

日本原子能研究所制备 Sinber Si_3N_4 纤维,其单丝直径为 15 μm,密度为 2.3 g/cm^3,拉伸强度为 2.0 GPa,弹性模量为 120 GPa,体积电阻率为 10^{13} Ω·cm,在作为耐高温的绝缘材料方面具有重要用途,编织为电线套管及其他绝缘材料

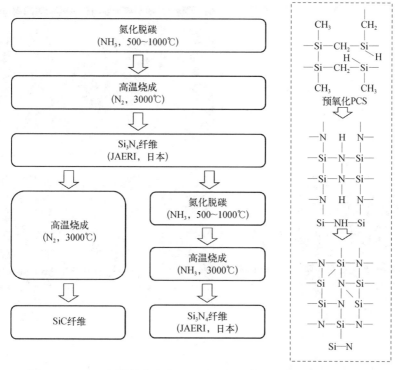

图 1-17　PCS 纤维转化制备 Si₃N₄ 纤维技术路线与氮化机理示意图

（图 1-18）。与 SiC 纤维的技术路线相比，采用这种技术路线制备 Si₃N₄ 纤维仅需要改变无机化的气氛，相对于以聚硅氮烷先驱体的转化技术要简单得多，也比较容易实现规模化生产。同时，Sinber Si₃N₄ 纤维仍含有较多的碳元素，质量分数达到 4%，对其透波性能会有不利影响，进一步降低其碳含量是采用该方法制备 Si₃N₄ 透波纤维的必然要求。国内，国防科技大学和厦门大学均公开报道了制备低碳含量 Si₃N₄ 纤维的研究结果，相关透波应用研究也在逐步深入。

1.2.3　BN 纤维及其制备方法

BN 纤维的制备方法可概括为 B₂O₃ 纤维氮化法和先驱体转化法[36,37]。前者是将 B₂O₃ 高温熔融拉伸制备 B₂O₃ 纤维，将 B₂O₃ 纤维在 NH₃ 中进行氮化，以及在 N₂ 气氛中高温处理后转化为 BN 纤维，直径为 4~6 μm，拉伸强度为 830 MPa，弹性模量为 210 GPa。B₂O₃ 纤维氮化法存在以下不足，会影响 BN 纤维的力学性能和高温稳定性：首先，B₂O₃ 纤维是无定形结构，在 NH₃ 中反应生成的 BN 纤维基本不会产生晶体的取向，纤维由涡轮层状 BN 晶体组成，因此用该方法制造

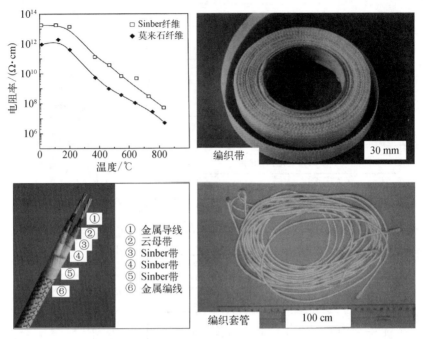

图 1-18　Sinber 氮化硅纤维的电阻率及其编织绝缘材料

连续 BN 纤维时需对纤维进行热拉伸以提高 BN 纤维的结晶取向度,改善纤维性能;其次,B_2O_3 极易吸潮,聚合物纤维吸潮引入的氧会导致 BN 纤维表面形成大量缺陷,严重影响 BN 纤维的性能,甚至使纤维粉化;由于氮化反应是非均相反应,在氮化过程中位于聚合物纤维中心的 B_2O_3 不容易氮化,最终形成的 BN 纤维芯部有部分 B_2O_3,呈皮芯结构。

　　B_2O_3 纤维转化法制备的 BN 纤维的拉伸强度一般都低于 1 GPa,同时由于其方法自身难以克服的缺陷,限制了 BN 纤维性能的进一步提高。聚合物先驱体转化法较大程度地克服了 B_2O_3 纤维转化法的不足,成为近年来研制高性能 BN 纤维的主要方法。PDCs 法制备 BN 纤维尚处于实验研究阶段,国外仅有法国和美国实现了在实验室少量制备,国内的相关研究才刚刚起步。因此,开展 PDCs 法制备 BN 纤维的研究具有十分重要的意义。

　　先驱体转化法是制备高性能 BN 纤维的重要途径。以小分子的含硼、氮的化合物为原料,经过逐步合成和聚合反应生成聚硼氮烷(polyborazine)或硼、氮含量高的聚合物先驱体:利用先驱体的可溶或可熔性能纺丝得到聚合物纤维,再经不熔化处理,最后在惰性气氛或 NH_3 中高温处理制得 BN 纤维。聚合物先驱体转化过程的结构转化示意图如图 1-19 所示,由图可知,B_3N_3 六元环单体经过聚合变成可溶可熔的 B_3N_3 六元环链状连接的聚合物,通过加热熔融或溶解于溶剂中制成加工成型。将该聚合物经过熔融纺丝后,再经过交联使聚合物纤维的分子链彼此交联成网状体形分子,实现不熔化后再在不同的温度中烧成,最终转变成完整或接近完整的 h-BN,得到 BN 纤维。

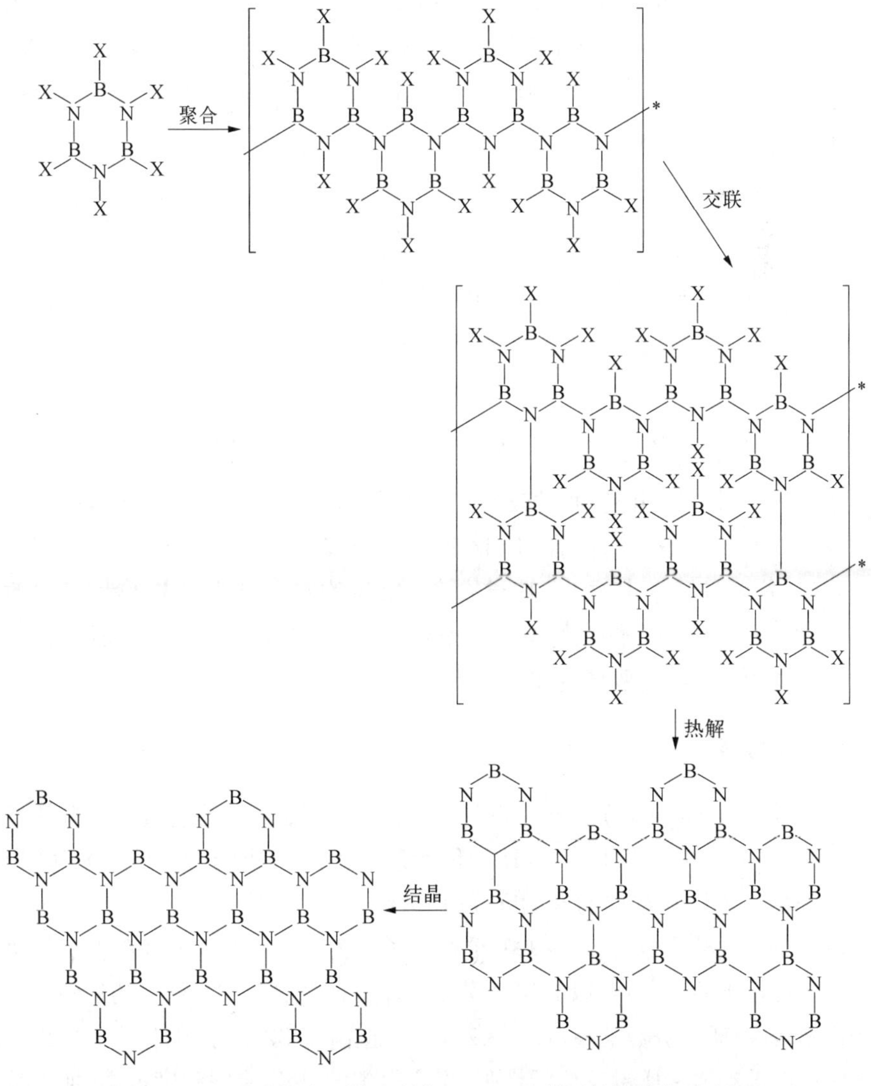

图 1-19 聚合物先驱体法制备 h-BN 的分子结构转化示意图

制备 BN 纤维聚合物先驱体首先要合成出合适的含 B、N 元素的单体。研究表明,B_3N_3 六元环结构具有与 h-BN 相似的分子结构,是 B、N 含量最高的分子单元,两个元素的摩尔比与 BN 化学计量比一致。通过对含 B_3N_3 六元环结构单体的改性能够得到在分子主链上含有硼和氮元素、支链上含有有机基团的聚合物,这种聚合物称为聚硼氮烷。通过怎样的工艺路线和实验条件可以得到可溶可熔的聚硼氮烷,这是 PDCs 法制备 BN 纤维首先要解决的问题。

目前,聚硼氮烷的合成主要选用含有 B_3N_3 六元环的单体或可以转化为含 B_3N_3 六元环结构的单体作为基础原料,主要有硼吖嗪($B_3N_3H_6$,BZ)、2,4,6 -三氯环硼氮烷($Cl_3B_3N_3H_3$,TCB)和三烷氨基硼烷$[B(RNH)_3,TAB]$三种单体,其分子结构示意图见图 1 - 20。

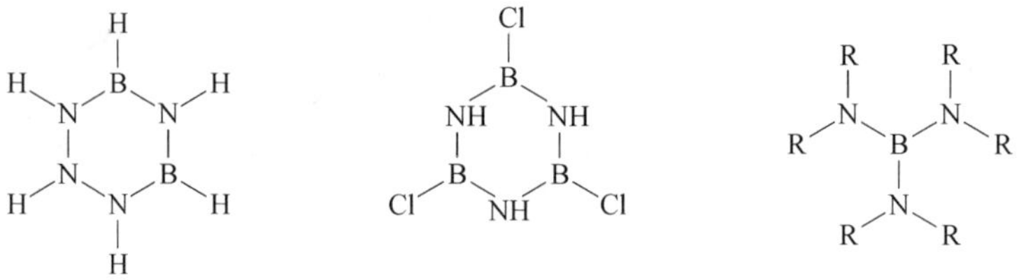

(a) BZ   (b) TCB   (c) TAB

图 1 - 20　BZ、TCB 和 TAB 的分子结构示意图

由上述三种分子出发,通过改性经热聚合后可以得到各种不同组成和结构的聚硼氮烷及其衍生物。目前,由 BZ 和 TCB 出发制备 BN 纤维先驱体已经成为主流路线,这两种分子中的 B—H 键或 B—Cl 键均有一定的反应活性,经过改性可以得到具有不同加工性能的聚合物先驱体。下面分别介绍以这三种单体为主要原料合成 BN 纤维先驱体的研究现状。

1. BZ 路线

硼吖嗪(borazine,BZ)是苯的等电子化合物,常温下为无色透明具有挥发性的液体。BZ 分子中仅有 B、N 和 H 三种元素,B 和 N 的原子比为 1∶1,BZ 聚合后得到类似石墨层状结构的聚硼吖嗪(PBZ)。

PBZ 的数均分子量为 500~900,重均分子量为 3 000~8 000,经高温热解可获得近化学计量比的 h - BN,以 PBZ 为分子先驱体制备各种 BN 材料的优势在于其陶瓷产率较高,质量分数最高可达 93.2%[38]。但由于 BZ 分子单体中 B_3N_3 六元环上的 B—H 键和 N—H 键反应活性强,聚合得到的 PBZ 交联程度过高,加工性较差。通过引入支链对 BZ 改性可以降低交联程度,提高纺丝性能。Wideman 和 Sneddon 等[39,40]以二乙胺、二戊胺和六甲基硅氮烷(hexamethylsilazane,HMDZ)等与 BZ 反应合成了一系列聚硼氮烷,各种聚硼氮烷的结构式见式(1 - 5)。尽管通过对 BZ 改性在一定程度上降低了最终得到聚合物的交联程度,但是 BZ 分子中存在过多的 B—H 键和 N—H 键活性基团,不容易控制聚合物的线性程度。因此,这条路线主要用来制备 BN 粉末、涂层和复合材料基体。

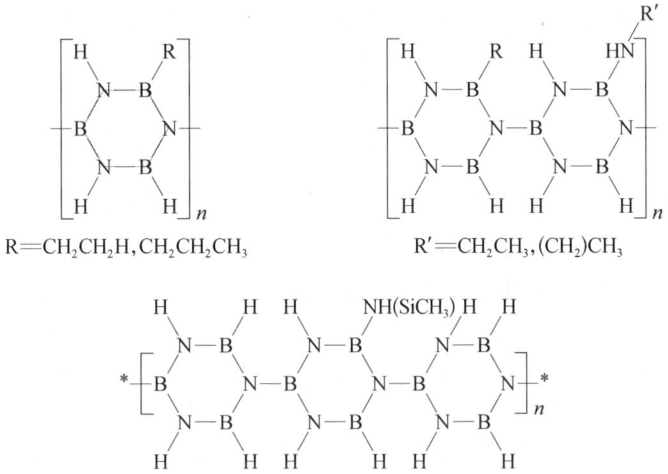

$$R = CH_2CH_2H, CH_2CH_2CH_3 \qquad R' = CH_2CH_3, (CH_2)CH_3 \qquad (1-5)$$

2. BCl₃ 胺解路线

BCl₃ 胺解路线是指利用 BCl₃ 分子中氯原子的活性,以有机胺取代氯原子引入烷氨基,加热聚合可以得到聚硼氮烷[41-43],合成路线见图 1-21。

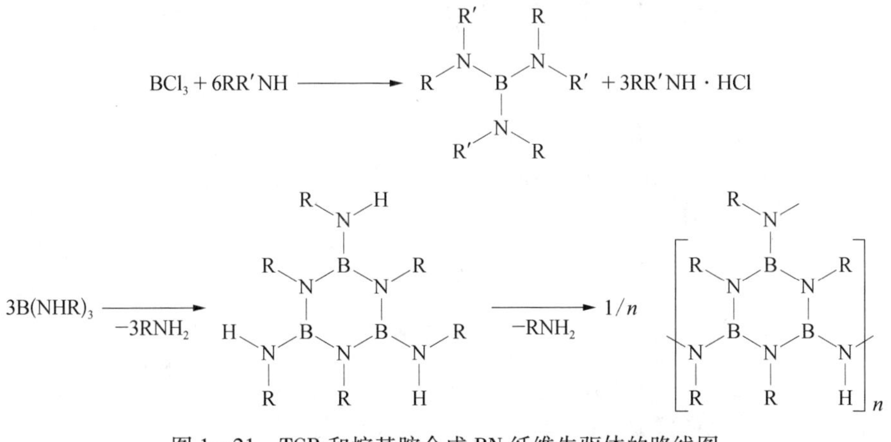

$$BCl_3 + 6RR'NH \longrightarrow R-N(R')-B(-N(R')R)-N(R')R + 3RR'NH \cdot HCl$$

$$3B(NHR)_3 \xrightarrow{-3RNH_2} \longrightarrow \xrightarrow{-RNH_2} 1/n$$

图 1-21　TCB 和烷基胺合成 BN 纤维先驱体的路线图

Cornu 等[44]利用甲胺(MA)和 BCl₃ 在低温下反应生成 B(CH₃NH₂)₃(TMB),减压聚合得到 Poly-TMB(PTMB),重均分子量约为 900,玻璃化转变温度 T_g 为 73℃,具有一定的成丝性。然而,在后续的 NH₃ 中处理时,部分聚合物纤维会发生转胺反应而升华,未得到 BN 纤维。Okano 和 Yamashita[45]采用 BCl₃ 和腈化物为原料合成硼的氯化氮化物,再进一步与 BTC 和氯化铵的混合物在 110℃下反应得到 BN 先驱体。经溶纺成丝后再经过高温处理制备了 BN 纤维,直径约 20 μm,拉伸强度最大可达 1.4 GPa,遗憾的是未见相关研究的后续报道。

以 HMDZ 与 BCl₃ 为原料也能够合成可纺的聚硼氮烷先驱体。国防科学技术大学的张光友[36]采用该方法制备了直径约 30 μm、长度为 200~450 m 的 BN 纤维,强度为 100 MPa。该先驱体的软化点为 135~149℃,数均分子量约为 1 198,1 000℃时的陶瓷产率为 35%。该路线比较简单,但纤维含有少量的 Si 元素。李文华等[46]对该先驱体的流变性能进行了研究,结果表明该先驱体在较宽的温度范围内有较好的热稳定性和较大的形变。通过 BCl₃ 胺解路线合成聚硼氮烷进而制备 BN 纤维,合成路线较简单,也有不同的研究人员通过这条路线制得了 BN 纤维。因此,BCl₃ 胺解路线制备 BN 纤维具有一定的潜力。

3. 三氯代硼吖嗪胺解路线

三氯代硼吖嗪(TCB)分子的 B—Cl 键有很高的反应活性,通过胺解取代硼原子引入胺基,再进行分子间脱胺聚合是目前合成 BN 纤维先驱体的主要方法。Kimura 等[47,48]用 MA 和 TCB 反应合成三甲胺基环硼氮烷[2,4,6 - tri(methylamine)borazine, MAB],将 MAB 与十二胺共聚合成了具有较好纺丝性的先驱体,其路线图见图 1 - 22。制得 BN 纤维的直径为 10 μm,密度为 2.05 g/cm³,

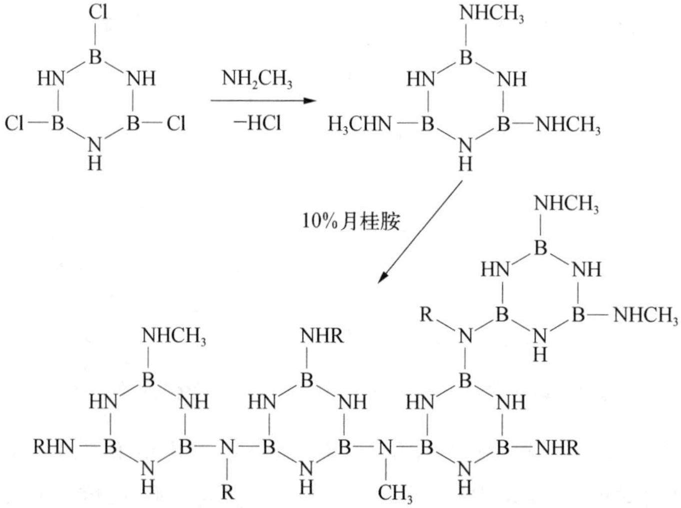

图 1 - 22　Kimura 等合成 BN 先驱体的路线图(R ＝C₁₂H₂₅)

拉伸强度为 0.98 GPa,拉伸模量为 78 GPa,但未见进一步报道。

Bernard 等[49, 50]改进了 Kimura 的合成路线,通过严格控制温度使 MAB 缩聚得到 PMAB 先驱体,$T_g = 64 \sim 83℃$,以其制得的 BN 纤维直径约 10 μm,拉伸强度为 2 GPa,模量为 450 GPa。PMAB 的两种可能的结构如式(1-6)所示。

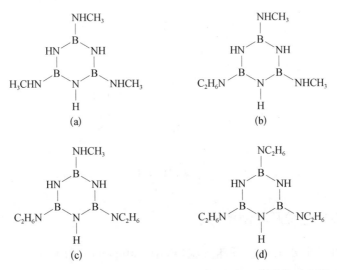

通过不同的烷基胺,如 MA 和二甲胺(DMA)等取代 TCB 分子中的 B 原子引入不同的烷基胺基,得到的分子单体如图 1-23 所示。(a)、(d)化合物分别为含二甲胺基和甲胺基的对称结构,(b)、(c)为含有甲胺基和二甲胺基的非对称结构。在这些 B-烷基胺硼氮烷的自缩聚过程中形成—N(CH₃)—桥接单元,同时也形成硼氮环间的连接,—N(CH₃)—桥接单元的形成有助于提高先驱体的熔融纺丝性能。其中,c 单体 2-[(CH₃)₂N]-4,6-(CH₃HN)₂B₃N₃H₃(DMAB)表现出了较好的可纺性。

图 1-23　Miele 等合成的不同烷基胺基环硼氮环的结构示意图

　　MAB 缩聚合成 BN 纤维先驱体的路线相对简单,但其聚合过程不易控制,容易过度交联。若对 TCB 进行分步取代,即先用惰性基团取代 TCB 的一个氯原子,进而用稍活泼的基团取代剩下的两个氯原子,合成具有两官能度的单体,就能降低交联程度,更容易得到链状结构的聚硼氮烷。基于这种思路,Toury 等[51]合成了结构如图 1 - 24 所示的分子单体,聚合得到先驱体 PDMAB 的重均分子量为 800~1 000,T_g = 60~90℃,1 000℃的陶瓷产率为 54.7%,制备的 BN 纤维的拉伸强度为 1.2 GPa,拉伸模量为 244 GPa。与 MAB 相比,DMAB 的聚合反应更容易控制。针对 BN 纤维先驱体而言,可纺性较好的先驱体应该具备六元环,以阻止可逆反应的发生,通过 B、N 原子链接的 B_3N_3 六元环。Toury 等[52]将 TCB 的一个 Cl 原子用 DMA 封端后,与硼氨基烷在室温下聚合得到了以—N—B—N—链接的 B_3N_3 六元环线性先驱体,合成路线见图 1 - 24。制得的 BN 纤维直径约 20 μm,拉伸强度为 1 GPa,拉伸模量为 200 GPa。这种路线在常温下即可实现,应用前景较好。先驱体的线性度高,可以保证在具有较好可纺性的同时又具有较高的陶瓷产率,是不需加热的常温聚合路线。缺点在于合成路线长,对中间产物的提纯较麻烦。

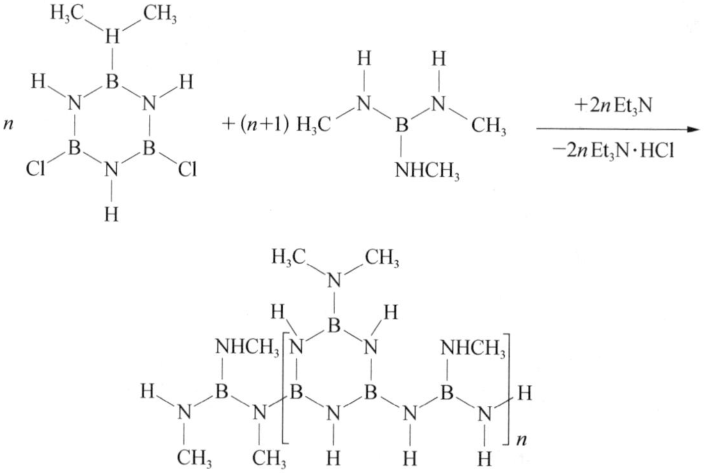

图 1 - 24　$((CH_3)_2N)B(NHCH_3)_2$ 的合成路线

1.2.4　SiBN 纤维及其制备方法

　　SiBN 纤维主要采用聚硼硅氮烷(Polyborosilazane,PBSZ)为先驱体制备得到,聚硼硅氮烷通常含有 Si—N 和 B—N 等化学键及 Si—H 和 N—H 等活性基团。根据先驱体转化法的要求,聚硼硅氮烷需要满足一定的理化性能,如含有与纤维相同的组成元素(Si、B、N)、高陶瓷产率、纺丝性能好、具有一定的稳定性和交联反应活性等[53]。

日本东亚燃料公司采用 Funayama 等[54]的方法制备了一种 SiBON 纤维。首先合成出一种高分子量含硼聚硅氮烷,通过硼酸三甲酯与全氢聚硅氮烷反应合成出含氧的聚硼硅氮烷,将该聚合物溶于一定比例的二甲苯,通过干法纺丝得到原纤维,在氨气气氛下进行 200～1 200℃ 裂解,然后在氮气气氛下进行 1 300～1 800℃高温处理,得到直径为 8～12 μm 的 SiBON 陶瓷纤维,该纤维密度为 2.4 g/cm^3,拉伸强度可达 2.5 GPa,弹性模量为 180 GPa,耐温性能优异,可维持无定形结构至 1 700℃(图 1-25)。

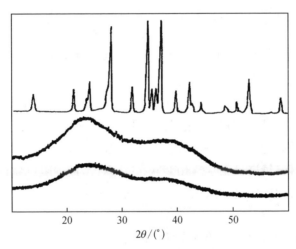

图 1-25　经不同温度处理后 SiBON 陶瓷纤维的结晶变化

此外,美国麻省理工学院的 Serferth 和 Plenio[55]将环硅氮烷和硼烷进行反应合成出聚硼硅氮烷先驱体,可通过挑丝得到定长纤维,原丝在 1 000℃氨气下裂解制得 SiBNC 纤维,纤维元素组成为 Si 39.86%、B 9.63%、N 43.43%、C 0.22%(质量分数);Wideman 等[56]将 HPZ 和单官能硼氮烷反应,合成出聚硼硅氮烷先驱体,将聚硼硅氮烷熔融纺丝,通过三氯氢硅进行化学气相交联,在 1 200℃ Ar气氛下烧成 SiBNC 纤维,纤维组成和性能未见报道。

德国 Bayer 公司采用 Baldus[57]的方法合成先驱体聚硼硅氮烷,熔融纺丝高温烧成制备 SiBNC 陶瓷纤维,具体过程: 将 TADB 慢慢地滴入-78℃下的甲胺中,充分搅拌,保证在滴加的过程中,整个体系的温度不超过 0℃,真空过滤掉固体沉淀,减压蒸馏除去溶剂和低分子聚合物得到黏度较高的油状物,然后在 240℃下保温 10 min,得到固态的聚硼硅氮烷(PBSZ),将 PBSZ 置于气氛保护下的纺丝装置中,180℃充分脱泡,纺丝压力为 2 MPa,挤出 PBSZ 原丝,以 200 m/min 的速度收集于纺丝筒上,将原丝在二氯氢硅的气氛中,40℃下进行 2 h 不熔化处理,将不熔化处理的纤维在 1 450℃的 N_2 气氛下裂解制得商品化的 Si—B—N—C 纤维。利用氨气作为裂解气氛,原理上可以获得 SiBN 陶瓷纤维,但是尚未见有相关研究结果。

国内,国防科技大学的陶瓷纤维与先驱体课题组合成了具有优异纺丝性能的 PBSZ,并通过熔融纺丝、气氛不熔化和氨气气氛烧成等工艺,制备了连续 SiBN 纤维[53,58]。SiBN 纤维优异的高温稳定性能有助于在高温保持力学性能,在 1 700℃保持无定形态和光滑致密的微观结构。研究表明,SiBN 纤维还具有低介电常数(4.36)和低介电损耗值(0.004 2)的特性,并且能够维持低介电损耗值(0.008 6)到 1 200℃,而在该温度下石英纤维的介电损耗值会从室温的 0.003 6 增加到 0.034。上述实验结果表明,SiBN 纤维能够满足天线罩和天线窗对高温透波陶瓷材料的应用需求。

东华大学通过分步聚合的技术路线制备出具有较好纺丝性能的 PBSZ,并进行了先驱体的合成、熔融纺丝及热解无机化等相关研究工作[59-61],首先将 $SiCl_4$ 和 BCl_3 分别甲胺解,然后将胺解产物共混加热合成了聚硼硅氮烷先驱体,先驱体经熔融纺丝通过氨气进行化学气相交联,在 1 200℃的 NH_3 气氛下烧成,最终经高温烧成制备得到低介电常数(2.61)和低介电损耗值(0.002 7)的 SiBN 纤维。为了提高纤维的力学强度,该课题组后续对先驱体的组成结构进行了优化,目前该课题组制备的 SiBN 纤维拉伸强度最高可达 0.87 GPa。

中国科学院过程工程研究所的张伟刚课题组[62]以聚硼氮烷和聚氮硅烷物理混合后的先驱体为原料,通过熔融纺丝和原纤维电子束辐照交联等工艺,然后依次进行氨气中高温处理到 1 000℃,再继续在氮气中处理到 1 600℃,见图 1-26,得到了一种硼质量分数高达 34.5%的 SiBN 复合纤维,化学式为(BN)$(Si_3N_4)_{0.05}$。纤维的拉伸强度为 1.0 GPa,介电常数为 3.06,介电损耗值可低至 0.002 94。研究发现,硼含量的增加有助于提高纤维的高温稳定性能;当硼质量分数增加至 32%以上时,高温处理后生成大量的 BN 纳米晶粒,可对纤维力学性能起到一定的增强作用。

近年来,国内已经实现了连续 SiBN 纤维的制备,耐高温性能和透波性能得到了验证,但 SiBN 纤维的力学性能水平不高,耐高温性能也没有达到理想水平,对高温环境下的组成结构和性能演变规律也缺乏充分认识。因此,SiBN 纤维的制备方法改进和性能提升仍需要大力投入。

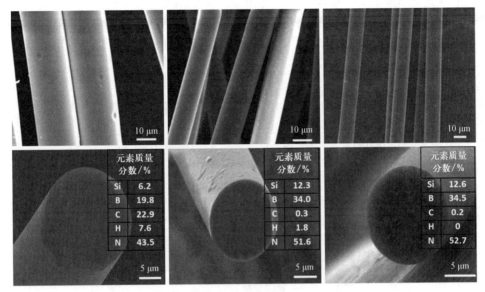

元素质量分数/%

元素	质量分数/%
Si	6.2
B	19.8
C	22.9
H	7.6
N	43.5

元素	质量分数/%
Si	12.3
B	34.0
C	0.3
H	1.8
N	51.6

元素	质量分数/%
Si	12.6
B	34.5
C	0.2
H	0
N	52.7

图 1-26　中科院过程所研制的原纤维、氮化纤维和 SiBN 复合纤维

1.2.5　透波纤维及其复合材料

无机透波材料是高超声速飞行器天线罩的首选材料,石英和多孔 Si_3N_4 等陶瓷可满足马赫数为 5 和 6 的飞行气动热力要求。但是,单相陶瓷和复相陶瓷本质上仍然是脆性材料,存在韧性差、大尺寸构件难成型及可加工性较差等缺点,尤其是抗热振性能已成为制约单相及复相陶瓷类高温透波材料进一步应用的瓶颈。20 世纪 80 年代以来,随着高超声速导弹和再入飞行器的提出,天线罩的耐高温性能和抗冲击性能面临极大挑战,连续纤维增强的陶瓷基复合材料逐渐成为高热力状态下天线罩材料的主要选择[63-65]。透波纤维泛指可用于透波窗口的各类纤维材料,本书中提及的透波纤维均指连续细直径纤维,连续的意思是束丝连续长度达到数百米,细直径的意思是纤维单丝直径低于 20 μm。透波纤维从材料属性上可分为有机纤维和无机纤维,无机纤维又可以分为氧化物纤维和氮化物纤维。

1. 氧化物纤维增强透波复合材料

石英纤维是目前广泛应用于高温透波陶瓷基复合材料的增强体,但石英纤维是一种玻璃态材料,处于热力学不稳定状态,石英纤维的析晶现象是限制其高温使用的主要因素。虽然石英纤维的软化点温度在 1 700℃ 左右,但在 1 000℃

以上的热处理温度下会发生明显的析晶现象,发生玻璃相向方石英相的转变,导致纤维强度降低。图1-27给出了石英纤维的拉伸强度保留率随热处理温度的变化情况,从图中可以看出,经800℃处理后,石英纤维的拉伸强度保留率仅为20%。这是因为石英在800℃开始析晶,纤维脆化使纤维与基体界面的连接弱化,严重降低了复合材料的力学性能,限制了透波材料的应用范围。

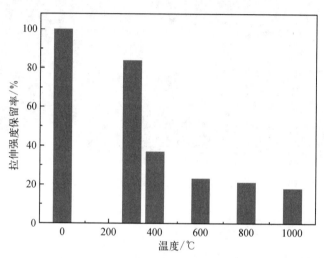

图1-27　石英纤维的拉伸强度保留率随热处理温度的变化情况

Han等[66]以石英纤维为增强体,采用溶胶-凝胶法制备出了 2.5D SiO_{2f}/SiO_2 复合材料,重点研究了硅溶胶质量分数、干燥方式及烧结温度对于复合材料密度、力学和介电性能的影响。研究发现,硅溶胶质量分数过高会导致溶液黏度较大,同时大颗粒溶胶会堵塞浸渍通道,导致浸渍效率较低。当硅溶胶质量分数为30.8%时,浸渍效率最大,所制备复合材料密度最大可达到 1.65 g/cm^3。此外,通过对比直接加热(外部干燥)和微波加热(内部干燥)两种干燥方式发现,微波加热更加有利于提高浸渍效率和材料的致密度。进一步考察了烧结温度(700~1 000℃)对材料性能的影响。结果表明:烧结温度较低时,材料不够致密;烧结温度过高,又会造成氧化硅纤维损伤。具体地,随着烧结温度的升高,材料密度由 1.51 g/cm^3 逐渐增大至 1.65 g/cm^3,而材料弯曲强度先增大后降低,当烧结温度为900℃时,弯曲强度达到最大值。因此,2.5D SiO_{2f}/SiO_2 复合材料的最优制备工艺为:硅溶胶质量分数为30.8%,微波干燥,同时采用900℃烧结制备,复合材料密度和弯曲强度最高可以分别达到 1.65 g/cm^3 和 80.7 MPa。

Xiang等[67]采用溶胶-凝胶法制备了纤维体积分数为41%的 2.5D $SiO_{2f}/$

SiO_2 复合材料,并重点考察了材料的高温力学性能和抗氧化性能。研究结果表明:复合材料常温和 1 200℃高温弯曲强度分别为 101.4 MPa 和 28.2 MPa。经 1 200℃和 1 500℃高温氧化 2 h 处理后,复合材料的弯曲强度分别降至 27.8 MPa 和 36.8 MPa 左右。Li 等[68]也考察了 SiO_{2f}/SiO_2 的高温力学性能,研究发现,在 1 000℃以内,SiO_{2f}/SiO_2 复合材料的弯曲强度随着测试温度的升高而线性下降,1 000℃的弯曲强度保留率仅为 18.2%。石英纤维高温析晶是造成 SiO_{2f}/SiO_2 复合材料高温力学性能严重退化的主要原因。

Al_2O_3 纤维一般为多晶纤维,主要包括 α - Al_2O_3 纤维、莫来石纤维和铝硅酸纤维,具有强度高、耐温性好和抗蠕变等优点。其中,纯 Al_2O_3 纤维的线膨胀系数大且介电常数高,一般不用于透波复合材料,而铝硅酸纤维和莫来石纤维中含有一定量的 SiO_2,故介电常数有明显下降,有望用于耐高温透波复合材料领域。王义[69]以铝硅酸盐纤维为增强体,以硅溶胶和铝硅复合溶胶作为陶瓷先驱体,通过溶胶-凝胶工艺制备了 AS_f/SiO_2 复合材料。研究结果表明:复合材料的力学性能和介电性能优异,弯曲强度、弹性模量、剪切强度和断裂韧性分别可以达到 119.7 MPa、25.6 GPa、10.8 MPa 和 4.0 MPa·$m^{1/2}$,室温介电常数和损耗角正切值分别为 3.63 和 2.8×10^{-3}。

2. 氮化物纤维增强透波复合材料

随着导弹技术的进步,尤其是拦截导弹等高马赫数飞行器的出现,有机纤维和石英纤维等传统的透波纤维已不能满足其应用要求,高性能陶瓷材料逐渐成为高耐温性透波窗口的首选。但是,这类透波材料要求具有高温稳定性好、烧蚀率低、介电常数低、损耗角正切值小且性能稳定等特点,而能够满足这些要求的材料体系寥寥可数。因此,可能形成的陶瓷纤维种类则更加有限,常见的材料都是由 Si、B/Al、N、O 元素组成的二元、三元或多元陶瓷体系,如氮化硅(Si_3N_4)、氮氧化硅(Si_2N_2O)、氮化硼(BN)和硅硼氮(SiBN)等氮化物陶瓷。

以耐烧蚀、透波和承载等功能一体化的天线罩,透波材料需具有较好的热稳定性和可靠性,透波陶瓷纤维增强的陶瓷基复合材料逐渐成为热透波复合材料的研究热点。国防科技大学的邹春荣[63]以环硼氮烷为 BN 陶瓷先驱体,采用先驱体浸渍裂解工艺(precursor infiltration and pyrolysis, PIP)制备了 2.5D Si_3N_{4f}/BN 复合材料。研究表明:1 200℃烧结制备的 2.5D Si_3N_{4f}/BN 复合材料具有非常优异的力学性能,室温弯曲强度高达 132.6 MPa,经 1 200℃和 1 300℃氧化 30 min 后,原位弯曲强度分别达到 101.2 MPa 和 73.4 MPa,高温力学性能明显优于 $SiNO_f/BN$

和 SiO_{2f}/SiO_2 复合材料。

Morozumi 等[70]以低黏度、高陶瓷产率的聚硅氮烷作为陶瓷基体的先驱体，以日本东亚燃料公司研制的 Si_3N_4 纤维制成二维正交编制件，通过先驱体浸渍方法得到相应的陶瓷基复合材料。为了改善增强纤维与基体界面的结合程度，会在 Si_3N_4 纤维表面通过化学气相沉积方法（chemical vapor deposition, CVD）形成 $0.1~\mu m$ 厚的裂解碳（PyC）涂层。所得复合材料的孔隙率为 7.2%，弯曲强度可达 618 MPa，经过 1 250℃氮气气氛处理后，仍具有 546 MPa 的强度保持。为了提高复合材料的抗高温氧化性能，Sato 等[71]在 Si_3N_4 纤维表面制备了抗高温氧化的 SiBC 涂层，SiBC 涂层纤维增强复合材料的弯曲强度可达 1 100 MPa 以上，经 1 250℃空气气氛处理 100 h 后可保持 830 MPa 的强度，而 PyC 涂层纤维增强复合材料的弯曲强度则急剧下降至 200 MPa。通过纤维涂层优化纤维与基体的结合界面后，Si_3N_4 纤维增强陶瓷基复合材料的力学性能得到明显提高，但 PyC 和 SiBC 涂层均具有一定的吸波特性，难以应用于高温透波复合材料。

门薇薇等[72]分别以聚硼氮烷（PBZ）和聚硅氮烷（PHPS）为 BN 涂层和 SiBN 陶瓷先驱体，通过 PIP 工艺和氨气氮化处理制备了 $Si_3N_{4f}/BNc/SiBN$ 复合材料。研究表明：复合材料密度为 1.83 g/cm^3，弯曲强度达到 96.8 MPa，介电常数和损耗角正切值分别为 3.25 和 0.012，BN 界面涂层的引入能够有效弱化界面结合。

李光亚和梁艳媛[73]分别以聚硼氮烷和聚硼硅氮烷（PBSZ）作为 BN 涂层和 SiBN 陶瓷先驱体，采用 PIP 工艺制备了 $Si_3N_{4f}/BNc/SiBN$ 复合材料。研究发现：900℃烧结制备的复合材料表现出良好的宽频透波性能，7~18 GHz 下的介电常数和介电损耗值分别为 4.0 和 0.009 左右，满足透波材料的基本应用要求。此外，该复合材料的拉伸强度和弯曲强度分别为 18 MPa 和 75 MPa。

Zhang 等[74]采用溶胶-凝胶工艺制备了 3D Si_3N_{4f}/SiO_2 和 3D $Si_3N_{4f}/PyC/SiO_2$ 复合材料。据报道，Si_3N_{4f}/SiO_2 复合材料的常温弯曲强度达到 93.6 MPa，断面无明显纤维拔出，表现为明显的脆性断裂，但 1 200℃和 1 400℃下的高温力学性能下降明显，弯曲强度分别为 22.4 MPa 和 20.6 MPa。相对而言，$Si_3N_{4f}/PyC/SiO_2$ 复合材料的力学性能更为优异，常温弯曲强度高达 139.0 MPa，1 200℃下的弯曲强度稍有降低，但仍可达到 118.2 MPa，显示出十分优异的耐高温性能。PyC 界面涂层的引入能够有效保护纤维免受损伤，并有助于弱化界面偏转裂纹，是复合材料的力学性能得到显著提高的主要原因。但碳涂层的引入将损害复合材料的介电性能，在一定程度上将限制该材料在透波领域的应用。

Li 等[68]以环硼氮烷作为陶瓷先驱体，采用 PIP 工艺制备了单向氮化硼纤维增强氧化硅复合材料（BN_f/SiO_2）。研究表明：BN_f/SiO_2复合材料的密度为 1.70 g/cm^3，孔隙率为 20.8%。室温弯曲强度为 51.2 MPa，弹性模量为 23.2 GPa，断裂韧性为 1.46 $MPa \cdot m^{1/2}$。该复合材料断口平整，几乎没有纤维拔出现象，表现为明显的脆性断裂行为，但该复合材料的高温力学性能不降反升，在 500℃时的弯曲强度最大可以达到 80.2 MPa，1 000℃时的强度保留率也可以达到 148.8%。这一出色的高温力学性能得益于 BN 纤维优异的高温稳定性及特有的自愈合能力。此外，Li 等[75]采用 PIP 工艺还制备了单向氮化硼纤维增强氮化硼基体复合材料（BN_f/BN），并对其结构、组成、力学性能和介电性能进行了研究。研究表明：该复合材料密度为 1.60 g/cm^3，孔隙率仅为 4.66%。复合材料力学性能良好，平均弯曲强度为 53.8 MPa，弹性模量为 20.8 GPa，断裂韧性为 6.88 $MPa \cdot m^{1/2}$。复合材料端口出现大量纤维拔出，说明纤维与基体界面结合适中。随着测试温度的升高，复合材料的弯曲强度和弹性模量均呈下降趋势，在 1 000℃时，其最低值分别为 36.2 MPa 和 8.6 GPa。此外，该复合材料具有优良的介电性能，2～18 GHz 下的平均介电常数和损耗角正切值分别为 3.07 和 $4.4×10^{-3}$。

徐鸿照等[76]以全氢聚硅氮烷（PHPS）为陶瓷先驱体，经 4 次 PIP 工艺制备了 BN_f/Si_3N_4复合材料。研究表明：该复合材料密度为 1.5 g/cm^3，室温弯曲强度仅为 39.6 MPa。裂解过程中，PHPS 与 BN 纤维发生了强界面反应，纤维未起到增强增韧作用，导致复合材料的力学性能不高。张伟儒[77]同样以全氢聚硅氮烷（PHPS）为原料，采用 PIP 工艺制备了 BN_f/Si_3N_4复合材料。研究发现，BN 短纤维和连续纤维增强复合材料的断裂韧性分别可以达到 3.7 $MPa \cdot m^{1/2}$ 和 5.1 $MPa \cdot m^{1/2}$，同时该材料体系的透波性能十分优异。

1.3　氮化物透波陶瓷纤维的发展方向

连续陶瓷纤维是先进复合材料的关键基础原材料，尤其是陶瓷纤维先天的结构稳定性能是其成为航空航天领域及其他极端服役环境的战略性原材料。当前，连续陶瓷纤维中，Al_2O_3陶瓷纤维和 SiC 陶瓷纤维在军民两用装备的广泛应用，受到的关注度比较高，氮化物陶瓷纤维虽然种类较多，但大多数氮化物陶瓷纤维仍处于实验室研究水平，少量获得应用的氮化物陶瓷纤维也往往因为用于军事而鲜见于公开报道。从发展阶段上来说，氮化物陶瓷纤维积累了相当的基础研究成果，但是尚未形成商业化产品和规模化应用。氮化物陶瓷纤维具有特殊的介电性能和热力电一体化的优势，随着先进结构功能一体化复合材料在空天飞行器的应用范围不断拓展,Si₃N₄ 纤维、SiCN 纤维和 SiBN 纤维氮化物陶瓷纤维成为极端环境中透波、吸波复合材料难以替代的基础材料,必将在我国空天技术发展中发挥重要作用。

我国航空航天和武器装备正在向着国际领先水平迈进,有更多的技术无人区需要探索,必将为氮化物陶瓷纤维等结构功能一体化材料带来新的发展空间。作为高温透波天线罩的关键原材料,氮化物透波陶瓷纤维正迎来其发展的历史机遇。以应用需求为导向,一是深入开展现有氮化物透波陶瓷纤维的工程化和工程应用研究,实现从可用到好用的进步,如氮化物纤维/透波涂层一体化、氮化物纤维质量稳定性、低损耗低损伤编织、建立氮化物纤维服役性能数据库等;二是重点解决氮化物透波陶瓷纤维的绿色经济的低成本制备技术,实现从少量试用到批量应用的进步,协调纤维用量与价格水平的矛盾,从源头创新氮化物陶瓷纤维的低成本制造技术,缩短技术路线,降低技术复杂度和工艺控制难度;三是持续探索新型氮化物陶瓷纤维的制备原理和新方法,研发使用温度更高、结构稳定性更好、透波性能更优的新型透波陶瓷纤维,实现人无我有、人有我优,从装备需求牵引纤维发展的传统模式转变为新型纤维引领天线罩更新换代。

作为相对小众的基础纤维材料,氮化物透波陶瓷纤维同样面临不少亟待解决的难题,也将在攻坚克难中迎来国产化高性能氮化物透波纤维的高光时刻。面向未来,立足当前,一是推动氮化物陶瓷纤维自主技术创新和国产化工艺设备的研发,形成从原辅材料合成到纤维成形与转化的技术链,研制工艺匹配性好、控制精度高与可靠耐用的国产化成套装备,真正实现氮化物陶瓷纤维的国产化和产业化;二是推动氮化物陶瓷纤维制备技术革新和颠覆性创新,探索新的材料体系、新的技术手段和新的工程方案,实现氮化物陶瓷纤维的高性能化和低成本化,以探索一代、研发一代的思路满足现阶段和未来的应用需求;三是充分发挥氮化物陶瓷纤维的可设计性和可调控性,以不同应用环境和应用要求为出发点发挥其结构功能一体化的优势,从规格型号、组成结构、力电性能等方面,推动氮化物陶瓷纤维的专用化和精细化,走多品种、小批量、系列化的特色发展之路,形成百花齐放、各有所长的氮化物陶瓷纤维产学研用格局。

参 考 文 献

[1] Kandi K K, Thallapalli N, Chilakalapalli S P R. Development of silicon nitride-based ceramic radomes:A review [J]. International Journal of Applied Ceramic Technology, 2015, 12(5):

909 – 920.

[2] Suzdal'tsev E I. Radio-transparent ceramics：Yesterday, today, tomorrow [J]. Refractories and Industrial Ceramics, 2015, 55(5)：377 – 390.

[3] 李仲平.热透波机理与热透波材料[M].北京：中国宇航出版社,2013.

[4] Eichler J, Lesniak C. Boron nitride （BN） and BN composites for high-temperature applications [J]. Journal of the European Ceramic Society, 2008, 28(5)：1105 – 1109.

[5] 蒋三生.反应烧结 Si_3N_4 透波材料的研究[D].北京：北京交通大学,2008.

[6] 刘坤.先驱体转化氮化物透波复相陶瓷的制备与性能研究[D].长沙：国防科学技术大学,2014.

[7] Riley F L. Silicon nitride and related materials [J]. Journal of the American Ceramic Society, 2004, 83(2)：245 – 265.

[8] Ganesh I, Sundararajan G. Hydrolysis-induced aqueous gelcasting of β – SiAlON – SiO_2 ceramic composites：The effect of AlN additive [J]. Journal of the American Ceramic Society, 2010, 93(10)：3180 – 3189.

[9] 张伟儒,王重海,刘建,等.高性能透波 Si_3N_4 – BN 基陶瓷复合材料的研究[J].硅酸盐通报,2003,22(3)：3 – 6.

[10] Riley F L. Silicon nitride and related materials [J]. Journal of the American Ceramic Society, 2000, 83(2)：245 – 265.

[11] Krstic Z, Krstic V D. Silicon nitride：The engineering material of the future [J]. Journal of Materials Science, 2012, 47：535 – 552.

[12] 高冬云,王树海,潘伟,等.高速导弹天线罩用无机透波材料[J].现代技术陶瓷,2005,4：33 – 36.

[13] Petzow G, Herrmann M. High performance non-oxide ceramics II [M]. Berlin：Springer-Verlag, 2002.

[14] 李端,张长瑞,李斌,等.氮化硼透波材料的研究进展与展望[J].硅酸盐通报,2010,29(5)：1072 – 1078.

[15] 曾昭焕.氮化硼的高温介电性能[J].宇航材料工艺,1993,23(2)：17 – 21.

[16] Wüllen L, Martin J. Random inorganic networks：A novel class of high-performance ceramics [J]. Journal of Material Chemistry, 2001, 11(1), 223 – 229.

[17] Hoffmann R, Kroll P. Silicon boron nitrides：Hypothetical polymorphs of $Si_3B_3N_7$ [J]. Angewandte Chemie International Edition, 1998, 37(18)：2527 – 2530.

[18] Matsunaga K, Iwamoto Y. Molecular dynamics study of atomic structure and diffusion behavior in amorphous silicon nitride containing boron [J]. Journal of American Ceramics Society, 2001, 84(10)：2213 – 2219.

[19] Hannemann A, Schön J C, Jansen M, et al. Modeling amorphous $Si_3B_3N_7$：structure and elastic properties [J]. Physical Review B, 2004, 70：144201.

[20] Jansen M, Schön J C, Wüllen L. The route to the structure determination of amorphous solids：A case study of the ceramic $Si_3B_3N_7$ [J]. Angewandte Chemie International Edition, 2006, 45(26)：4244 – 4263.

[21] Kroll P. Modelling polymer derived ceramics [J]. Journal of the European Ceramic Society,

2005, 25(2-3): 163-174.

[22] Al-Ghalith J, Dasmahapatra A, Kroll P, et al. Compositional and structural atomistic study of amorphous Si—B—N networks of interest for high-performance coatings [J]. Journal of Physical Chemistry C, 2016, 120(42): 24346-24353.

[23] Dasmahapatra A, Kroll P. Computational study of impact of composition, density, and temperature on thermal conductivity of amorphous silicon boron nitride [J]. Journal of American Ceramic Society, 2018, 101(8): 3489-3497.

[24] Andriotis A N, Richter E, Menon M. Prediction of a new graphenelike Si_2BN solid [J]. Physical Review B, 2016, 93: 081413.

[25] Singh D, Gupta S K., Sonvane Y, et al. High performance material for hydrogen storage: Graphenelike Si_2BN solid [J]. International Journal of Hydrogen Energy, 2017, 42(36): 22942-22952.

[26] Rajamani A, Saravanan V, Vijayakumar S, et al. Modeling of Si—B—N sheets and derivatives as a potential sorbent material for the adsorption of Li^+ ion and CO_2 gas molecule [J]. ACS Omega, 2019, 4(9): 13808-13823.

[27] 宋永才, 冯春祥, 薛金根. 氮化硅纤维研究进展 [J]. 高科技纤维与应用, 2002, 27(2): 6-11.

[28] Cannady J P. Silicon nitride-containing ceramic material prepared by pyrolysis of hydrosilazane polymers from $(R_3Si)_2NH$ and $HSiCl_3$ [P]. US 4543344, 1985-01-07.

[29] Legrow G E, Lim T F, Lipowitz J, et al. Ceramics from hydridopolysilazane [J]. American Ceramic Society Bulletin, 1987, 66(2): 363-367.

[30] Seyferth D, Wiseman G H, Prud'homme C. A liquid silazane precursor to silicon nitride [J]. Journal of the American Ceramic Society, 1983, 66(1): 13-14.

[31] Funayama O, Arai M, Tashiro Y, et al. Tensile strength of silicon nitride fibers produced from perhydropolysilazane [J]. Journal of Ceramic Society of Japan, 1990, 98(1133): 104-107.

[32] Mocaer D, Pailler R, Naslain R, et al. Si—C—N ceramics with a high microstructural stability elaborated from the pyrolysis of new polycarbosilazane precursors. Part III: Effect of pyrolysis conditions on the nature and properties of oxygen-cured derived monofilaments [J]. Journal of Materials Science, 1993, 28: 2639-2653.

[33] Mocaer D, Pailler R, Naslain R, et al. Si—C—N ceramics with a high microstructural stability elaborated from the pyrolysis of new polycarbosilazane precursors. Part IV: Oxygen-free model monofilaments [J]. Journal of Materials Science, 1993, 28: 3049-3058.

[34] Okamura K, Sato M, Hasegawa Y, et al. Silicon nitride fibers and silicon oxynitride fibers obtained by the nitridation of polycarbosilane [J]. Ceramics International, 1987, 13(1): 55-61.

[35] Kamimura S, Seguchi T, Okamura K. Development of silicon nitride fiber from Si-containing polymer by radiation curing and its application [J]. Radiation Physics & Chemistry, 1999, 54(6): 575-581.

[36] 张光友. 先驱体法制备氮化硼陶瓷纤维 [D]. 长沙: 国防科学技术大学, 1995.

[37] 雷永鹏.先驱体转化法制备氮化硼纤维研究[D].长沙：国防科学技术大学,2011.

[38] Fazen P J, Remsen E E, Carrol P J, et al. Synthesis, properties and ceramic conversion reactions of polyborazylene. A high yield polymeric precursor to boron nitride [J]. Chemistry of Materials, 1995, 7(10): 1942-1956.

[39] Wideman T, Remsen E E, Cortez E, et al. Amine-modified polyborazylenes: Second generation precursors to boron nitride [J]. Chemistry of Materials, 1998, 10(1): 412-421.

[40] Wideman T, Sneddon L G. Dipentylamine-modified polyborazylenes: A new, melt-spinnable polymeric precursor to boron nitride [J]. Chemistry of Materials, 1996, 8(1): 3-5.

[41] Bonnetot B, Guilhon F, Viala J C, et al. Boron nitride matrices and coatings obtained from tris(methylamino)borane. Application to the protection of graphite against oxidation [J]. Chemistry of Materials, 1995, 7(2): 299-303.

[42] Doche C, Guilhon F, Bonnetot B, et al. Elaboration and charaterization of Si_3N_4 - BN composites from tris(methylamino)borane as a boron nitride precursor [J]. Journal of Materials Science Letters, 1995, 14(12): 847-850.

[43] Thévenot F, Doche C, Mongeot H, et al. Si_3N_4-BN composites obtained from aminoboranes as BN precursors and sintering aids [J]. Journal of the European Ceramics Society, 1997, 17(15-16): 1911-1915.

[44] Cornu D, Miele P, Faure R, et al. Conversion of $B(NHCH_3)_3$ into boron nitride and polyborazine fibres and tubular BN structures derived therefrom [J]. Journal of Materials Chemistry, 1999, 9(3): 757-761.

[45] Okano Y, Yamashita H. Boron nitride fiber and process for production thereof [P]. US 5780154, 1998.

[46] 李文华,王军,谢征芳,等.新型氮化硼陶瓷纤维先驱体——含硅聚硼氮烷的合成与表征[J].化学学报,2011,69(16): 1936-1940.

[47] Kimura Y, Kubo Y, Hayashi N. Boron nitride preceramics based on B, B, B-triaminoborazine [J]. Journal of Inorganic and Organometallic Polymers, 1992, 2(2): 231-242.

[48] Kimura Y, Kubo Y, Hayashi N. High-performance boron-nitride fibers from poly(borazine) preceramics [J]. Composites Science and Technology, 1994, 51(2): 173-179.

[49] Bernard S, Ayadi K, Berthet M P, et al. Evolution of structural features and mechanical properties during the conversion of poly[(methylamino)borazine] fibers into boron nitride fibers [J]. Journal of Solid State Chemistry, 2004, 177(6): 1803-1810.

[50] Duperrier S, Gervais C, Bernard S, et al. Design of a series of preceramic B-tri(methylamino) borazine-based polymers as fiber precursors: Architecture, thermal behavior, and melt-spinnability [J]. Macromolecules, 2007, 40(4): 1018-1027.

[51] Toury B, Miele P, Cornu D, et al. Boron nitride fibers prepared from symmetric and asymmetric alkylaminoborazines [J]. Advanced Functional Materials, 2002, 12(3): 228-234.

[52] Toury B, Cornu D, Chassagneux F, et al. Complete characterization of BN fibres obtained from a new polyborylborazine [J]. Journal of the European Ceramic Society, 2005, 25(2-3): 137-141.

[53] 唐云.先驱体转化法制备 SiBN 纤维研究[D].长沙：国防科学技术大学,2010.

[54] Funayama O, Nakahara H, Tezuka A, et al. Development of Si—B—O—N fibers from polyborosilazane [J]. Journal of Material Science, 1994, 29(8): 2238－2244.

[55] Seyferth D, Plenio H. Borasilazane polymeric precursors for borosilicon nitride [J]. Journal of the American Ceramic Society, 1990, 73(7): 2131－2133.

[56] Wideman T, Cortez E, Remsen E, et al. Reactions of monofunctional boranes with hydridopolysilazane: Synthesis, characterization, and ceramic conversion reactions of new processible precursors to SiNCB ceramic materials [J]. Chemistry of Materials, 1997, 9(10): 2218－2230.

[57] Baldus P, Jansen M, Sporn D. Ceramic fibers for matrix composites in high-temperature engine application [J]. Science, 1999, 285: 699－703.

[58] Tang Y, Wang J, Li X, et al. Polymer-derived SiBN fiber for high-temperature structural/functional applications [J]. Chemistry — A European Journal, 2010, 16(22): 6458－6462.

[59] Peng Y Q, Han K Q, Yu M H, et al. Large-scale preparation of SiBN ceramic fibres from a single source precursor [J]. Ceramics International, 2014, 40(3): 4797－4804.

[60] Liu Y, Han K Q, Yu M H, et al. Fabrication and properties of precursor-derived SiBN ternary ceramic fibers [J]. Materials & Design, 2017, 128(15): 150－156.

[61] Liu Y, Chen K, Peng S, et al. Synthesis and pyrolysis mechanism of a novel polymeric precursor for SiBN ternary ceramic fibers [J]. Ceramics International, 2019, 45(16): 20172－20177.

[62] Tan J, Ge M, Yu S, et al. Microstructures and properties of ceramic fibers of h－BN containing amorphous Si_3N_4[J]. Materials, 2019, 12: 3812－3820.

[63] 邹春荣.氮化物纤维增强氮化硼陶瓷基透波复合材料的制备与性能研究[D].长沙:国防科技大学,2016.

[64] 杨雪金.氮化硅纤维增强氧化硅基透波复合材料的制备与性能研究[D].长沙:国防科技大学,2019.

[65] 崔雪峰,李建平,李明星,等.氮化物基陶瓷高温透波材料的研究进展[J].航空材料学报,2020,40(1): 21－34.

[66] Han S, Jiang K H, Tang, J W. Studies on preparation and property of 2.5D SiO_{2f}/SiO_2 composites [J]. Advanced Materials Research, 2009 (79－82): 1767－1770.

[67] Xiang Y, Wang Q, Peng Z H, et al. High-temperature properties of 2.5D SiO_{2f}/SiO_2 composites by sol－gel [J]. Ceramics International, 2016, 42(11): 12802－12806.

[68] Li D, Zhang C R, Li B, et al. Preparation and mechanical properties of unidirectional boron nitride fibre reinforced silica matrix composites [J]. Materials and Design, 2012, 34: 401－405.

[69] 王义.铝硅酸盐纤维增强氧化物陶瓷基复合材料的制备与性能[D].长沙:国防科学技术大学,2015.

[70] Morozumi H, Sato K, Tezuka A, et al. Preparation of high strength ceramic fibre reinforced silicon nitride composites by a preceramic polymer impregnation method [J]. Ceramics International, 1997, 23(2): 179－184.

[71] Sato K, Morozumi H, Funayama O, et al. Developing interfacial carbon-boron-silicon coatings

for silicon nitride-fiber-reinforced composites for improved oxidation resistance [J]. Journal of the American Ceramic Society, 2002, 85(7): 1815 – 1822.

[72] 门薇薇,马娜,张术伟,等.Si_3N_4/SiBN 复合材料界面设计及制备[J].陶瓷学报,2018, 39(5): 58 – 63.

[73] 李光亚,梁艳媛.纤维增强 SiBN 陶瓷基复合材料的制备及性能[J].宇航材料工艺,2016, 46(3): 61 – 64.

[74] Zhang J, Fan J, Zhang J, et al. Developing and preparing interfacial coatings for high tensile strength silicon nitride fiber reinforced silica matrix composites [J]. Ceramics International, 2018, 44(5): 5297 – 5303.

[75] Li D, Zhang C R, Li B, et al. Preparation and properties of unidirectional boron nitride fibre reinforced boron nitride matrix composites via precursor infiltration and pyrolysis route [J]. Materials Science & Engineering A, 2011, 528(28): 8169 – 8173.

[76] 徐鸿照,王重海,张铭霞,等.BN 纤维织物增强陶瓷透波材料的制备及其力学性能初探 [J].现代技术陶瓷,2008(2): 10 – 12.

[77] 张伟儒.高性能氮化物透波材料的设计、制备及特征研究[D].武汉:武汉理工大学, 2007.

第 2 章　BN 纤维

氮化硼(BN)纤维具有良好的热稳定性、耐高温、耐化学腐蚀、电热性能、耐辐射、抗氧化性及高吸收中子的能力,在航空、航天、新能源及核工业电子等高端技术领域有着极为广阔的应用前景。高纯度 BN 纤维可在 2 500℃惰性气氛中及 850℃以下氧化气氛中保持结构稳定,因此受到了世界各国的广泛关注[1]。目前,制备 BN 纤维的主要技术有无机氧化硼纤维转化法和有机先驱体转化法两种。其中,有机先驱体转化法可通过分子设计合成出含目标元素且具有较好加工性能的有机聚合物,经纺丝、不熔化交联和高温处理得到组成结构可控的高性能均质陶瓷纤维,是目前制备连续 BN 纤维的优选方法。本章将从聚硼氮烷先驱体的合成、纺丝成型、不熔化和高温烧成等方面介绍有机先驱体法制备连续 BN 纤维的过程,并对 BN 纤维的组成结构进行表征分析。

2.1　聚硼氮烷的合成与性能

2.1.1　三氯环硼氮烷的合成与表征

要合成具有优良可纺性的聚硼氮烷先驱体,首先要获得具有 B、N 六元环结构的分子单体,而三氯环硼氮烷(TCB)被认为是制备聚硼氮烷最适宜的分子单体之一。TCB 合成的基本原理为 BCl_3 与 NH_4Cl 的化学反应,其中 BCl_3 中 B 元素外围电子构型为 $2s^2 2p^1$,在 4 个价轨道中只有 3 个价电子,其价轨道数大于价电子数,因此是缺电子化合物,有接受孤对电子的能力,因而表现出路易斯酸的性质;而 NH_4Cl 分子中含有供电子的—NH_4基团,使得 N 原子显出负电性,N 原子的杂化轨道提供一孤电子对,因此可以将 NH_4Cl 看作路易斯碱。两者相遇易发生强烈的中和反应,生成环状硼氮化合物,其化学反应方程式见式(2-1)。

$$3\ NH_4Cl + 3\ BCl_3 \longrightarrow \quad \begin{array}{c} Cl \\ B \\ N \qquad N \\ H \qquad\qquad H \\ B \qquad B \\ Cl \quad N \quad Cl \\ H \end{array} \quad + 9\ HCl \qquad (2-1)$$

　　为了实现上述反应,具体可以采用两种反应方式,一种是固相反应法,另一种是液相反应法。固相反应法先将氯化铵粉末加热至一定温度,然后缓慢通入 BCl₃ 气体与之接触反应生成 TCB,这一过程由于合成产率低、反应装置复杂、反应过程不易控制,限制了该合成方法的应用。为了克服上述不足,液相合成法逐步发展起来,即先将 NH₄Cl 粉末在有机溶剂中充分搅拌分散,形成混合悬浊浆料,然后缓慢通入 BCl₃ 气体与之反应。由于 BCl₃ 可溶于有机溶剂,大大增加了与 NH₄Cl 粉末的接触面积,合成产率得到显著提高,装置也比固相法简便,液相法已成为 TCB 合成的主要方法。

　　根据式(2-1)所示的化学反应式合成 TCB,首先要选择合适的硼源,目前市场上常见的硼源有两种:一种是 BCl₃,另一种为二甲基硫三氯化硼络合物(CH_3SCH_3·BCl_3)。BCl₃ 在室温下为气体(沸点 12.5℃),可以直接导入反应装置中进行合成反应。而二甲基硫三氧化硼在室温下为固体络合物,在 70~80℃ 时发生解络合反应释放出 BCl₃ 气体参与反应。综合考虑反应的合成产率、可操作性、对设备的要求及原料成本价格等因素,确定以 BCl₃ 为硼源、以 NH₄Cl 为氮源来合成 TCB。

　　通常,在化学合成实验中提高反应温度有利于反应速率的提高,从而在反应时间一定的条件下提高产率。接下来对不同反应温度和溶剂对产物合成产率的影响进行了研究,实验结果如表 2-1 所示。

表 2-1　反应温度和溶剂对产物合成产率的影响

实验编号	反应温度/℃	溶　剂	反应时间/h	合成产率/%
TCB-3	70	甲　苯	10	0
TCB-4	90	甲　苯	10	7.5
TCB-1	110	甲　苯	10	61.6
TCB-5	130	氯　苯	10	66.7
TCB-6	140	二甲苯	10	69.1

　　由表 2-1 可见,反应温度对合成产率具有显著影响,当反应温度低于110℃时,合成产率很低,反应很难进行;当反应温度从90℃上升到110℃时,合成产率迅速增加至61.6%,这时继续升高温度,合成产率略有增加,最高升至 69.1%

（140℃时）。在110℃以上继续升高温度,此时时对合成产率的影响不大,这主要是因为BCl$_3$的沸点很低,只有12.5℃,提高反应温度将使大量BCl$_3$因不能及时冷凝回流而无法参与反应,因而继续升高温度,产率将基本保持不变。这是由TCB的化学反应过程决定的,原料中BCl$_3$为气体,NH$_4$Cl为固体,TCB的合成过程是一个在有机溶剂中发生的气-液-固多相反应过程,其合成产率很大程度上取决于BCl$_3$气体的利用率,而过度提高反应温度,将导致大量BCl$_3$逸出反应体系,造成气体原料利用率低。单纯依靠提高反应温度不利于提高产率。可知TCB的最佳合成温度应选择在110℃。

对于反应温度在110℃以上的合成实验,进一步考察了溶剂(甲苯、二甲苯、氯苯)对合成产率的影响,结果见表2-1。从表中可以看出,当反应温度维持在110℃以上,无论采用极性溶剂还是非极性溶剂,对产物的合成产率没有明显的影响,均保持在60%~70%。这主要是由于BCl$_3$和NH$_4$Cl两者相遇发生强烈反应,不同溶剂对产物反应过程的影响不大,溶剂仅起到均匀分散、传热的作用。考虑到后续TCB的胺解取代和聚硼氮烷的聚合反应通常是以甲苯为溶剂,因此在TCB的合成过程中采用甲苯作为溶剂,避免了不必要的蒸馏和溶剂更换,简化了后续实验工艺过程。

在确定了反应温度和溶剂后,对反应时间与合成产率的关系进行了研究,表2-2是不同反应时间对产物合成产率的影响。在反应初期,合成产率较低,在反应5 h后合成产率仅为32.9%,反应时间逐步增加,在15 h时的合成产率可高达98%,15 h后合成产率随时间延长增加不明显。整个反应时间从5~20 h,每延长5 h,合成产率平均增加量由32.5%(5~15 h)降低至0.6%(15~20 h)。综上所述,TCB合成最佳条件为:以BCl$_3$为硼源,NH$_4$Cl为氮源,采用甲苯为溶剂,反应温度为110℃,反应时间为15 h。在此条件下TCB合成产率可达98%。

表2-2 不同反应时间对产物合成产率的影响

实验编号	反应时间/h	反应温度/℃	溶　剂	合成产率/%
TCB-7	5	110	甲苯	32.9
TCB-1	10	110	甲苯	61.6
TCB-8	15	110	甲苯	98.0
TCB-9	20	110	甲苯	98.6

TCB在常温下为无色针状晶体,在空气中会发生剧烈反应而变质,因此有关TCB的合成转移等操作都应该严格在手套箱中进行,TCB的存储应严格隔离空气,一般以五氧化二磷作为干燥剂,在低温下于惰性气氛保护的干燥器中

保存。图 2 - 1 是 TCB 的红外光谱图,表 2 - 3 为 TCB 的红外光谱中的特征吸收峰及其归属分析。从表 2 - 3 可以看出,在波数为 3 417 cm⁻¹、3 182 cm⁻¹ 和 1 632 cm⁻¹ 处的吸收峰归属于 N—H 键伸缩振动;1 237 cm⁻¹ 处的吸收峰为 B—Cl 键吸收峰;1 401 cm⁻¹ 处的吸收峰为 B—N 键的伸缩振动吸收峰,801 cm⁻¹ 处的特征吸收峰为 B、N 六元环的环外弯曲振动吸收峰。因此,由这些吸收峰可推知产物分子结构中具有 B—Cl 键、N—H 键、B—N 键,同时含有 B、N 六元环结构。

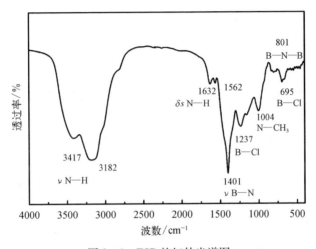

图 2 - 1　TCB 的红外光谱图

表 2 - 3　TCB 的红外光谱图中的特征吸收峰及其归属

特征吸收峰(cm⁻¹,KBr)	特征吸收峰归属
3 417,3 182	N—H
1 632	N—H
1 401	B—N
1 237	B—Cl
1 004	N—C
801	B—N—B
695	B—Cl

进一步对产物进行核磁共振分析,其 ¹¹B - NMR 谱图如图 2 - 2 所示,图中显示只有 1 个化学位移峰,化学位移值为 26.8 ppm,这与已有文献报道中 TCB 的 B 元素的化学位移一致。从产物的 ¹H - NMR 谱图(图 2 - 3)可以看到,图中存在如下位移:5.2 ppm(s,N—H),2.1 ppm(s,溶剂),证明产物中只有一种类型的 H 原子,从其化学位移值分析为 N—H,这说明产物的基本结构中 B 元素和 N 元素

均只有一个化学结构,并且进一步与现有文献报道数据对比分析表明,这两种化学结构分别为 ClBN$_2$ 和 HNB$_2$。

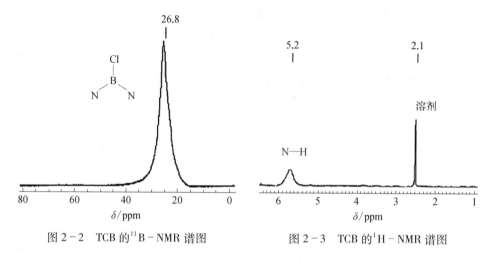

图 2 - 2　TCB 的 ^{11}B - NMR 谱图　　　　图 2 - 3　TCB 的 ^{1}H - NMR 谱图

　　由于合成产物外观呈无色针状晶体,因此对产物样品进行了 X 射线晶体结构测定。从测试结果(图 2 - 4)可知,其具有明显的衍射峰,证明所获得的合成产物具有晶体结构。

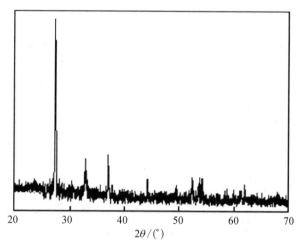

图 2 - 4　TCB 的 XRD 图谱

2.1.2　先驱体 PPAB 的合成

　　理想的 BN 纤维先驱体的应该含有—B$_3$N$_3$—六元环,环与环之间通过

B—N—B 连接。虽然 TCB 是一个具有—B_3N_3—六元环结构的化合物,但自身并不能聚合形成聚合物,只能通过分子中的强极性 B—Cl 键的高反应活性引入其他取代基。其中,利用 B—Cl 键与有机胺反应将胺基引入后,通过分子间的脱胺反应使硼氮六环聚合是有效的方法。通过对 TCB 分子上的 Cl 原子进行不对称取代引入烷基胺基塑性基团,不仅可以改善先驱体的流变性能、分子量及其分布,还能提高分子结构的线性程度,从而获得具有较好纺丝性能的目标先驱体。另外,侧基上的饱和烷基也很容易在活性气氛,如 NH_3 中热解脱碳而获得低碳或无碳的产物。

　　研究表明[2],采用正丙胺(n - propylamine, n - PA) 和甲胺(methylamine, MA) 依次胺解取代 TCB 分子中的 Cl 原子,得到不对称的分子先驱体,进而热聚合得到的聚[2 -正丙胺基-4,6 -二(甲氨基)环硼氮烷]{poly[2 - propylamino - 4,6 - bis(methylamino)]borazine, PPAB} 具有较好的熔融加工性能。此外,该合成路线以常温下为液态的 n - PA 为主要原料,能够方便地计量,有利于控制 n - PA、MA 和 TCB 的化学计量比以合成聚合程度可控的先驱体。同时,由于实验操作过程无须采用液氮作为制冷剂来计量烷基胺,降低了成本,安全可靠,是一条节能、环保和经济的路线。本节首先对 PPAB 的合成及其影响因素进行研究,主要考察合成温度和最高温度保温时间对先驱体软化点、分子量及陶瓷产率等性能的影响。

　　采用 n - PA 和 MA 取代 TCB 分子中的 Cl 原子得到不对称的分子先驱体,进而热聚合得到 PPAB 先驱体,其合成路线如图 2 - 5 所示。

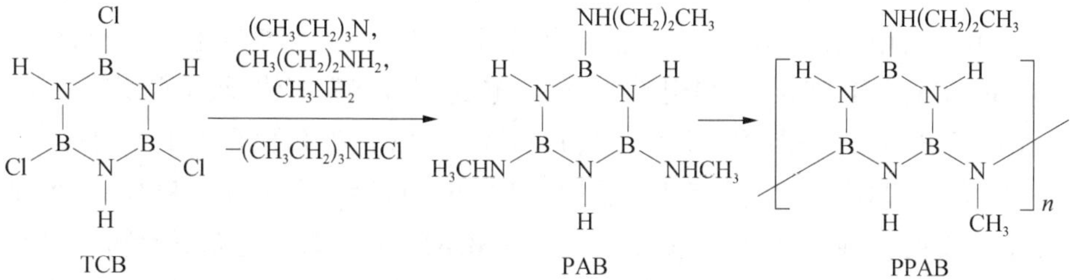

图 2 - 5　PPAB 的合成路线

　　n - PA/MA 与 TCB 进行取代反应可能生成 4 种分子结构的单体,如式(2 - 2)所示。因此,要合成理想的 PAB 单体,必须通过改变不同的工艺参数,研究原料配比、合成温度和保温时间等对 PAB 及其相应的聚合物 PPAB 的组成、结构和性能的影响。表 2 - 4 为不同配比的 n - PA/MA 与 TCB 反应产物在 150℃下聚合 5 h 所合成出先驱体的外观和软化点(软化点是指聚合物的初熔温度)。

$$(2-2)$$

表 2-4　原料配比对合成先驱体外观及软化点的影响

n-PA : MA : TCB 摩尔比	单体	外观	软化点 T_s/℃
0 : 3 : 1	a	无色透明发泡固体	>300
1 : 2 : 1	b	浅黄色透明固体	95
1.5 : 1.5 : 1	b 和 c	浅黄色透明固体	87
2 : 1 : 1	c	浅黄色透明固体	55
3 : 0 : 1	d	无色透明液体	<室温

由表 2-4 可以看出,PPAB 的外观和软化点随原料配比的不同而表现出很大差异。随着 n-PA 与 MA 的摩尔比增大,先驱体逐渐由固态转变为液态。当 MA : TCB 的摩尔比为 3 : 1,即完全由 MA 取代 TCB 时,得到的是一种无色透明发泡的固体,该固体不溶不熔,显然不具备熔融加工性。当摩尔比为 3 : 1,即完全由 n-PA 取代 TCB 时,得到的是一种无色透明液态先驱体,软化点低于室温,也不满足 BN 纤维先驱体的条件。当 n-PA 和 MA 的摩尔比介于 1 : 2 和 2 : 1 时,得到的先驱体是浅黄色透明固态聚合物,可熔可溶。当 n-PA 和 MA 的摩尔比为 1 : 2 时得到的 PPAB 先驱体具有以—B_3N_3—六元环按近似线性方向排列的分子结构,环与环之间主要通过 B—N(CH$_3$)—B 桥键连接,该桥键属于多原子柔性链段,能够增强整个聚合物的可塑性,使其具有较好的熔融加工性能。

烷基胺基环硼氮烷的聚合反应属于典型的热聚合,反应温度对先驱体的性质影响很大。通过提高合成温度,可以加快反应进行,在短时间内脱除反应产生的小分子以增大聚合物的分子量,因此可以采取改变反应的最高温度来调节 PPAB 的软化点。然而,过高的反应温度也会导致先驱体过度交联,形成不溶不熔的网状结构。因此,研究反应温度对合成先驱体的影响就十分必要。在

实验中,固定 n-PA∶MA∶TCB 的摩尔比为 2∶1∶1,最高温度保温为 5 h,结果
如表 2-5 所示。从表中可见,在相同的配比和保温时间下,最高反应温度不同,
得到 PPAB 的外观和软化点也有很大区别。当最高反应温度低于 130℃时,产物
为液态,软化点低于室温;190℃以上得到的产物为发泡状、不溶不熔的热固性聚
合物;温度为 130~190℃时,得到了透明、可熔融淡黄色或黄色的热塑性聚合物。
并且,产物的软化点随反应温度的提高而增大。这是由于随着聚合反应的进行,
先驱体逐步增大的分子量在宏观层面直接反映。

表 2-5　反应温度对 PPAB 外观及软化点的影响

反应温度/℃	外　观	软化点 T_s/℃
110	无色透明液体	<室温
130	浅黄色透明固体	58
140	浅黄色透明固体	72
150	浅黄色透明固体	95
160	黄色透明固体	107
170	黄色透明固体	112
190	黄色透明发泡固体	>300

将 PPAB 的软化点对反应温度作图,可拟合为一条直线,如图 2-6 所示。
根据斜率与截距的相互对应关系,得到 $T_s = 1.43 T_{synthesis} - 125.8$(其中,$T_{synthesis} <$
190℃)的关系式,其线性拟合系数达到了 0.977 8,这说明 PPAB 的软化点与合
成温度较好地遵循线性关系。Duperrier 等[3]也对聚[2,4,6-三(甲氨基)环硼氮

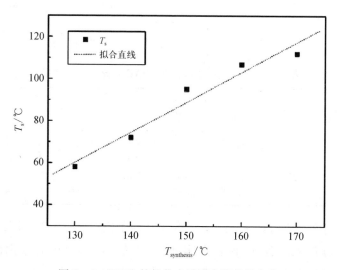

图 2-6　PPAB 的软化点随反应温度的变化

烷](PMAB)的玻璃化转变温度与合成温度间的关系进行了研究,表明二者也存在一定的线性关系。上述研究说明通过控制合成温度能够较好地调控 PPAB 先驱体的软化点,这对于先驱体的成型加工是非常有利和必要的。

　　将反应温度与所合成 PPAB 的重均分子量作图,结果见图 2-7。由图可知,PPAB 的分子量随着反应温度的升高而逐渐增大,这表明较低分子量的 PPAB 通过缩合反应逐渐转化为较高分子量的聚合物,与其软化点随合成温度的变化趋势一致。此外,也分析了不同反应温度下合成的 PPAB 的元素组成,结果见表 2-6。从表中可以看出,随着反应温度的升高,PPAB 中的 C 元素含量逐渐降低,这是因为在热聚合过程中不断有含 C 基团放出。随着反应的进行,H 元素的含量也有所减少。

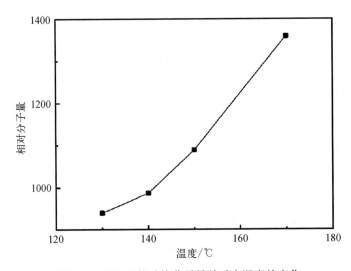

图 2-7　PPAB 的重均分子量随反应温度的变化

表 2-6　不同反应温度合成 PPAB 的元素分析结果

反应温度/℃	化学组成/%					实验化学式
	B	C	N	H	O	
130	22.03	24.01	44.67	8.12	1.17	$BC_{0.98}N_{1.57}H_{3.95}$
150	22.28	23.24	44.75	7.78	1.95	$BC_{0.94}N_{1.55}H_{3.75}$
170	22.79	22.64	44.71	7.87	1.99	$BC_{0.89}N_{1.51}H_{3.70}$
190	25.74	20.83	45.02	6.75	1.66	$BC_{0.73}N_{1.35}H_{2.82}$

　　将不同温度合成的 PPAB 的 C/B 和 N/B 原子比对反应温度作图,见图 2-8。从图中可以直观地看到,C/B 和 N/B 原子比随反应温度的升高而减小,其中N/B 原子比逐渐接近 1。这表明较高的反应温度不但有助于得到分子量较高的

PPAB,同时也能够降低 PPAB 的 C 含量。然而,如前所述,合成温度过高会导致 PPAB 过度交联甚至不溶不熔。因此,必须控制合适的合成温度。在后续的实验过程中,固定 PPAB 的反应温度为 150~170℃,反应时间为 5~7 h。

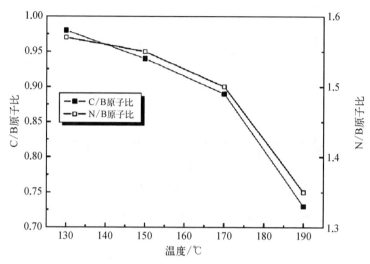

图 2-8　PPAB 中 C/B 和 N/B 原子比随反应温度的变化

先驱体转化(polymer-derived ceramics,PDCs)法制备陶瓷材料的一个重要考察指标是陶瓷产率,较高的陶瓷产率意味着热解过程的挥发成分少,有助于提高陶瓷产物的品质,同时也能够减少产品在热解过程中的热损伤。因此,本节考察了反应温度对 PPAB 陶瓷产率的影响,将不同温度合成 PPAB 的陶瓷产率与反应温度作图,结果见图 2-9。

由图 2-9 可知,随着反应温度的升高,PPAB 的陶瓷产率不断增大,反应温度由 110℃升到 190℃,PPAB 的陶瓷产率从 43% 增加到 55% 左右。这表明适当提高反应温度,有助于得到陶瓷产率较高的 PPAB 先驱体。但较高的反应温度会增加先驱体的交联程度,过度交联将直接影响先驱体的可加工性能,必须控制合适的反应温度,在加工性能和陶瓷产率之间取得均衡。

根据时-温等效原理,适当延长保温时间也可以起到升高温度的效果。同时,为了在较大范围调整保温时间以考察其对所合成 PPAB 的影响,实验选取了较低的反应温度研究保温时间对合成 PPAB 的影响。根据前面的实验结果,选择最高反应温度为 150℃,通过改变保温时间以调节 PPAB 的软化点,结果归纳为表 2-7。

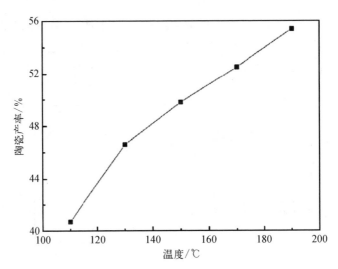

图 2-9　不反应同温度合成的 PPAB 的陶瓷产率

表 2-7　保温时间对 PPAB 外观和软化点的影响

保温时间/h	外　　观	软化点 T_s/℃
2	无色透明液体	<室温
3	无色透明橡胶状	68
5	浅黄色透明固体	95
7	浅黄色透明固体	103
10	黄色透明固体	115
>10	黄色透明发泡固体	>300

从表 2-7 中可以看出,随着保温时间的延长,PPAB 由液态转变为固态,保温时间从 3 h 延长至 10 h,PPAB 由胶状物变为透明的可以熔融的热塑性固态,软化点由 68℃升至 115℃,保温时间大于 10 h 时得到的 PPAB 为交联发泡的热固态,不溶不熔。

2.1.3　先驱体 PPAB 的组成结构表征

PPAB 先驱体中含有 B、N、C、H 四种目标元素。为了进一步分析 PPAB 的元素组成及各元素的键合形式,对 PPAB 进行了 X 射线光电子能谱技术(X-ray photoelectron spectroscopy, XPS)表征,结果如图 2-10 所示。在图中发现了 B、N、C 等元素,同时还发现了少量的 O 元素,考虑到合成 PPAB 的原料中没有 O 元素,而 TCB 和硼氮聚合物对潮气十分敏感,因此可以认为 PPAB 中的 O 是在合成或样品转移、测试过程中不慎引入的。

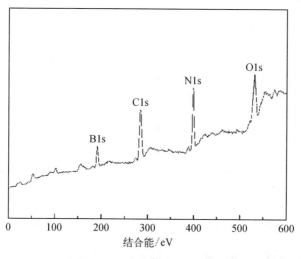

图 2 - 10　PPAB 的 XPS 全谱图

对 PPAB 中的 B、N 和 C 元素的窄扫描结果见图 2 - 11 和图 2 - 12,发现 B1s 的结合能在 190.9 eV,与 BN 的标准结合能接近[4],由此可知先驱体中的 B 是以 B—N 形式存在的。N1s 的 XPS 峰可以拟合为 N—B 和 N—H 的峰,由此判定 N 主要以上述两种结合状态存在。C1s 的 XPS 峰可以拟合为 C—N 和 C—C(H) 的峰,进一步证实了元素分析的结果。

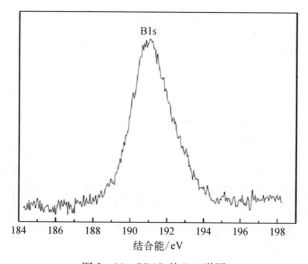

图 2 - 11　PPAB 的 B1s 谱图

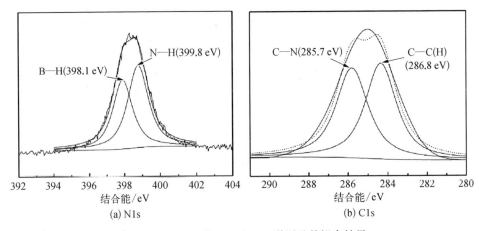

图 2 - 12　PPAB 的 N1s 和 C1s 谱图及其拟合结果

通过红外光谱对 PPAB 的化学结构进行了表征,结果如图 2 - 13 所示。图中主要的特征峰及其归属分别为: 3 443 cm^{-1} 附近的吸收峰归属于 N—H 键; 2 961 cm^{-1}、2 929 cm^{-1}、2 872 cm^{-1} 和 1 501 cm^{-1} 附近的吸收峰归属于 C—H 键; 1 418 cm^{-1} 处的吸收峰归属于 B—N 键的伸缩吸收振动,1 089 cm^{-1} 处的吸收峰归属于 C—N 键,717 cm^{-1} 附近的吸收峰归属于 B—N 的面外弯曲振动。而—B_3N_3—六元环上的 N—H 红外特征峰较线性链上的 N—H 吸收峰向高波数偏移,大约在 3 425 ~ 3 505 cm^{-1},由此可以推测 3 443 cm^{-1} 处的 N—H 吸收峰应该归属于—B_3N_3—六元环结构[5]。

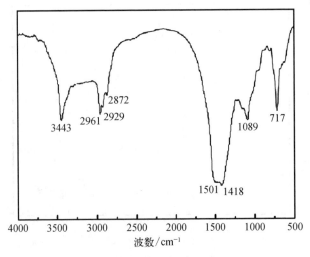

图 2 - 13　PPAB 的红外光谱图

为了进一步证实 PPAB 中存在—B_3N_3—六元环结构,对 PPAB 进行了[11]B
NMR 分析,如图 2 - 14 所示。结果表明,PPAB 的[11]B - NMR 谱图中,化学位移
δ 在 19.1 ppm 和 24.6 ppm 附近的两个化学位移峰分别对应(C_3H_7NH)BN_2—
和—(CH_3NH)BN_2结构。此外,在 32.1 ppm 附近观察到一个较强的位移峰应该
归属于—(NCH$_3$)BN_2—结构,这表明在 PPAB 中存在着—B—(NCH$_3$)—B—结
构,即—B_3N_3—六元环通过—B—(NCH$_3$)—B—连接,这对于先驱体的成型加工
和陶瓷纤维的力学性能非常有利。

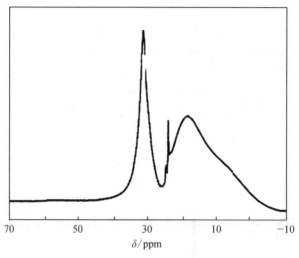

图 2 - 14　PPAB 的[11]B - NMR 谱图

PPAB 的[1]H NMR 谱图如图 2 - 15 所示。从图中可以看出,PPAB 中的 H 呈
现较复杂的结构,仅通过[1]H NMR 很难确定 H 的化学环境。δ = 0.8 ~ 0.9 ppm,
1.2 ~ 1.4 ppm 和 2.5 ppm 的多重峰归属于正丙胺基上的质子峰,3.2 ~ 3.8 ppm 的
宽峰对应着—B_3N_3—六元环上的 N—H 质子共振峰。2.2 ppm 处为甲胺基中的
N—H 键(—HNCH$_3$)质子共振峰。在[1]H NMR 谱图中没有发现正丙胺基参与聚
合成键后质子的化学位移峰,这说明正丙胺基没有发生脱胺聚合反应。

图 2 - 16 为 PPAB 的[13]C - NMR 谱图。图中 27.5 ppm 对应于甲胺基中甲基上
(—NHCH$_3$)碳原子的化学位移;而 11.4 ppm(—CH_2CH_3)、25.2 ppm(—CH_2CH_3)
和 43.5 ppm(—NHCH$_2$)分别归属于正丙胺基中 3 个不同 C 原子结构的化学位
移峰,表明产物中还存在正丙胺基和甲胺基基团。42.2 ppm 处的位移峰归属
于—NCH$_3$—结构。这表明在聚合过程中发生了脱 MA 反应,生成—NCH$_3$—结
构。说明在聚合过程中,正丙胺基未参与脱胺缩合反应,仍以取代基的形式保留

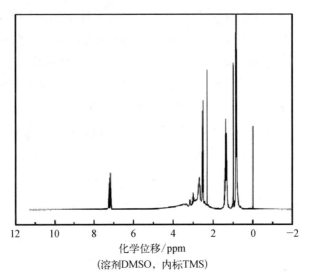

化学位移/ppm
(溶剂DMSO, 内标TMS)

图 2－15　PPAB 的^{1}H－NMR 谱图

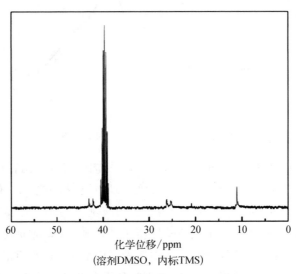

化学位移/ppm
(溶剂DMSO, 内标TMS)

图 2－16　PPAB 的^{13}C－NMR 谱图

至 PPAB 的分子结构中。

　　综上分析,PPAB 分子中存在 B—N、C—N、N—H 和 C—H 等化学键,其中 B—N 键主要以—B_3N_3—六元环和 B—N 键的形式存在,C—H 键主要以甲基和正丙胺基的形式存在,—B_3N_3—六元环通过—B—(NCH_3)—B—连接。通过元素分析(elemental analysis, EA)测定的 PPAB 化学式及各元素质量分数见表 2－8。

表 2 - 8　PPAB 化学式及各元素质量分数

结　果	B 质量分数/%	C 质量分数/%	N 质量分数/%	H 质量分数/%	化学式
分析结果	22.28	23.24	44.75	7.78	$BC_{0.94}N_{1.55}H_{3.75}$
理论结果	19.30	20.83	45.02	6.75	$BC_{0.73}N_{1.35}H_{2.82}$

　　通过元素分析测得 150℃ 反应温度下合成的 PPAB 的化学式可表示为 $BC_{0.94}N_{1.55}H_{3.75}$，N/B 原子比为 1.55，H/C 原子比为 4，C/B 原子比为 0.94。结合对 PPAB 中化学键的分析，推测典型的 PPAB 具有如式（2-3）所示的分子结构。对所推测 PPAB 的各元素组成进行计算得到的结果也列于表 2-8，从表中可以看出，推测的 PPAB 的理论结果和元素分析结果非常接近，考虑到 PPAB 在空气可能的水解引入少量 O 元素等情况，PPAB 的结构可如式（2-3）所示，分子中含有的甲基等活性基团有利于其在一定的活性气氛中交联，为以其为先驱体制备 BN 纤维创造了有利条件。

$$(2-3)$$

2.1.4　先驱体 PPAB 的性能

　　首先考察了 PPAB 先驱体的分子量和分子量分布。典型 PPAB 的凝胶渗透色谱（gel permeation chromatography, GPC）曲线如图 2-17 所示，其数均分子量为 1 002（相对于聚苯乙烯标样），重均分子量为 1 359，分散系数为 1.50。较低的分子量分散系数反映了 PPAB 分子量分布的均匀性，为其熔融加工性能奠定了基础。

　　图 2-18 是 PPAB 在 Ar 中的 TGA-DSC 曲线，由图可知，PPAB 的失重主要发生在 800℃ 以下，占 1 000℃ 的总失重的 88%，这主要是由小分子的逸出和有机基团的脱除而引起的。PPAB 在 800℃ 以上的失重较少，无机化进一步完善，在 1 000℃ 时的陶瓷产率约为 50%。从 DSC 曲线可以看出，整个连续失重过程对应

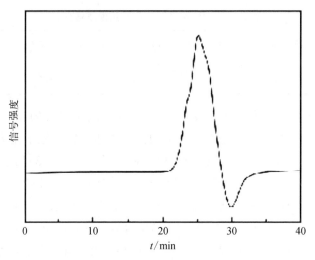

图 2-17 PPAB 的 GPC 曲线

（溶剂和移动相为 DMF，参考物为 PS）

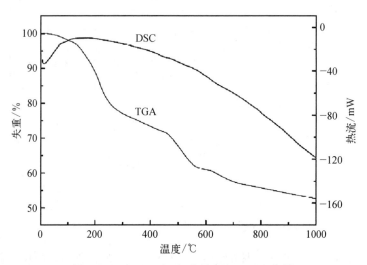

图 2-18 PPAB 在 Ar 中的 TGA-DSC 曲线

着一个大的吸热峰。

聚合物的溶解性是非常重要的加工成型参数。将 100 mg 的 PPAB 加入 10 mL 不同试剂中，1 h 后的实验结果如表 2-9 所示。从表中可以看出，PPAB 不溶于氯仿，而在 THF 中呈浑浊状态，表明与 THF 发生了反应。在 DMF、二甲苯、甲苯和二甲亚砜中成为澄清溶液，说明 PPAB 可以溶解于这些溶剂，因而在对 PPAB 表征测试时可选用它们作溶剂。

表 2 - 9　PPAB 在不同有机溶剂中的溶解性研究

溶　剂	现　象	结　果
氯仿	沉淀	不溶解
N,N-二甲基甲酰胺	澄清	溶解
二甲苯	澄清	溶解
甲苯	澄清	溶解
二甲亚砜	澄清	溶解
四氢呋喃	浑浊	反应

活性高、易水解是硼氮非氧聚合物普遍存在的问题,水解会对 PPAB 的加工成型及后续热处理带来不利影响。受亲电试剂中 H⁺ 的进攻而引发的 B—N 键断裂是影响聚硼氮烷水解稳定性的重要原因。PPAB 及其在 20℃时不同湿度的空气中暴露 1 h 的傅里叶变换红外(Fourier transform infrared，FTIR)光谱图如图 2 - 19 所示。由图可知,在不同湿度的空气中暴露 1 h 后的先驱体 FTIR 光谱图与新合成 PPAB 的 FTIR 光谱图有所不同。随着空气湿度的增大,样品在 3 189 cm⁻¹ 和 1 638 cm⁻¹ 处出现了不同强度的归属于—NH₂ 的 N—H 峰,尤其是暴露在 40%湿度空气中得到的样品在 812 cm⁻¹ 处出现了较强的归属于 B—O 的吸收峰。同时,位于 2 961~2 872 cm⁻¹ 的 C—H 吸收峰强度逐渐减弱,暴露在 40%湿度的空气中得到的样品的 C—H 吸收峰强度已经很弱。这说明,空气湿度为 40%时得到样品的水解程度大大高于空气湿度为 10%时所到样品的水解

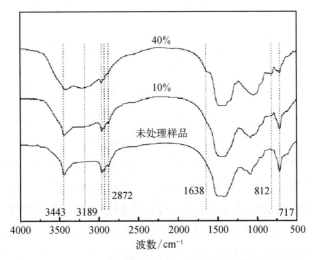

图 2 - 19　PPAB 及其在 20℃时不同湿度的空气中
暴露 1 h 得到样品的 FTIR 光谱图

程度,即 PPAB 的水解程度随空气湿度的增加而增大。

图 2-20 为 PPAB 及其在相对湿度为 10%、不同温度的空气中暴露 1 h 后的红外光谱图。从图中可以看出,暴露在−10℃得到样品的 FTIR 谱图与 PPAB 的 FTIR 光谱图较为一致,这表明−10℃所得样品几乎没有发生水解。与新合成 PPAB 的 FTIR 光谱图不同,20℃空气中暴露 1 h 得到的样品在 2 961 cm⁻¹/2 929 cm⁻¹/2 872 cm⁻¹的 C—H 吸收峰有所减弱。40℃空气放置 1 h 后得到样品的红外光谱图变化更为明显:3 443 cm⁻¹附近的 N—H 键减弱,位于 2 961 cm⁻¹/2 929 cm⁻¹/2 872 cm⁻¹的 C—H 键几乎消失,1 418 cm⁻¹附近的 B—N 键变宽,1 172 cm⁻¹处产生的=B—OH 的骨架振动峰导致 1 089 cm⁻¹附近的 C—N 键变宽,950 cm⁻¹附近出现了归属于 B—O 伸缩振动峰,717 cm⁻¹附近的 B—N—B 键明显减弱。这表明在相同湿度下,水解程度随温度升高而增大。

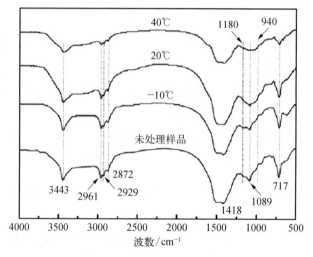

图 2-20　PPAB 及其经不同温度暴露 1 h 后得到产物的 FTIR 光谱图

温度对 PPAB 水解的影响结果表明,在相对湿度很低(10%),环境温度也很低(−10℃)时,PPAB 几乎不水解;而在 10%湿度、环境温度较高(40℃)时,PPAB 则发生了水解反应。另外,比较了在空气中的暴露时间对 PPAB 水解的影响,图 2-21 为 PPAB 及其在空气中相对湿度为 40%、环境温度为 13℃时放置不同时间的 FTIR 谱图。由图可知,5 min 后在 947 cm⁻¹附近出现了归属于 B—O 伸缩振动峰,以及 1 160 cm⁻¹处归属于=B—OH 骨架振动峰。15 min 后,1 638 cm⁻¹处出现了归属于—NH₂ 的 N—H 峰,同时 3 189 cm⁻¹处出现了归属于 N—H 的吸收峰,位于 2 961 cm⁻¹/2 929 cm⁻¹/2 872 cm⁻¹处的烷基基团也随之减弱。随时间增长,先驱体的水解加剧。从 90 min 的 FTIR 图中可以看到位于 866 cm^{-1} 和 812 cm^{-1} 处出现了两个较弱的归属于 B—O 的吸收峰,位于 2 961 cm^{-1}/2 929 cm^{-1}/2 872 cm^{-1} 处的烷基基团几乎消失。放置 126 min 后得到样品的 FTIR 光谱图与放置 9 h 得到样品的谱图较为接近,可以认为此时 PPAB 已经完全水解。随着在空气中暴露时间的延长,PPAB 分子中的 C—H 键和 B—N 键逐渐消耗,生成大量的 B—O 键和 N—H 键。实验过程中还闻到了刺激性的氨味,表明有氨类气体生成,印证了 FTIR 的分析结果。

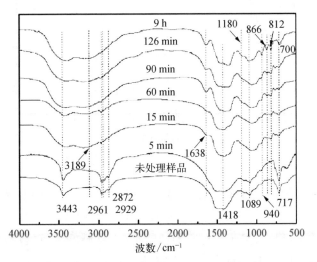

图 2-21　PPAB 及其在空气中暴露不同时间得到样品的 FTIR 光谱图

综上分析,PPAB 的水解过程中应该发生了如式(2-4)~式(2-8)所示的反应[6]。

$$=B\!-\!NH\!-\!B= + \ H\!-\!OH \ \rightleftharpoons \ =B\!-\!NH_2 \ + \ =B\!-\!OH \qquad (2-4)$$

$$=B\!-\!NH_2 \ + \ H\!-\!OH \ \rightleftharpoons \ =B\!-\!OH \ + \ NH_3 \qquad (2-5)$$

$$=B\!-\!NH\!-\!B= + \ 2 =B\!-\!OH \ \rightleftharpoons \ 2 =B\!-\!O\!-\!B= + \ NH_3 \qquad (2-6)$$

$$=B\!-\!OH \ + \ =B\!-\!OH \ \rightleftharpoons \ =B\!-\!O\!-\!B= + \ H_2O \qquad (2-7)$$

$$=B\!-\!NH\!-\!CH_3 \ + \ H_2O \ \rightleftharpoons \ =B\!-\!OH \ + \ CH_3NH_2 \qquad (2-8)$$

为了研究空气中的 O$_2$ 对 PPAB 水解稳定性的影响,将 PPAB 分别在室温下于高纯 N$_2$ 和经 P$_2$O$_5$ 处理后的干燥空气中放置 1 h,比较两种产物 FTIR 光谱图的区别,结果如图 2-22 所示。由图可以看出二者的 FTIR 光谱图非常接近,几乎观察不到区别。这表明 PPAB 的水解是由于 H_2O 引起的,因此,PPAB 可以在干燥的空气中短期保存。

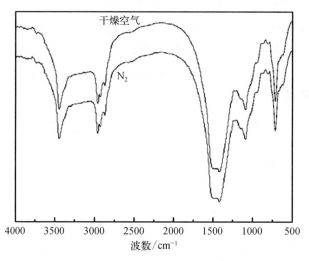

图 2 - 22　PPAB 在不同气氛暴露 1 h 后得到产物的 FTIR 光谱图(室温)

同时,采用 XPS 对 PPAB 及其在 13℃、40% 湿度的空气中暴露 1 h 后得到的产物进行分析,见图 2 - 23。由图可知,暴露 1 h 后,PPAB 的 N1s 峰强度明显减弱,说明在水解过程中,N 元素有所消耗,与前面推测的水解反应过程一致。而 C1s 的强度变化不大,这可能是因为水解过程中 MA 的放出量较少。

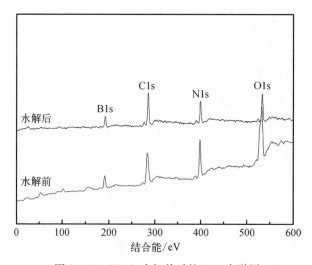

图 2 - 23　PPAB 水解前后的 XPS 全谱图

对暴露 140 min 后 PPAB 中的 B 元素进行了窄扫描,结果如图 2-24 所示。从图中可以看出,B1s 的 XPS 峰可以拟合为 N—B 和 B—O 峰。值得注意的是,B—O 峰的强度与 N—B 峰的强度几乎相当,说明 PPAB 的水解已经非常严重,引入了较多的 O。这一结果证实了上面所推测的 PPAB 的水解过程是通过 H_2O 的 H—O 键与 PPAB 反应而引入 O 元素而发生的。

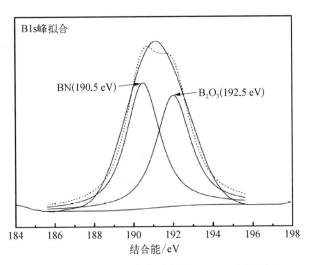

图 2-24　PPAB 在空气中放置 140 min 后得到
产物的 B1s 谱图及其拟合结果

(温度: 13℃,相对湿度: 10%)

将在 13℃、相对湿度为 40% 的空气中放置 140 min 后的 PPAB 记作 H-PPAB,研究 H-PPAB 与 PPAB 在 Ar 中的热失重行为,其热重分析(thermogravimetric analysis, TGA)如图 2-25 所示。从图中可以看出,PPAB 和 H-PPAB 在 1 000℃时的陶瓷产率分别为 45.9% 和 56.4%,H-PPAB 的陶瓷产率较高。PPAB 的失重主要发生在 800℃以下,占 PPAB 在 1 000℃时总失重的 91.4%。而 H-PPAB 的失重在 530℃之前基本完成,占 H-PPAB 在 1 000℃时总失重的 79%。在 PPAB 的水解过程中,O 元素的引入提高了 PPAB 的陶瓷产率,但同时也使 PPAB 交联成三维网状结构,逐渐由可熔可溶转变为不溶不熔,使 PPAB 不能加工成型。

图 2-26 为 PPAB 和 H-PPAB 在 Ar 中热解至 1 000℃产物的红外光谱图。由图可知,两种样品在组成、结构上差别很大,H-PPAB 的热解产物中除了位于 1 402 cm^{-1} 和 798 cm^{-1} 附近归属于 BN 的吸收峰外,还出现了很多 B—O 峰,且归属于 BN 的吸收峰也较弱。各吸收峰的位置及其归属如下: 3 377 cm^{-1}/3 403 cm^{-1}

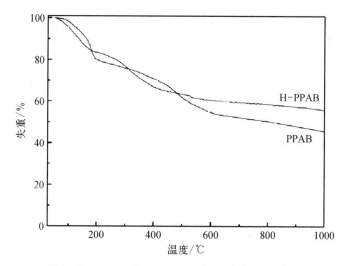

图 2 - 25　PPAB 和 H - PPAB 在 Ar 中的 TGA 曲线

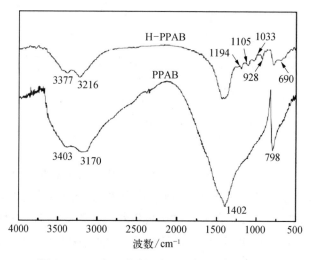

图 2 - 26　PPAB 和 H - PPAB 在 Ar 中 1 000℃
热解产物的红外光谱图

(N—H 伸缩振动) ,3 216 cm^{-1}/3 170 cm^{-1}(BO—H 弯曲振动) ,1 194 cm^{-1}(BO—H
骨架振动) ,1 105 cm^{-1}/1 033 cm^{-1}/928 cm^{-1}(B—O 伸缩振动) ,690 cm^{-1}(B—O 弯
曲振动) ,1 434 cm^{-1}(B—N 伸缩振动) ,782 cm^{-1}(B—N—B 弯曲振动) 。

　　图 2 - 27 为 PPAB 和 H - PPAB 在 Ar 中分别热解至 600℃和 1 000℃的 X 射
线衍射技术(X - ray diffraction, XRD) 谱图。PPAB 在 600℃的热解产物仅在
$2\theta = 25°$附近出现非常宽泛的弱峰,1 000℃的热解产物在 $2\theta = 26.76°$和 $2\theta =$

41.60°出现了分别归属于 h – BN 的(002)和(100)晶面的衍射峰,表明该热解产物较低的结晶程度。在 H – PPAB 热解产物的 XRD 谱图中,$2\theta = 15°$ 和 $2\theta = 28°$ 附近出现了尖锐的 B_2O_3 特征衍射峰,这是由于 PPAB 在水解过程中引进了 O 元素而形成 B—O 键,在 A 中热解得到结晶的 B_2O_3。而 B_2O_3 会在较高温度下挥发,严重影响 BN 的性能。

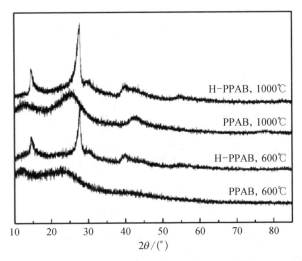

图 2 – 27　PPAB 和 H – PPAB 在不同温度热解产物的 XRD 谱图

2.2　先驱体 PPAB 的纺丝与原丝不熔化

熔融纺丝对聚合物的基本要求是聚合物具有适宜的结构和较好的流变特性,能够在一定的温度范围内保持熔融状态。经熔融纺丝得到的聚合物纤维在高温处理前必须充分交联,形成网状大分子结构,以实现聚合物的不溶不熔,该过程称为不熔化处理,其目的是避免聚合物纤维在烧成过程中发生熔融并丝。

2.2.1　PPAB 的单孔熔融纺丝研究

PPAB 的连续纺丝效果不仅与自身的分子量及其分布、分子结构等性质有关,还与具体的熔融纺丝条件密切关联。采用单孔纺丝装置研究各种因素对 PPAB 纤维成型的影响,PPAB 的纺丝及样品转移均在干燥 N_2 气氛中完成。不同条件下合成 PPAB 的软化点与纺丝温差、可纺性的关系如表 2 – 10 所示。其中,纺丝温差为纺丝温度与软化点的差值,纺丝压力为 0.5 MPa。从表中可以看出,软化点对 PPAB 的可纺性影响较大:当 PPAB 的软化点在 93~112℃时,均可以熔融纺丝;当软化点大于 128℃时,PPAB 的可纺性变差,甚至不可纺。此外,随着软化点的增大,PPAB 的纺丝温度逐渐升高,软化点与纺丝温度的差值有所增大。这是因为软化点越高,先驱体的分子量越大,分子链越长,支化结构越多,黏流活化能也越大,需要较高的温度才能满足纺丝黏度的要求。

表 2-10   不同软化点 PPAB 的纺丝情况

T_s/℃	纺丝温度/℃	温差/℃	连续纤维长度/m
81	98	17	≈30
93	120	27	>100
102	130	28	>200
112	147	35	>300
128	168	40	<50

将纺丝温度对软化点作图,可拟合为一条直线,如图 2-28 所示,纺丝温度随软化点的升高而增大。根据斜率与截距的相互对应关系,得到 $T_{spinning} = 1.47T_s - 19.6(T_s < 128℃)$ 的关系式。其线性拟合系数达到了 0.997 6,说明 PPAB 的纺丝温度与软化点较好地遵循线性关系。根据 PPAB 合成温度与软化点的关系 $T_s = 1.43T_{synthesis} - 125.8(T_{synthesis} < 190℃)$,可知 $T_{spinning} = 2.10T_{synthesis} - 204.5$。因此,PPAB 的合成温度和纺丝温度之间也有一定的线性关系。这样,已知合成温度就可以预测 PPAB 的纺丝温度。

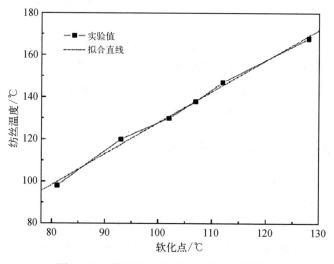

图 2-28   软化点对 PPAB 纺丝温度的影响

纺丝压力为 0.5 MPa 时,纺丝温度对 PPAB 纤维连续长度的影响见图 2-29。从图中可以看出,PPAB 纤维的连续长度随着纺丝温度的升高而变化,在 130～150℃出现了峰值,大于 200 m。在此纺丝温度范围之外,PPAB 纤维的连续长度均低于 200 m。当纺丝温度为 98℃时,纤维无断头长度约 30 m。当纺丝温度升高到 168℃左右时,纤维的连续长度约为 50 m。当纺丝温度低于 90℃时,PPAB 的流动性很差,难以纺丝。而当纺丝温度高于 175℃时,PPAB 呈液滴状流出,这正是低分子量聚合物的特征:先驱体的黏度对温度敏感,纺丝温度对 PPAB 纤维的成型有较大影响。

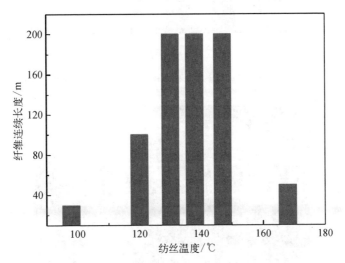

图 2-29　纺丝温度对 PPAB 纤维连续长度的影响

图 2-30 反映了纺丝压力对 PPAB 纤维连续长度的影响,其中纺丝温度为 150℃。由图可知,纺丝压力为 0.4～0.5 MPa 时,PPAB 纤维的连续长度大于 200 m。当纺丝压力较小(0.3 MPa)或较大(>0.6 MPa)时,PPAB 纤维的连续长度均减小。

图 2-31 为 PPAB 纤维的表面形貌,从图中可以看出,PPAB 纤维表面较光滑,未观察到明显缺陷,纤维直径约 20 μm。

2.2.2　PPAB 纤维的不熔化工艺研究

在聚合物纤维的不熔化过程中,热塑性的聚合物在表层或深层发生分子间的交联反应转变为热固性结构,纤维的交联度和分子量增大,脆性有一定程度的减弱。经不熔化处理的聚合物纤维在高温烧成过程中会保持纤维形状,不发生

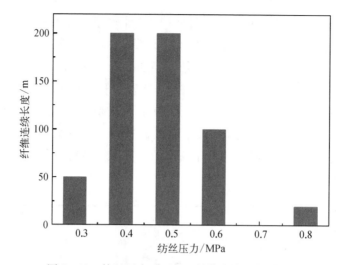

图 2 - 30　纺丝压力对 PPAB 纤维连续长度的影响

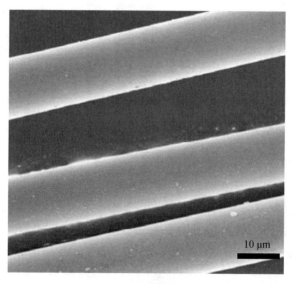

图 2 - 31　PPAB 纤维的表面形貌

熔融并丝。同时,不熔化处理还可以提高聚合物先驱体的陶瓷产率。

　　先驱体纤维的化学结构对所采用的不熔化方法有很大影响,根据 PPAB 的性能和结构特点选择合适的不熔化方法才能高效地实现 PPAB 纤维的不熔化。PPAB 结构中含有较多的 N—H、N—CH$_3$ 活性基团,可以采用 NH$_3$ 作为活性气氛对 PPAB 纤维进行不熔化处理。不熔化程度是不熔化工艺的关键指标,一般地,聚合物纤维不熔化处理前后的凝胶含量变化和质量变化是不熔化程度的常见表征方式。凝胶是指经不熔化处理后的纤维中通过交联形成的不再可溶可熔的三维网状结构,凝胶含量可以直观地表征聚合物纤维经不熔化处理后的交联程度。

PPAB 纤维的不熔化主要是其分子中的 N—CH$_3$ 与 NH$_3$ 反应脱氨的过程。PPAB 纤维经不熔化处理后,质量应该有所减少,不熔化过程中脱除了烷基胺小分子外,纤维中的 C 含量也会有所降低。因此,PPAB 纤维的不熔化程度还可以通过不熔化处理后纤维的失重率和失碳率来表征。这里,失碳率定义为不熔化过程中减少的 C 元素质量占 PPAB 中 C 元素质量的百分比,PPAB 的 C 含量为 22.67%。

表 2-11 为 PPAB 纤维在不同温度下经 NH$_3$ 处理后的凝胶含量、失重率和失碳率变化情况。从表中可以看出,随着处理温度的升高,凝胶含量、失重率和失碳率都逐渐增大。不熔化温度从 50℃升至 80℃,保温时间为 120 min,升温速率为 1℃/min,凝胶含量的增幅较大,由 64.2% 增大到 99.5%。而失重和碳含量变化的幅度不大:失重率从 50℃时的 14.7% 增大到 16.1%,失碳率由 12.4% 增大至 17.2%。

表 2-11　温度对 PPAB 纤维不熔化程度的影响

温度/℃	凝胶含量/%	质量损失/%	失碳率/%
50	64.2	14.7	12.4
60	85.2	15.1	15.0
70	94.8	15.4	15.4
80	99.5	16.1	17.2

表 2-12 为 PPAB 纤维在 80℃温度和不同保温时间下经 NH$_3$ 处理后的凝胶含量、失重率和失碳率的变化情况,升温速度为 1℃/min。从表中可以看出,随着保温时间的延长,凝胶含量、失重率和失碳率都逐渐增大。同温度对不熔化程度的影响结果类似,延长保温时间对凝胶含量的变化有较大影响,对失重率和失碳率的变化则影响不大。保温时间从 0 min 延长至 120 min,凝胶含量由 84.5% 升至 93.8%,而失重率由 13.1% 增加到 16.1%,失碳率由 13.2% 增大至 17.2%。

表 2-12　保温时间对 PPAB 纤维不熔化程度的影响

保温时间/min	凝胶含量/%	质量损失/%	失碳率/%
0	84.5	13.1	13.2
40	85.1	14.0	14.1
80	92.4	14.4	15.0
100	92.7	15.9	16.8
120	93.8	16.1	17.2

除了研究不熔化处理温度和保温时间对 PPAB 纤维不熔化程度的影响外,还考察了升温速率的影响,如表 2－13 所示,其中温度为 80℃。从表中可以看出,随着升温速率的增大,纤维的凝胶含量明显下降,而失重率和失碳率的变化很微弱。升温速率由 0.2℃/min 增至 1℃/min,凝胶含量由 91.6%减少至 84.5%。而失重率仅由 15.6%减少至 13.1%,失碳率仅由 14.1%降至 13.2%。

表 2－13　升温速率对 PPAB 纤维不熔化程度的影响

升温速率/(℃/min)	凝胶含量/%	质量损失/%	失碳率/%
0.2	91.6	15.6	14.1
0.5	90.4	14.8	13.7
0.7	89.5	14.3	13.2
1.0	84.5	13.1	13.2

通过 FTIR 对不熔化前后样品的结构进行了表征,如图 2－32 所示。与 PPAB 的 FTIR 光谱图相比,不熔化纤维在 3 444 cm^{-1}附近的 N—H 吸收峰和 2 958～2 876 cm^{-1}附近的 C—H 吸收峰基本消失。此外,在 3 190 cm^{-1}附近出现了归属于 N—H 的强吸收峰,这应该是—NH$_2$结构引起的。在 FTIR 光谱图中,C—N 的强度变化不大,这表明不熔化过程中样品的碳含量减少主要是由于烷基基团的脱去产生的,C—N 键并未参与反应。

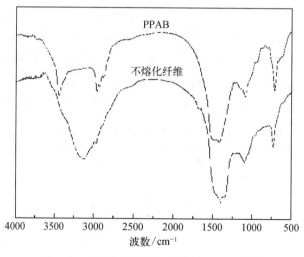

图 2－32　PPAB 和不熔化纤维的 FTIR 光谱图

对不熔化前后的两种样品进行了 XPS 表征,结果如图 2－33 所示。从图中可以看出,两种样品的 XPS 谱图中均出现了 B、C 和 N 三种元素,而不熔化纤维的 C1s 峰的相对强度有较大的减弱,表明经不熔化处理后的纤维的 C 含量有所降低。

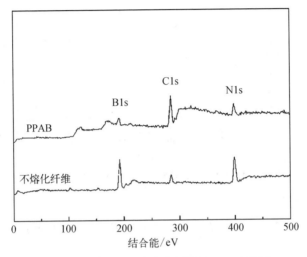

图 2－33　PPAB 和不熔化纤维的 XPS 全谱图

采用元素分析对不熔化处理前后的样品进行了表征,如表 2－14 所示。经不熔化处理后的样品 C 含量有所降低,C 含量的减少占 PPAB 纤维 C 含量的 17.1%,C/B 和 N/B 原子比均有一定程度的减少。这说明适当的不熔化处理不但能够使纤维避免高温热解时的损伤,而且能够降低 C 含量,减少 N/B 原子比,有利于热解后得到近化学计量比的 BN。

表 2－14　PPAB 纤维不熔化前后的元素组成

样　品	B 含量/%	C 含量/%	N 含量/%	H 含量/%	化学式
PPAB	23.13	22.67	44.70	8.33	$BC_{0.88}N_{1.49}H_{3.86}$
不熔化纤维	25.12	18.79	45.16	8.04	$BC_{0.67}N_{1.39}H_{3.43}$

图 2－34 为 PPAB 纤维不熔化前后在 Ar 中的 TGA 曲线,由图可知,两种样品的失重主要发生在 600℃以下,经不熔化处理后的 PPAB 纤维陶瓷产率有较大提高,1 000℃时的陶瓷产率由处理前的 53%增加到处理后的 73%。这是因为在不熔化过程中,PPAB 中的$\equiv$B—N(CH$_3$)—结构与 NH$_3$发生反应,通过转胺反应形成$\equiv$B—NH—B$\equiv$基团。转胺反应使纤维交联,抑制了热分解时小分子的逸出,从而提高了陶瓷产率。

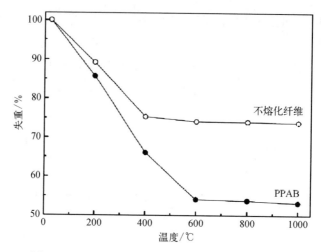

图 2-34   PPAB 和不熔化纤维在 Ar 中的 TGA 曲线

2.3   不熔化 PPAB 纤维的高温烧成

不熔化纤维的高温烧成是先驱体法制备陶瓷纤维的重要步骤之一,经过高温烧成后的热解产物组成和性能受到很多因素的影响,尤其是由含碳先驱体制备无碳/低碳陶瓷纤维时,高温烧成过程中同时存在着无机化和脱碳过程[7,8]。对于大多数陶瓷纤维而言,提高处理温度还能够增大纤维的结晶程度。因此,可将 PPAB 不熔化纤维的高温烧成分为无机化和高温结晶过程。本节首先研究无机化气氛对 PPAB 热解过程的影响;在此基础上研究 NH_3 浓度、高温烧成温度、升温速率和保温时间等参数对不熔化纤维的陶瓷产率和无机化纤维 C 含量的影响;进而研究无机化纤维的高温结晶过程,分析处理温度对 BN 纤维的结构和性能的影响。

2.3.1   无机化气氛对纤维结构的影响

NH_3 是常用的高温氮化气氛,同时会脱除部分 C 元素。利用 TGA、FTIR 和拉曼光谱等表征手段,对 PPAB 不熔化纤维在 NH_3 和 N_2 气氛中的热解行为进行了研究。图 2-35 为 PPAB 不熔化纤维在两种气氛中的 TGA 曲线,各温度区间的失重及 1 000℃时的陶瓷产率可归纳为表 2-15。

从图 2-35 可以看出,PPAB 不熔化纤维在两种气氛中的失重趋势基本一致,主要的失重区间都在室温~600℃,这期间的失重分别为总失重的 34%(NH_3 气氛)和 24.6%(N_2 气氛),在 NH_3 和 N_2 气氛中,1 000℃时的陶瓷产率分别为 61.2% 和 70.1%。

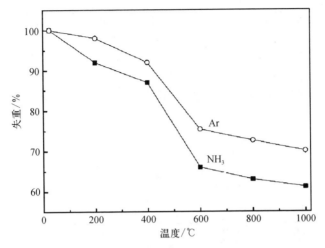

图 2-35　PPAB 不熔化纤维在不同气氛中的 TGA 曲线

表 2-15　PPAB 不熔化纤维在两种气氛下不同温度区间的失重情况

气　氛	质量损失率/%			1 000℃时的陶瓷产率/%
	室温~400℃	400~600℃	600~1 000℃	
NH$_3$	13.0	21.0	4.8	61.2
N$_2$	8.0	16.6	5.3	70.1

图 2-36 和图 2-37 是 PPAB 在两种气氛中在不同温度下得到热解产物的 FTIR 谱图。由图可知,两种气氛中的热解产物的红外光谱图有所不同。400℃得

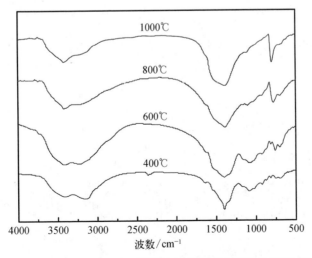

图 2-36　PPAB 在 NH$_3$ 中不同温度下热解得到产物的 FTIR 谱图

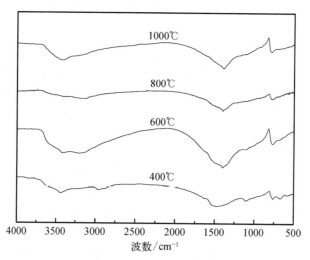

图 2-37 PPAB 在 N₂ 中在不同温度下热解得到产物的 FTIR 谱图

到的两种热解产物在 1 089 cm⁻¹ 附近归属于 C—N 键的吸收峰强度有不同程度的
下降。同时,位于 2 800~2 980 cm⁻¹、1 500 cm⁻¹ 附近的 C—H 吸收峰和 780 cm⁻¹ 附
近的 B—N 吸收峰强度都有所减弱。这是由于发生了如式(2-9)和式(2-10)
所示的脱胺反应。

$$(2-9)$$

$$(2-10)$$

值得注意的是,在 NH_3 中于 400℃ 处理的热解产物在 3 200 cm^{-1} 附近出现了归属于 NH_2 的 N—H 峰,这是由—B_3N_3—的开环反应引起的,如式(2-11)所示。而相同温度下,N_2 中热解产物的红外谱图则没有出现这一现象。

$$(2-11)$$

随温度上升,各种有机基团如 C—H 键的强度不断减弱。在 NH_3 中热解至 600℃ 的产物在 3 200 cm^{-1} 附近的 N—H 峰强度有所减弱,这是由于发生了如式(2-12)所示的脱氨反应。同时,这一温度氮气中的热解产物也在这一位置附近出现了归属于—NH_2 的 N—H 峰。这表明了采用 NH_3 作为热解气氛加快了 PPAB 的无机化过程,促进了热分解反应的进行。

$$(2-12)$$

在 NH_3 中热解至 800℃ 所得产物的红外光谱图中,归属于—NH_2 的 N—H 峰强度变弱,而在 N_2 中热解产物的红外谱图中,N—H 峰强度无明显变化。在这两种热解产物的红外光谱图中,已经基本观察不到位于 2 800~2 980 cm^{-1} 的 C—H 吸收峰和位于 1 500 cm^{-1} 附近归属于—B_3N_3—六元环的 C—H 吸收峰。这表明经 800℃ 处理后,两种气氛下的热解产物无机化程度均较高,与前面的 TGA 分析结果一致。同时,两种样品的红外光谱图中,1 089 cm^{-1} 附近的 C—N 键吸收峰强度很弱,表明此时热解产物的 C 含量较低。两种气氛所得热解产物的 FTIR 谱图均表现出了 BN 的特征。

由于本节所使用的是含 C 的先驱体,C 元素在热解过程中是否完全脱去对热解产物的组成和性能影响很大,有必要考察热解气氛对两种热解产物的影响。将在 NH_3 和 N_2 中的热解至 1 000℃ 的产物分别记作 BN_a 和 BN_n,两种产物的化学组成和外观如表 2-16 所示。由表可知,两种产物的 C 元素含量不同,BN_a 的 C 元素含量很低,仅为 0.14%,而 BN_n 的 C 含量为 6.13%。此外,C 含量的不同也反映在产物的外观颜色上，BN_a 为灰白色，而 BN_n 为黑色。BN_a 的密度（$1.73\ g/cm^3$）也较 BN_n（$1.69\ g/cm^3$）稍高，这应该是由于 NH_3 中热解产物的结晶程度较高。

表 2 - 16　1 200℃下不同气氛中热解产物的化学组成和外观

样　品	外　观	化学组成/%				化　学　式
		B	C	N	H	
BN_a	灰白色	41.08	0.14	57.79	0.20	$BN_{1.09}H_{0.05}$
BN_n	黑　色	32.54	6.13	52.74	1.10	$BN_{1.25}C_{0.17}H_{0.37}$

使用 XPS 对 BN_a 和 BN_n 的组成进行了分析，结果见图 2 - 38。从图中可知，BN_n 和 BN_a 的 XPS 全谱中均出现了 B、C、N 和 O 元素，由于原料中不含 O 元素，因此可以认为 O 元素是在合成或样品转移时引入的。两种样品的不同之处在于 BN_n 的 XPS 谱图中的 C1s/B1s 强度比明显大于 BN_a，这说明 BN_n 的 C 含量相对较高。

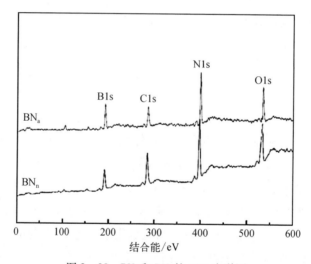

图 2 - 38　BN_n 和 BN_a 的 XPS 全谱图

为了确定两种样品中 C 元素的存在形式，对 C1s 进行了分峰拟合，见图 2 - 39。由图 2 - 39（a）可见，BN_n 的 C1s 可以拟合为位于 285.2 eV 和 284.5 eV 的两个峰，分别归属于 C—N 键和 C—C 键（污染 C）。而在图 2 - 39（b）中，C1s 只能拟合为归属于污染 C 的一个峰，这表明在 BN_a 的 XPS 全谱中出现的 C 是由于测试过程中的污染造成的。XPS 的分析结果与元素分析和红外光谱的结果一致。

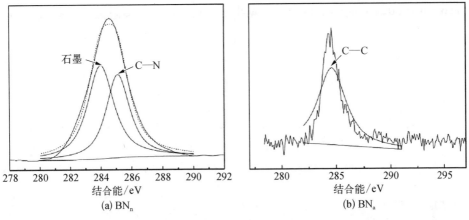

(a) BNₙ

(b) BNₐ

图 2-39　BNₙ 和 BNₐ 的 C1s 拟合谱图

2.3.2　无机化气氛对纤维性能的影响

将 BNₐ 和 BNₙ 在 Ar 气氛中处理至 1 800℃ 并保温 1 h 得到的产物分别记作 BNₙ-1800 和 BNₐ-1800,两种样品的 XRD 谱图如图 2-40 所示。在 BNₐ-1800 的 XRD 谱图中,$2\theta=26.7°$、$41.6°$、和 75.9 附近出现了分别归属于 h-BN(002) 和 (110) 晶面的衍射峰;位于 $2\theta=43.8°$ 附近的 (100) 和 (110) 晶面仍然重叠在一起,不能清晰地分辨出来,这是 t-BN 的特征。同时,在 $2\theta=55.16°$ 附近呈现出归属于 (004) 晶面的较弱的弥散峰。在 BNₙ-1800 的 XRD 谱图中,归属

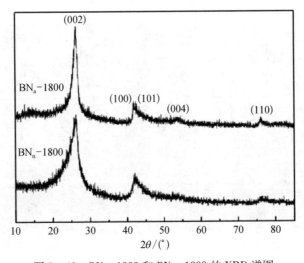

图 2-40　BNₐ-1800 和 BNₙ-1800 的 XRD 谱图

于 h - BN(002)晶面的衍射峰半高宽小于 BN_a - 1800 的半高宽,也观察到了归属于(100)和(110)晶面的重叠峰,但基本观察不到归属于(110)和(004)晶面的衍射峰。比较两者的 XRD 衍射谱图可以直观地看到,NH_3 中的热解产物具有更好的结晶性,这是因为热解碳在产物中起到了抑制 BN 结晶的作用。

采用高分辨率透射电镜(high-resolution transmission electron microscopy,HRTEM)对两种样品的微观结构进行了分析,分别如图 2 - 41 和图 2 - 42 所示,可以看出两种样品的微观结构差别很大。在 BN_n - 1800 的 HRTEM 照片中,仅局部范围出现 BN 微晶,这表明样品结晶程度较低。而在 BN_a - 1800 的 HRTEM 照片中,在不同区域选取的 HRTEM 谱图中都可以观察到 BN 微晶,说明 BN_a - 1800 的结晶程度较高,这一结果与 XRD 的分析一致。进一步观察 BN_a - 1800 的 HRTEM 谱图,可以看出 BN_a - 1800 的结晶较为有序,说明样品是结晶程度较高的 t - BN。同时,在 BN_a - 1800 的选区衍射图,即图 2 - 42(b)中可以看出,其衍射主要表现为两条对称的短弧,是 t - BN 的特征。

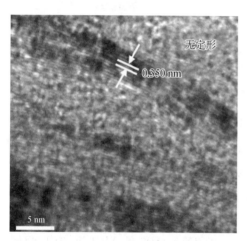

图 2 - 41　BN_n - 1800 的 HRTEM 照片

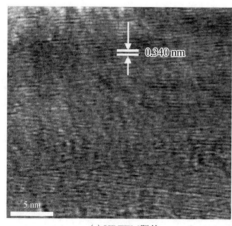 

(a) HRTEM照片　　　　　(b) 选区衍射

图 2 - 42　BN_a - 1800 的 HRTEM 照片和选区衍射

两种样品微观结构的不同,它们的性能必然会有所差异。为此,对其抗氧化性能进行了研究,图 2-43 为两种 BN 在空气中的 TGA 曲线。

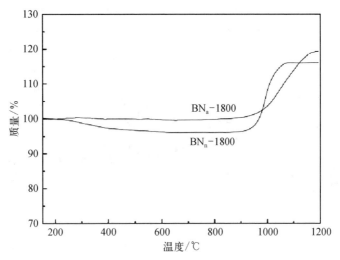

图 2-43　BN_n-1800 和 BN_a-1800 在空气中的 TGA 曲线

从图 2-43 可以看出,在 900℃ 以下,BN_a-1800 的质量几乎没有变化,而 BN_n-1800 在 250℃ 附近开始失重,在 600℃ 左右,失重率达到最大值 3.6%。这主要是由于 BN_n-1800 所含的 C 杂质在空气中产生了氧化。BN_a-1800 的质量则无明显变化。

在 900℃ 以上,两种样品产生的 B_2O_3 使样品急剧增重,1 050℃ 时 BN_a-1800 和 BN_n-1800 的增重率分别为 8.6% 和 14.9%,这表明两种样品的氧化增重速率有很大差别,即二者的抗氧化性不同。BN_n-1800 在 1 050℃ 时的质量已经基本不变,而 BN_a-1800 仍在增重,这表明后者的氧化反应还在进行,所以 BN_n-1800 的氧化速率更快。这里,BN_a-1800 的结晶程度比 BN_n-1800 更高,(002) 晶面间距更小,因此具有较低的氧化速率,同 BN_n-1800 相比,BN_a-1800 具有更好的抗氧化性。

介电常数 ε' 和损耗角正切值 $\tan\delta$ 是透波材料的主要考察的技术指标,选取低介电常数和低损耗角正切值的材料才能获得较理想的透波性能。材料的介电性能与其 C 含量紧密相关,C 含量较高的材料电导率较大,ε' 和 $\tan\delta$ 也相应较大;反之,C 含量较低材料的 ε' 和 $\tan\delta$ 也较小。

由 XRD 结果可知,PPAB 在 1 500℃ 以下的热解产物的结晶程度较低,其结构中可能含有悬垂的化学键和孤对电子,这些自由电荷在电场作用下的自由移

动会使离子松弛极化,ε'和 tan δ 也会增大,影响样品的介电性能。一般地,烧成
温度高于 1 400℃后,纤维中残余的 H 对介电性能的影响可以忽略,ε'也会减小。
为此,本节研究经 1 800℃ 处理的两种热解产物在室温下 8~12 GHz 时的介电性
能,如图 2 - 44 和图 2 - 45 所示。

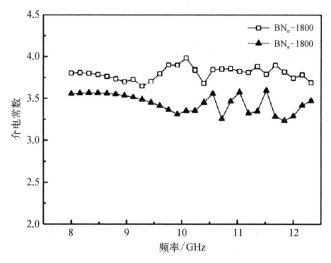

图 2 - 44　两种产物在 8~12 GHz 的介电常数

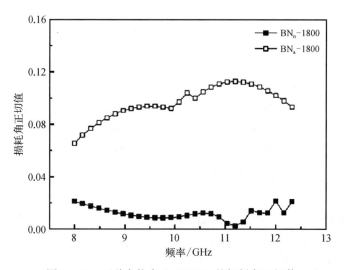

图 2 - 45　两种产物在 8~12 GHz 的损耗角正切值

从图 2 - 44 和图 2 - 45 可以直观地看出,BN_a - 1800 具有较低的 ε' 和 tan δ。
表 2 - 17 给出了两种样品在 10 GHz 处的 ε' 和 tan δ。由表 2 - 17 可知,在 10 GHz,

BN_n－1800 的 ε' 和 $\tan\delta$ 分别为 3.9 和 0.09,而 BN_a－1800 的 ε' 和 $\tan\delta$ 分别为 3.12 和 0.008。这说明本节以 NH_3 作为无机化气氛,将含 C 的先驱体纤维热解除碳制得了具有较低介电常数和损耗角正切值的 BN 纤维,满足透波材料对介电性能的基本要求。此外,BN 中 B 或者 N 元素偏离化学计量比也会影响 BN 的介电性能,在 NH_3 中制得的 BN 具有近化学计量比,这也是其具有较低的介电常数和损耗角正切值的另一个原因。

表 2－17　两种 BN 在 10 GHz 处的介电常数和损耗角正切值

样　品	介电常数	损耗角正切值
BN_a－1800	3.9	0.09
BN_n－1800	3.32	0.008

2.3.3　无机化工艺对纤维陶瓷产率和碳含量的影响

前面通过比较气氛对 PPAB 热解过程中的结构变化、热解产物的组成、结构和性能的影响,可知在氨气中热解能够得到近化学计量比的 BN。而在聚合物先驱体的无机化过程中,无机化工艺不同,热解产物的组成、结构也会有所变化。优化的无机化条件有利于提高效率,改善产物的性能。本节系统研究了烧成温度、氨气浓度、最高温度保温时间和升温速率等参数对不熔化纤维的陶瓷产率和无机纤维中碳含量的影响。

图 2－46 为在升温速率为 4℃/min、最高温度保温 2 h、NH_3/N_2 体积比＝1∶1 条件下,烧成温度对不熔化纤维的质量残留率和热解产物中碳含量影响情况。随着热解温度的不断升高,热解产物的质量和碳含量逐渐减少。温度由 800℃ 提高到 1 200℃,陶瓷产率分别为 61.8% 和 60.0%,在此温度区间内的失重仅为 1.78%。碳含量的降低主要发生在 600℃ 以下。600℃ 产物的碳含量由室温时的 18.8% 减少至 0.6%,占 1 200℃ 时碳含量总减少量的 97.5%。600~1 200℃ 碳含量仅降低了 0.5%,1 200℃ 热解产物的碳含量为 0.3%。结合样品失重情况和产物碳含量随热解温度的变化可知,800℃ 时无机化过程基本完成。

图 2－47 为在升温速率为 4℃/min、NH_3/N_2 体积比＝1∶1 的气氛中升温至 800℃ 条件下,保温时间对不熔化纤维的陶瓷产率和热解产物碳含量的影响。由图可知,随着保温时间的延长,不熔化纤维的陶瓷产率和热解产物的碳含量逐渐降低。然而,保温时间对陶瓷产率的影响较小,保温时间由 0 h 延长至 4 h 对应的陶瓷产率分别为 63.8% 和 61.1%,陶瓷产率仅减少了 2.7%。而保温时间对除

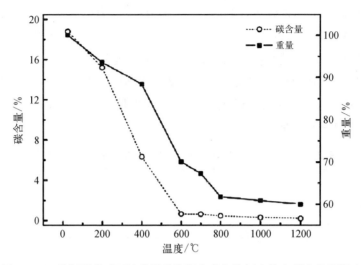

图 2-46　热解温度对不熔化纤维陶瓷产率和热解产物中碳含量的影响

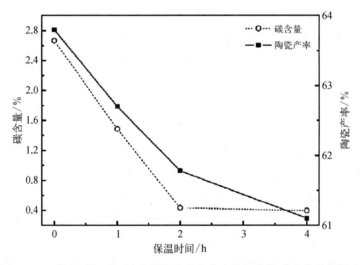

图 2-47　保温时间对不熔化纤维陶瓷产率和热解产物中碳含量的影响

碳的效果较为明显,保温时间为 0 h 时,热解产物的碳含量为 2.7%,保温时间为 1 h 所得产物的碳含量下降到 1.5%。当保温时间延长为 4 h 后,热解产物中的碳含量降至 0.4%。这一结果表明,适当延长保温时间有助于降低产物中的碳含量,但保温时间对于不熔化纤维的陶瓷产率影响不大。因此,延长保温时间的脱碳效果不如提高烧成温度的效果明显。实验结果表明,保温时间为 2 h 时,热解产物的碳含量减少最多。

图 2-48 为不熔化纤维的陶瓷产率和热解产物的碳含量随升温速率的变化曲线,其中氨气体积分数为 50%,热解温度为 800℃,无保温时间。陶瓷产率和碳含量随着升温速率的增加而增大。升温速率由 1℃/min 增加到 8℃/min 时,陶瓷产率从 60.2% 增加到 67.2%。研究表明[9],在较高升温速率下进行的热解反应中,小分子的逸出速率小于交联反应进行的速率,导致陶瓷产率的增加。随着升温速率增大,热解产物的碳含量由 2.0% 增加到 4.5%。结果说明,较快的升温速率不利于除碳。这是由于在较短暂的热解过程中,脱碳反应进行不充分。

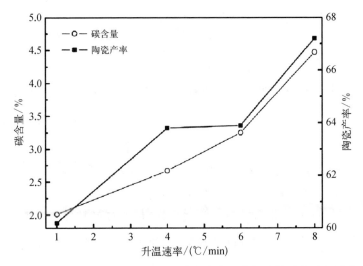

图 2-48　升温速率对不熔化纤维陶瓷产率和热解产物碳含量的影响

考察了热解温度为 800℃时 NH$_3$ 浓度的影响,如图 2-49 所示,其中升温速率为 4℃/min,保温时间为 2 h。从图中可以看出,陶瓷产率和碳含量随着 NH$_3$ 浓度的增加而减小。在惰性气氛中热解时,陶瓷产率和碳含量分别为 73.8% 和 6.1%。当 NH$_3$ 体积分数增加为 50% 时,陶瓷产率降为 62.5%,碳含量降为 0.5%。当 NH$_3$ 体积分数为 100% 时,陶瓷产率为 60.0%。因此,当氨气体积分数为 50%～100% 变化时,碳含量的下降并不明显。

2.3.4　高温处理对结晶性能、密度和抗氧化性能的影响

不熔化纤维经过在 NH$_3$ 中热解得到了碳含量约 0.5% 的 BN 纤维。对于经过无机化脱碳处理后的 BN 纤维,本节采取提高处理温度的方法来增大纤维的结晶程度,以改善所得 BN 纤维的性能。

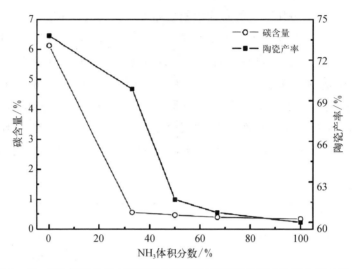

图 2 - 49　NH₃体积分数对不熔化纤维陶瓷产率和热解产物碳含量的影响

使用拉曼光谱表征了经过800℃无机化脱碳后再在 Ar 中经高温处理所得 BN 纤维的结构,结果如图 2 - 50 所示。随着热解温度的升高,热解产物的拉曼吸收峰逐渐向低波数移动。1 500℃以下得到热解产物的拉曼光谱表现为宽坦的弥散峰。随温度升高,弥散峰逐渐转变为尖峰,经 1 600℃和 1 800℃处理后的样品产物在 1 367 cm⁻¹附近出现了归属于 h - BN 的特征峰。这表明随着热解温度的升高,BN 的结晶程度逐渐升高。同时,值得注意的是,在 1 350 cm⁻¹和

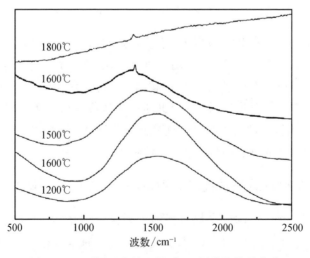

图 2 - 50　不同温度处理得到 BN 纤维的拉曼光谱

1 620 cm⁻¹附近未观察到属于 C 的拉曼特征峰。

图 2-51 给出了经不同温度处理所得产物的 XRD 谱图。从图中可以看出，600℃下得到的产物中仅有归属于 BN(002)晶面宽泛的弥散峰，800℃下得到的产物中出现了归属于(100)晶面的弥散峰。随温度升高，弥散峰的半高宽逐渐减小，1 000℃下得到的样品中上述两个弥散峰已经变为"峰包"。在 1 400℃以上得到样品的 XRD 谱图中归属于 h-BN(002)晶面的衍射峰变得更加尖锐。温度继续上升，衍射峰的强度越来越强，晶粒继续长大。1 800℃下得到的产物的 XRD 谱图中出现了位于 $2\theta = 75.9°$附近归属于(110)晶面的衍射峰，同时，(002)衍射峰更加尖锐，(100)和(101)晶面已有分开的趋势。XRD 的结果表明，通过提高处理温度有效地提高了纤维的结晶程度。

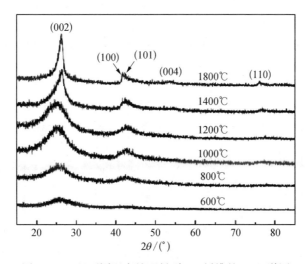

图 2-51　经不同温度处理得到 BN 纤维的 XRD 谱图

为了对 1 800℃得到样品的结晶情况有更清楚的了解，将其与市售 h-BN 的 XRD 谱图进行了比较，结果见图 2-52。由 PPAB 所制备 BN 的(002)衍射峰的半高宽相对较大，且(100)晶面和(110)晶面还不能清晰地分辨出来，这表明其结晶程度仍然有提高的空间。

为了进一步研究无机化纤维的结晶过程，根据谢乐公式估算了热解产物的 d_{002}和晶粒尺寸 L。图 2-53 给出了 d_{002}和 L 随温度的变化曲线。由图可知，随着温度的升高，L 在 1 000~1 400℃逐渐由 1.259 nm 增大至 1.462 nm，d_{002}也相应地由 0.353 nm 减小到 0.351 nm。1 200~1 400℃时，样品的 d_{002}急剧减小，L 则急剧增大，这说明这一温度区间是样品晶粒增长的重要区间，这一结果由 XRD 谱

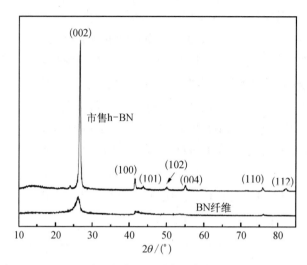

图 2-52　1 800℃处理所得 BN 纤维和市售 h-BN 的 XRD 谱图

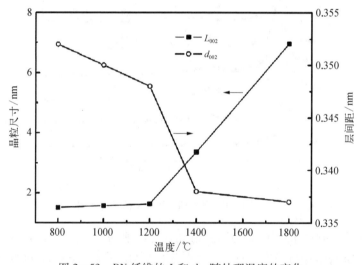

图 2-53　BN 纤维的 L 和 d_{002} 随处理温度的变化

图可以直观地看到。在 1 400℃以上，L 迅速增大的同时 d_{002} 继续减小。1 800℃时 L 和 d_{002} 分别为 6.50 nm 和 0.337 nm，此时的 d_{002} 值低于 h-BN 的理论值 0.333 nm，表明热解产物的结晶程度仍然较低。

图 2-54 为无机化纤维在 Ar 气氛中于 1 600℃保温不同时间所得产物的 XRD 谱图。随着保温时间的延长，BN 的(002)晶面对应的衍射峰半高宽逐渐减小，d_{002} 越来越小，产物的结晶程度也逐渐提高。

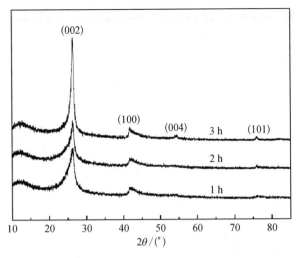

图 2-54　经 1 600℃不同保温时间处理得到 BN 纤维的 XRD 谱图

采用谢乐公式估算了不同保温时间所得产物的晶粒尺寸 L,结果如图 2-55 所示。从图中可以看出,L 随着保温时间的延长逐渐增大,由保温 1 h 的 4.8 nm 增大到 3 h 的 14.2 nm,即延长保温时间也可以有效地提高无机化纤维的结晶程度。

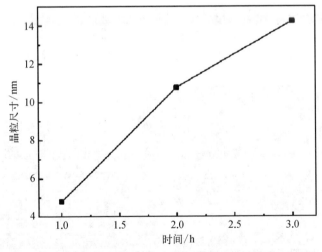

图 2-55　PPAB 经 1 600℃处理得到产物的晶粒尺寸随保温时间的变化

采用悬浮法测试了不同温度下烧成后样品的密度,结果见图 2-56。从图中可以看出,样品密度在 600~1 200℃时增加较快,由 1.500 g/cm³ 增大到 1.805 g/cm³,增加了约 20%,这一阶段聚合物逐渐转变为无机物。密度在 1 200~1 500℃的变化很小,仅由 1.805 g/cm³ 增加到 1.834 g/cm³,增加幅度约为 1.6%。随着温度继续升高至 1 800℃,密度由 1.834 g/cm³ 迅速增加到 1.920 g/cm³,增加了约 4.7%。总的来看,600℃ 到 1 200℃ 是样品密度增加的主要阶段。

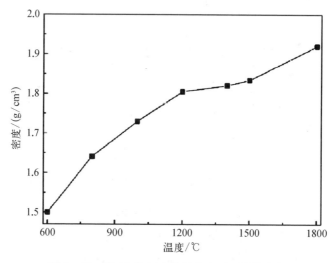

图 2-56　PPAB 热解产物的密度随温度的变化

图 2-57 是在 1 600℃ 下得到的 BN 纤维表面和截面形貌照片。从图中可以看出,纤维的表面较为光滑,没有明显的缺陷,纤维直径约 15 μm。从纤维的截面可以观察到一些细小的孔洞,这是由热解过程中逸出的气体所导致的。

(a) 表面形貌

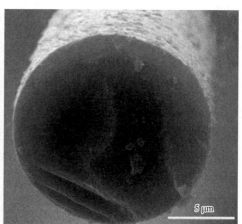

(b) 截面形貌

图 2-57　BN 纤维的表面形貌和截面形貌

2.3.5　烧成温度对力学性能和抗氧化性能的影响

热解温度对烧成纤维的性能,尤其是力学性能有较大影响,图 2-58 为在不同热解温度下得到的 BN 纤维的拉伸强度。从图中可以看出,随着处理温度的升高,纤维的拉伸强度逐渐升高。热解温度从 1 200℃升高到 1 800℃时,BN 纤维的拉伸强度从 500 MPa 左右增加到 850 MPa。这是因为热解温度越高,纤维的结晶取向越大,纤维越致密,其拉伸强度就越高。

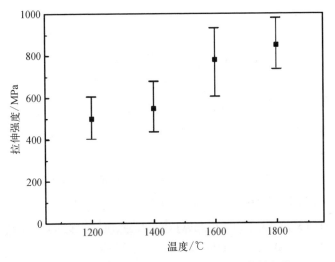

图 2-58　BN 纤维的拉伸强度随热解温度的变化

结晶程度对 BN 的抗氧化性能的影响很大。图 2-59 是经不同温度处理所得纤维产物在空气中的 TGA 曲线,表 2-18 给出了两种样品在空气中 1 000℃时的增重率。

表 2-18　两种样品在空气中 1 000℃时的增重率

处理温度/℃	增重率/%
1 500	21.7
1 800	3.7

由表 2-18 可知,经 1 500℃和 1 800℃处理的两种样品在 1 000℃的增重率分别为 21.7%和 3.7%,这表明两种样品的氧化速率不同。经较高温度处理得到的 BN 的氧化速率较慢,增重率较低,1 500℃得到的 BN 在 1 000℃左右质量基本不再变化,表明此时的 BN 已经完全氧化,而 1 800℃得到的 BN 在 1 200℃左右

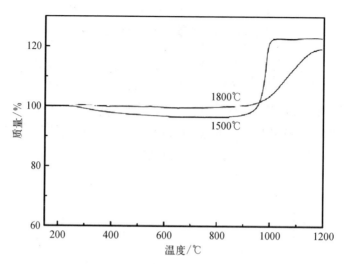

图 2 - 59　PPAB 经不同温度处理得到的 BN 在空气中的 TGA 曲线

质量仍然有所增大,表明此时仍未完全氧化。因此,1 800℃得到的 BN 表现出了较好的抗氧化性。

　　本章以 n - PA/MA 和 TCB 为原料,采用分步取代后经热聚合合成了 PPAB 陶瓷先驱体,研究了 PPAB 的合成影响因素,系统考察了原料配比、反应温度和保温时间等对所合成 PPAB 的分子量、陶瓷产率和加工性能的影响。通过调控原料的比例、控制合成温度和时间等参数,可以得到具有一定软化点和可纺性的 PPAB 先驱体。PPAB 具有较好的可纺性,对于软化点在 93~112℃ 的 PPAB,在纺丝压力为 0.4~0.6 MPa 时可以得到连续长度大于 200 m 的 PPAB 纤维。PPAB 纤维经 NH_3 不熔化处理后,进一步在 NH_3/Ar 混合气氛中即可实现不熔化纤维的脱碳,最后经 1 800℃ 高温处理即可得到 BN 纤维。所制备的 BN 连续纤维的晶粒尺寸为 6.50 nm,密度为 1.92 g/cm^3,拉伸强度为 850 MPa,表现出了较好的抗氧化性和介电性能,其介电常数可达到 3 左右,损耗角正切值达到 10^{-3} 量级,满足透波材料对介电性能的要求。

　　尽管目前国内外在先驱体转化法制备 BN 纤维方面已开展了大量的基础研究工作,但总体而言还停留在实验室研究阶段,所制备的 BN 纤维性能,特别是力学强度,还有较大的提升空间。一方面,目前报道的聚硼氮烷先驱体的陶瓷产率低,使制备的纤维中残留大量的缺陷降低了纤维强度,且目前报道的聚硼氮烷均对水氧敏感,导致聚硼氮烷的纺丝成型和后续操作均需要在无水无氧的条件下进行,不利于 BN 纤维的批量制备;另一方面,对纤维制备过程中的微观结构演变机制认识还不够深入,特别是在纤维的结晶取向控制方面,有效方法不多,这也极大地影响了纤维力学性能的提高。因此,探索合成新一代纺丝级高陶瓷产率聚硼氮烷先驱体,提高先驱体的环境适应性,拓展聚硼氮烷先驱体的纺丝成型手段,深入认识从先驱体到高结晶 BN 的微观组成结构演变规律是制备高性能连续 BN 纤维的关键。

参 考 文 献

[1] 陈代荣,韩伟健,李思维,等.连续陶瓷纤维的制备、结构、性能和应用:研究现状及发展方向[J].现代技术陶瓷,2018,39(3),151－222.

[2] 邓橙.氮化硼纤维先驱体——聚硼氮烷的合成及热解特性研究[D].长沙:国防科学技术大学,2009.

[3] Duperrier S, Gervais C, Bernard S, et al. Design of a series of preceramic B-tri(methylamino) borazine-based polymers as fiber precursors: Architecture, thermal behavior, and melt-spinnability [J]. Macromolecules, 2007, 40(4): 1018－1027.

[4] 王建祺,吴文辉,冯大明.电子能谱学(XPS/XAES/UPS)引论[M].北京:国防工业出版社,1992.

[5] Su K, Remsen E E, Zank G A, et al. Synthesis, characterization, and ceramic conversion reaction of borazine-modified hydridopolysilazane: New polymericprecursors to SiNCB ceramic composites [J]. Chemistry of Materials, 1993, 5(4): 547－556.

[6] Bauer F, Decker U, Dierdorf A, et al. Preparation of moisture curable polysilazane coatings: Part I. Elucidation of low temperature curing kinetics by FT－IR spectroscopy [J]. Progress in Organic Coatings, 2005, 53(3): 183－190.

[7] Seyferth D, Strohmann C, Dando N R, et al. Poly(ureidosilazanes): Preceramic polymeric precursors for silicon carbide and silicon nitride. Synthesis, characterization, and pyrolytic conversion to Si_3N_4/SiC ceramics [J]. Chemistry of Materials, 1995, 7(11): 2058－2066.

[8] Dibandjo P, Bois L, Chassagneux F, et al. Synthesis of boron nitride with orderedmesostructure [J]. Advanced Materials, 2005, 17(5): 571－574.

[9] Li H B, Zhang L T, Cheng L F, et al. Effect of curing and pyrolysis processing on the ceramic yield of a highly branched polycarbosilane [J]. Journal of materials science, 2009, 44(3): 721－725.

第 3 章 Si₃N₄ 纤维

Si₃N₄陶瓷纤维,严格来说是以 Si₃N₄陶瓷为主要成分的纤维。由于先驱体组成往往含有 Si、N、H 以外的元素,而且在纤维制备过程也可能引入其他元素,难以获得仅有 Si、N 元素的 Si₃N₄纤维。采用不同方法制备的 Si₃N₄陶瓷纤维,其纯度或结构则各有区别,以全氢聚硅氮烷为先驱体制备的 Si₃N₄纤维含有少量的氧元素,以烷基聚硅氮烷为先驱体制备的 Si₃N₄纤维则含有一部分碳元素。以聚碳硅烷为先驱体,将 PCS 不熔化纤维在 NH₃气氛中进行高温处理,可有效地脱去纤维中的碳元素,引入氮元素,将以 Si—C 键结构为主的纤维转化为以 Si—N 键结构为主的纤维。因为 PCS 纤维的不熔化方式不同,不熔化纤维的组成也会有较大差别。空气不熔化 PCS 纤维(AC - PCS)含有 10% 左右的氧元素,电子束辐照不熔化 PCS 纤维(EB - PCS)含有 1% 左右的氧元素,这些氧元素大部分会保留到最终的 Si₃N₄纤维中。为了区别两种纤维,将空气不熔化 PCS 纤维转化的 Si₃N₄纤维称为 SiNO 纤维,电子束辐照不熔化 PCS 纤维转化的 Si₃N₄纤维称为 Si₃N₄纤维。

以连续 SiC 纤维制备技术路线为基础,不熔化 PCS 纤维直接热解无机化得到 SiC 纤维。利用 NH₃与 PCS 的反应脱除 PCS 纤维中的烷基,制备 SiNO 纤维和 Si₃N₄纤维,具体的技术路线见图 3 - 1。

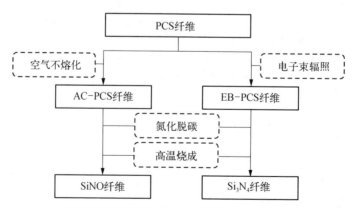

图 3-1 由 PCS 纤维制备连续 SiNO 纤维和 Si₃N₄纤维的技术路线

该工艺与连续 SiC 纤维制备工艺的不同点就是由氮化脱碳反应,其特征在于将 PCS 纤维中的有机 Si—C 结构通过氮化转变为无机 Si—N 结构。首先对连续 PCS 纤维进行空气不熔化处理或电子束辐照交联,然后经氮化脱碳与高温烧成制备连续 SiNO 纤维和 Si_3N_4 纤维。

3.1 SiNO 纤维的制备

3.1.1 空气不熔化 PCS 纤维的氮化脱碳

空气不熔化 PCS 纤维主要用于制备第一代 SiC 纤维,从组成上可以认为是 SiCO 纤维。因其不熔化条件不同,空气不熔化纤维的 O 含量在 4%~20%。空气不熔化 PCS 纤维,一般是将 PCS 纤维置于空气、氧气或其他氧化性气氛中进行热处理,其中 PCS 所含有的 Si—H、Si—CH₃ 基团被部分氧化,形成 Si—O—Si、Si—OH 等结构。空气不熔化程度不同,不熔化纤维的交联程度和凝胶含量也不同。一般来说,不熔化程度越高,空气不熔化 PCS 纤维的凝胶含量越高,1 000℃热解的陶瓷产率也会表现出同样的规律。PCS 的组成结构和不熔化条件不同时,所得到的空气不熔化 PCS 纤维的组成结构会影响后续热解无机化过程,也会将这种影响传递到最终的陶瓷纤维。关于空气不熔化 PCS 纤维化学结构对氮化脱碳的影响,本章对此方面不予专门讨论,但需要在科研工作中注意区分各方面的影响因素。

氮化脱碳过程主要利用高温 NH₃ 与不熔化 PCS 纤维的化学反应,实现含 C 基团的脱除,同时引入 N 原子,使纤维主要组成元素由 Si、C 转化为 Si、N,这种氮化方法是制备氮化物陶瓷的常用方法。影响氮化脱碳效果的主要因素有氮化温度与时间、NH₃ 流量等。为了研究空气不熔化 PCS 纤维的组成及结构变化,将空气不熔化 PCS 纤维(AC-PCS)在 NH₃ 中在不同温度下进行氮化脱碳处理,然后在 N₂ 中处理至 1 300℃,对所得烧成纤维进行元素分析(表 3-1 和图 3-2),由此判断烷基脱除的温度区间。

表 3-1 不同温度氮化纤维的元素组成

| 样 品 | 氮化温度/℃ | 元素组成/% | | | C/Si | N/Si |
		Si	C	N		
AC-PCS	—	43.15	34.49	—	1.87	—
NT-200	200	42.95	31.87	0.42	1.73	0.02
NT-400	400	43.27	28.12	0.66	1.52	0.03

续表

样　品	氮化温度/℃	元素组成/%			C/Si	N/Si
		Si	C	N		
NT－500	500	43.85	19.54	8.67	1.04	0.39
NT－600	600	44.26	0.67	19.05	0.04	0.86
NT－700	700	43.84	0.39	21.46	0.02	0.98
NT－900	900	44.93	0.30	22.38	0.02	1.00
NT－1000	1 000	45.29	0.28	23.54	0.01	1.04

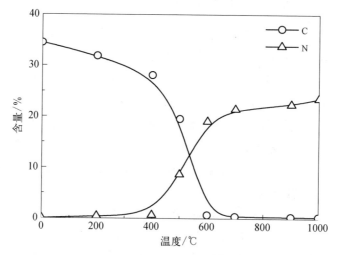

图 3－2　不同氮化温度获得纤维中的 C 和 N 含量

空气不熔化纤维在 NH_3 中进行氮化,其元素组成变化具有明显的规律性。400℃以下,元素组成基本不变,在 500℃以上,C 含量逐步下降,同时 N 含量逐步增加,在 700℃完成了绝大部分 C 元素的脱除,C 含量仅有 0.39%,N 含量达到 21.46%。

对不同氮化温度下得到的纤维进行 FTIR 分析,如图 3－3 所示。随着氮化温度的提升,纤维的结构由有机向无机转变,在 600℃烷基吸收峰基本消失。2 953 cm^{-1} 和 2 898 cm^{-1} 为 Si—CH_3 中的 C—H 的伸缩振动峰,2 103 cm^{-1} 为 Si—H 的伸缩振动峰,1 411 cm^{-1} 为 Si—CH_3 中 C—H 的变形振动峰,1 359 cm^{-1} 为 Si—CH_2—Si 中 CH_2 的变形振动峰,1 256 cm^{-1} 为 Si—CH_3 的变形振动峰,1 080 cm^{-1} 为 Si—O 的伸缩振动峰,1 023 cm^{-1} 为 Si—CH_2—Si 中的—CH_2—的变形振动峰,828 cm^{-1} 为 Si—CH_3 的弯曲变形振动峰。

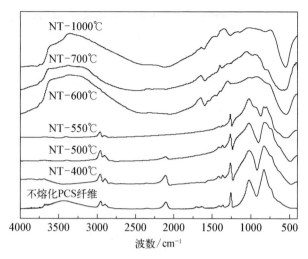

图 3-3　不同氮化温度下纤维的红外光谱

对比不同氮化温度的 FTIR 光图谱发现,C—H 的特征吸收峰(位于 2 950 cm⁻¹ 和 2 900 cm⁻¹ 的伸缩振动峰及位于 1 410 cm⁻¹ 的变形振动峰)在氮化温度为 550℃时明显减弱,在氮化温度为 700℃时完全消失;Si—CH₃ 的特征吸收峰(位于 1 250 cm⁻¹ 的伸缩振动峰以及位于 828 cm⁻¹ 处 Si—CH₃ 弯曲变形振动峰)在氮化温度为 400℃时就明显减弱,而在 700℃完全消失;Si—H 的特征吸收峰(位于 2 100 cm⁻¹ 的伸缩振动峰)在氮化温度为 500℃时明显减弱,在 600℃时消失;在 3 357 cm⁻¹ 和 923 cm⁻¹ 附近则分别出现了一个新的吸收峰,位于 3 357 cm⁻¹ 处的宽峰可能是 N—H 伸缩振动峰与 Si—OH 伸缩振动峰的叠加,位于 923 cm⁻¹ 处的可能是 Si—N—Si 的伸缩振动峰。

比较不同氮化温度所得纤维的红外光谱发现,随着氮化温度的升高,C—H、Si—CH₃ 和 Si—H 的特征吸收峰减弱的趋势越来越明显,而 N—H 和 Si—N—Si 的特征吸收峰则从难以分辨变得十分明显。700℃以上的红外光谱中,C—H、Si—CH₃ 和 Si—H 的特征吸收峰基本消失,而 N—H 和 Si—N—Si 的特征吸收峰峰位与强度随氮化温度不同略有差别。结果说明,在氮化过程中 PCS 不熔化纤维中的 C 元素被 N 元素置换,主要是通过 Si—H、Si—CH₃ 与 NH₃ 的反应来实现 C—N 原子置换。

C—H 特征吸收峰包含了骨架 Si—CH₂—Si 和侧基 Si—CH₃ 中的 C—H,反映了纤维中骨架与侧基参与氮化反应的程度,而 Si—H 和 Si—CH₃ 均是纤维中的侧基基团,只能反映侧基的反应程度,以不同温度氮化纤维红外谱图中 Si—H

峰和Si—CH₃峰与C—H峰的强度比值来表征纤维中侧基与骨架的反应程度,结果如图3-4所示。随着氮化温度的提高,吸光度比值 $A_{Si—H}/A_{C—H}$ 和 $A_{Si—CH_3}/A_{C—H}$ 均逐渐减小,而且 $A_{Si—H}/A_{C—H}$ 的减小较 $A_{Si—CH_3}/A_{C—H}$ 快。上述结果说明在氮化过程中,随着氮化温度升高,活性较高的 Si—H 键将迅速与 NH_3 发生取代反应,而 Si—CH₃ 键与 NH_3 之间的取代反应较缓慢。

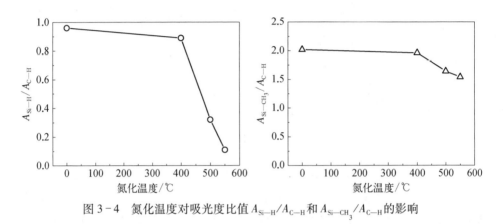

图3-4　氮化温度对吸光度比值 $A_{Si—H}/A_{C—H}$ 和 $A_{Si—CH_3}/A_{C—H}$ 的影响

PCS 不熔化纤维的主要脱碳区间为 400~600℃,纤维中的 Si—H 键、侧基 Si—CH₃ 键及骨架 Si—CH₂—Si 键在氮化过程中发生的反应可能是

$$\equiv Si—H + NH_3 \longrightarrow \equiv Si—NH_2 + H_2$$

$$\equiv Si—CH_3 + NH_3 \longrightarrow \equiv Si—NH_2 + CH_4$$

$$\equiv Si—CH_2—Si \equiv + NH_3 \longrightarrow \equiv Si—NH—Si \equiv + CH_4$$

在氮化温度为 1 000℃时,纤维中的 C 元素含量仅为 0.28%,为 PCS 不熔化纤维 C 含量的 0.8%,可能为骨架结构中残余的 Si—CH₂—Si 结构。采用 XPS 对 500℃ 及 1 000℃ 氮化后的纤维进行表征(图3-5)。直接热解获得的 SiC 纤维中存在 Si2p、Si2s、C1s 及 O1s 特征结构;而氮化纤维的 XPS 谱图中除去上述四个信号峰外,还出现了 N 元素的 N1s 峰。其中,500℃ 氮化纤维的 C1s 峰高要大于 N1s 峰;随着氮化反应的进行,C1s 峰高逐渐降低,而 N1s 峰高相对增加,1 000℃ 氮化纤维的 C1s 峰高小于 N1s 峰高。此外,在氮化至 1 000℃ 的纤维的 XPS 图谱中,仍然存在归属于 C1s 的信号峰,由于 XPS 为一种表面分析技术,C1s 的信号峰的出现说明纤维表面层仍然存在一定量的残余碳。

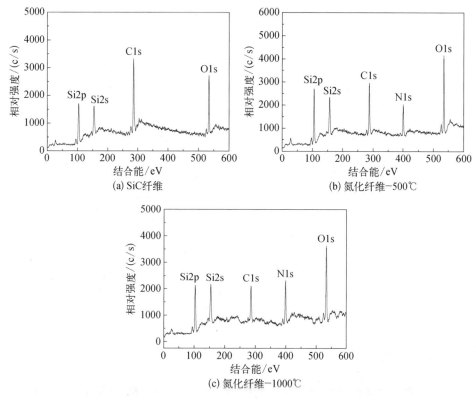

图 3-5 SiC 纤维和不同氮化纤维的 XPS 谱图

XPS 结果中,各能谱峰为多种键合形式的叠加,对其中出现的 Si2p 峰和 N1s 峰进行了拟合,结果见图 3-6。氮化至 500℃ 及 1 000℃ 的纤维的 XPS 图谱中,Si2p 峰均可以拟合为归属于 Si—O（103.5 eV）、Si—N（102.7 eV）及 Si—C（101.5 eV）的峰,说明氮化纤维中同时含有 Si—O、Si—N 及 Si—C 结构。另外,氮化至 500℃ 及 1 000℃ 的纤维的 XPS 图谱中,N1s 能谱峰可以拟合成中心分别位于 397.9 eV 和 399.6 eV 的两个峰,分别归属于 N—Si、N—H 两种键合形式,同时也说明纤维中不存在 N—C、N—O 及 N—N 的键合形式。随着氮化温度的升高,氮化纤维中的 Si—C 结构含量逐渐降低,Si—C 结构将逐渐转化为 Si—N 结构;纤维中存在一定量的 N—H 结构,且随着氮化温度的升高而逐渐减少。

据文献报道,先驱体在 NH₃ 气氛下氮化脱碳的机制有三种可能[1-4]:首先是 NH₃ 分解为 ·NH₂ 及氮烯。NH₃ 的分解温度为 650~700℃,而 PCS 不熔化纤维的脱碳反应在 400~600℃ 时最为激烈,显然,该机理很难解释 PCS 不熔化纤维在 NH₃ 中的脱碳机理。其次,氮化脱碳与 NH₃ 的亲核取代反应有关,不过亲核取代

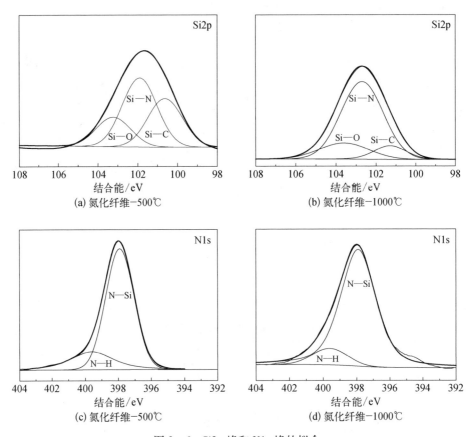

图 3-6　Si2p 峰和 N1s 峰的拟合

多为液相反应,NH$_3$ 与固体 PCS 不熔化纤维的置换反应属于气-固反应,因此该反应不能用亲核取代机理进行解释。

　　氮化脱碳机制可能为自由基取代反应,在温度作用下,Si—H、Si—C 化学键断裂形成自由基,氨气再和自由基反应脱除碳原子。一般来讲,在室温~300℃时,Si—C 键断裂比较困难;而在 400~600℃时,Si—C 键断裂趋势逐渐增强。因此,空气不熔化 PCS 纤维氮化时,遵循的机理如下。

　　(1) Si—C 键断裂: ≡Si—CH$_2$—Si≡ 及 ≡Si—CH$_3$ 断裂后分别形成 ≡Si· 和 ≡Si—CH$_2$· 或 CH$_3$·:

$$\equiv Si—CH_3 \longrightarrow \equiv Si· + · CH_3$$

$$\equiv Si—CH_2—Si \equiv \longrightarrow \equiv Si· + \equiv Si—CH_2·$$

　　(2) 自由基转移: ≡Si—CH$_2$· 或 CH$_3$· 迅速剥夺 NH$_3$ 上的质子,形成

≡Si—CH₃ 及 CH₄ 气体，新形成的 ≡Si—CH₃ 将继续断裂，重新形成 Si· 和 CH₃·：

$$NH_3 + \cdot CH_3 \longrightarrow CH_4 + \cdot NH_2$$

$$NH_3 + \equiv Si-CH_2 \cdot \longrightarrow \equiv Si-CH_3 + \cdot NH_2$$

（3）自由基终止：≡Si· 和 NH₂· 之间发生耦合终止，形成 ≡Si—NH₂ 结构：

$$\equiv Si \cdot + \cdot NH_2 \longrightarrow \equiv Si-NH_2$$

根据上述分析，氮化反应是以 NH₃ 中的 N 元素置换不熔化 PCS 纤维中 C 元素的过程，其中 400~600℃ 是 N 原子取代 C 原子的主要反应区间，1 000℃ 时氮化反应基本完成；氮化纤维中 Si 原子的键合形式以 Si—N、Si—O 及 Si—C 为主，N 原子的结合形式主要以 N—Si 及 N—H 为主；氮化反应基本完成后，纤维的结构主要以 Si—N 键为主，存在部分 N—H 键结构。空气不熔化 PCS 纤维氮化过程的反应式可描述为

3.1.2　氮化反应过程

氮化后纤维的外观颜色与其 C 含量密切相关，C 含量较多时纤维呈黑色，随着 C 含量的减少，氮化纤维逐渐呈现棕色、淡黄色及白色。另外，在氮化阶段，纤维的失重约为 20%，同时产生 $\xi \approx 20\%$ 左右的轴向收缩。

采用光电子能谱对氮化纤维表面及剥蚀一定深度后的纤维内部进行表征，不仅可以描述各个元素所处的化学状态，还可以通过径向上元素状态的变化，推测氮化过程中纤维组成结构的变化。从图 3-7 中可以看出，纤维表面有 Si、C、N、O 四个特征峰。

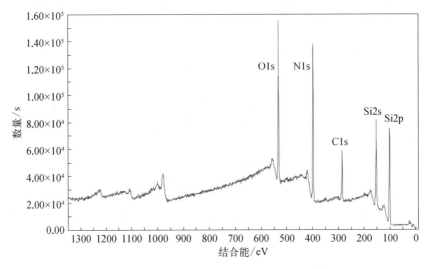

图 3-7　梯度氮化的氮化硅纤维表面 XPS 全谱扫描图

从图 3-8 中可以看出,N1s 主要可以拟合成 2 个峰,首先是 397.5 eV 处对应的 Si—N 键,其次是位于 398.5~399 eV 的峰,对应于 N—C 和 N—O 的混合状态。图 3-8(a)~(c)依次为纤维表面、剥蚀 15 nm 和剥蚀 150 nm 后的 N1s 谱图,从图中可以发现,表面的 N 基本全以 Si—N 键存在,随着剥蚀深度增加,N—C 和 N—O 键的含量逐渐增加。

Si2p 谱图主要可以拟合成 3 个峰,102.2 eV 对应的是 Si—N 键,104.5~106 eV 对应 Si—O 键,第 3 个峰位于前两个峰之间,为 103~104 eV,可视为 Si 同时与 C、N、O 结合的 Si—X 键状态。纤维表面的 Si 主要以 Si—N 键结合,Si—O 键含量在刻蚀深度内保持基本稳定。

由于 NH_3 从纤维表面逐渐渗透,与不熔化 PCS 发生反应,可能形成梯度的元素组成。气体向材料内部边扩散边反应是一个复杂的过程,主要包括材料表面的气膜层、材料的表层固体产物区、化学反应区和未反应芯部,具体结构如图 3-9 所示。利用气相渗透法对 PCS 进行梯度氮化,可能进行两个反应:一是 NH_3 与 Si—H 发生亲核取代,另一个是 NH_3 与 Si—CH$_3$ 发生自由基反应,这两个反应速率较快[5],即 NH_3 接触 PCS 就迅速发生反应并被消耗,反应区厚度很薄。对 PCS 不熔化纤维进行氮化过程,主要关注两个问题:① 宏观上,假设表面反应速率远大于扩散传质速率,将反应区简化为反应面,则可以较方便地研究宏观反应速率、反应转化率等动力学问题,总体

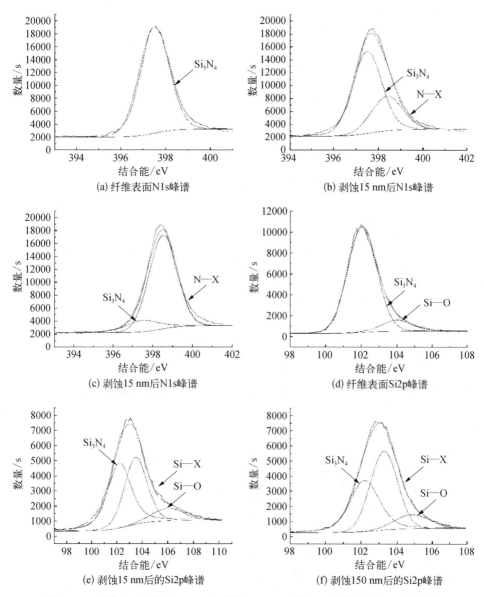

图 3-8　纤维表面、剥蚀 15 nm 和剥蚀 150 nm 后的 N1s 峰谱图及 Si2p 峰谱图

把握影响反应进行的物理量,适合于对较大尺寸材料的梯度研究(0-1 梯度模型);② 微观上,由于纤维半径在微米量级,关注在反应区内氮化物含量的径向变化梯度,对于纤维材料是有意义的。就以上两个方面,简要讨论氮化反应过程。

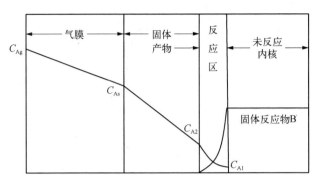

图 3-9　气相渗透反应示意图

1. 氮化反应的动力学模型

宏观动力学以气-固反应的研究思路,建立"缩芯"模型,主要讨论反应速率、转化率、速控步骤等反应动力学因素。

首先,简化研究复杂性,预置三个假设:① 假设反应只在纤维内部产物和未反应固相的界面上进行,反应面由外到里不断向中心收缩;② 假设反应过程中纤维截面积不变,且氮化反应为 n 级不可逆反应;③ 假设 NH_3 的扩散过程为稳态扩散过程。具体模型如图 3-10 所示。

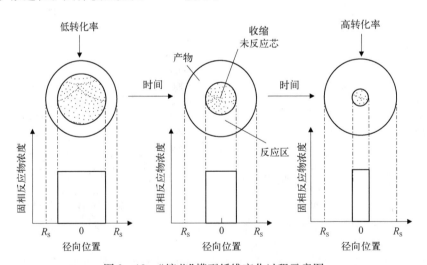

图 3-10　"缩芯"模型纤维变化过程示意图

用以下方程式表示该氮化反应:

$$A(g) + bB(s) \longrightarrow fF(g) + sS(s)$$

式中，A 为 NH_3；B 为不熔化后的 PCS；F 为以 CH_4、H_2 为主的小分子气体；S 为氮化产物。

整个过程可以分为以下几个步骤：① 气体反应物 A 由气相主体通过纤维（半径为 R_s）外面的气体膜扩散到纤维外表面，即反应物外扩散过程，浓度从 C_{Ag} 降低到 C_{As}，浓度梯度为常量；② 气体反应物 A 由纤维外表面通过固体产物层扩散到产物与未反应固体界面（即收缩未反应芯，半径为 R_c），此为反应物的内扩散过程，浓度由 C_{As} 降低到 C_{Ac}，浓度梯度为常量；③ 气体反应物 A 与固相反应物 B 在半径为 R_c 的界面上进行反应，即表面化学反应过程；④ 气体产物 F 通过固体产物层扩散到纤维外表面，即产物的内扩散过程，浓度由 C_{Fc} 降低到 C_{Fs}；⑤ 气体产物 F 由纤维外表面通过气体膜扩散到气体主体，即产物的外扩散过程，浓度由 C_{Fs} 降低到 C_{Fg}。以上五个步骤串联进行，如图 3 - 11 所示。

由前述假设，已知该反应为 n 级不可逆气-固非催化反应，且在定态情况下，气体反应物 A 通过气体膜的外扩散速率，等于通过固体产物层的内扩散速率，也等于在反应界面上的表面反应速率，同时还等于整个反应过程的总体速率。对于气-固非催化反应，反应速率用单位时间内单位长度上纤维上气体反应物的量 $n_A(\text{mol})$ 的变化来表示。下面就类比化学反应工程中关于流-固非催化反应的研究方法[6]，建立"缩芯模型"对动力学相关问题进行讨论，总体思路流程如图 3 - 12 所示。

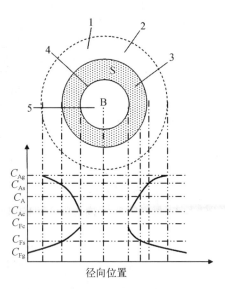

图 3 - 11　"缩芯"模型纤维径向区域分布和 NH_3 浓度分布示意图

1. 气体滞流膜；2. 颗粒外表面；3. 固体产物层；4. 收缩未反应芯界面；5. 收缩未反应芯

2. 总体速率

在反应动力学的研究中，反应速率是非常重要的，一个反应能否进行，除了与热力学上的可行性问题有关之外，还与动力学上的速率是否够快有关。因此，本小节首先研究该气-固反应的总体速率与相关物理量的关系，再将物理量转化为现实可控的工艺参数设置，为实际操作提供指导。

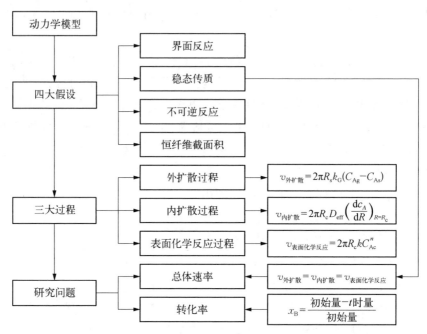

图 3 - 12　"缩芯"模型总体思路流程图

该反应的总体速率分为三个部分,即外扩散速率、内扩散速率和表面反应速率。其中,气体反应物 A 通过滞流膜的外扩散速率为

$$-\frac{\mathrm{d}n_A}{\mathrm{d}t} = -\frac{1}{b}\frac{\mathrm{d}n_B}{\mathrm{d}t} = 2\pi R_s k_G (C_{Ag} - C_{As}) \qquad (3-1)$$

气体反应物 A 通过固体产物层 B 的内扩散速率为

$$-\frac{\mathrm{d}n_A}{\mathrm{d}t} = -\frac{1}{b}\frac{\mathrm{d}n_B}{\mathrm{d}t} = 2\pi R_c D_{eff}\left(\frac{\mathrm{d}C_A}{\mathrm{d}R}\right)_{R=R_c} \qquad (3-2)$$

式中,D_{eff} 为气体反应物 A 在固相产物层 B 内的有效扩散系数。

气体反应物 A 与固相反应物 B 进行 n 级不可逆反应的化学反应速率为

$$-\frac{\mathrm{d}n_A}{\mathrm{d}t} = -\frac{1}{b}\frac{\mathrm{d}n_B}{\mathrm{d}t} = 2\pi R_c k C_{Ac}^n \qquad (3-3)$$

式(3-1)~式(3-3)中反应速率的单位是 mol/s,反应速率常数的单位是 m/s,与传质系数 k_G 单位相同。其中,C_{Ag} 为可控已知量,C_{As} 和 C_{Ac} 为不可测未知量,未反应芯半径 R_c 的值随时间变化。

固相产物层 B 中气体反应物 A 的扩散速率可以由式(3-2)计算,式中 $\left(\dfrac{\mathrm{d}C_A}{\mathrm{d}R}\right)_{R=R_c}$ 可用 A 在 B 中的扩散过程计算,定态下无积累,则

$$2\pi R_c D_{eff}\left(\frac{\mathrm{d}C_A}{\mathrm{d}R}\right)_R - \left(2\pi R_c D_{eff}\frac{\mathrm{d}C_A}{\mathrm{d}R}\right)_{R+\mathrm{d}R} = 0 \qquad (3-4)$$

或

$$\frac{\mathrm{d}}{\mathrm{d}R}\left(RD_{eff}\frac{\mathrm{d}C_A}{\mathrm{d}R}\right) = 0 \qquad (3-5)$$

边界条件: 当 $R = R_s$ 时, $C_A = C_{As}$; 当 $R = R_c$ 时, $C_A = C_{Ac}$。

在上述边界条件下,将式(3-5)积分两次,可得

$$C_A - C_{As} = \frac{C_{Ac} - C_{As}}{\ln R_c - \ln R_s}\ln\frac{R}{R_s} \qquad (3-6)$$

将式(3-6)在 $R = R_c$ 处对 R 微分,可得

$$\left(\frac{\mathrm{d}C_A}{\mathrm{d}R}\right)_{R=R_c} = \frac{C_{Ac} - C_{As}}{R_c\left[\ln R_c - \ln R_s\right]} \qquad (3-7)$$

将式(3-7)代入式(3-2)得

$$-\frac{\mathrm{d}n_A}{\mathrm{d}t} = -\frac{1}{b}\frac{\mathrm{d}n_B}{\mathrm{d}t} = 2\pi D_{eff}\frac{C_{Ac} - C_{As}}{\ln R_c - \ln R_s} \qquad (3-8)$$

联立式(3-2)、式(3-3)和式(3-8)消去 C_{As} 和 C_{Ac},即可得到氮化反应总体速率方程:

$$\begin{cases} -\dfrac{\mathrm{d}n_A}{\mathrm{d}t} = -\dfrac{1}{b}\dfrac{\mathrm{d}n_B}{\mathrm{d}t} = 2\pi R_s k_G(C_{Ag} - C_{As}) \\[3mm] -\dfrac{\mathrm{d}n_A}{\mathrm{d}t} = -\dfrac{1}{b}\dfrac{\mathrm{d}n_B}{\mathrm{d}t} = 2\pi R_c k C_{Ac}^n \\[3mm] -\dfrac{\mathrm{d}n_A}{\mathrm{d}t} = -\dfrac{1}{b}\dfrac{\mathrm{d}n_B}{\mathrm{d}t} = 2\pi D_{eff}\dfrac{C_{Ac} - C_{As}}{\ln R_c - \ln R_s} \end{cases}$$

当 $n = 1$ 时,氮化总反应速率为

$$-\frac{\mathrm{d}n_A}{\mathrm{d}t} = -\frac{1}{b}\frac{\mathrm{d}n_B}{\mathrm{d}t} = 2\pi C_{Ag}\Bigg/\left(\frac{1}{R_s k_G} + \frac{1}{R_c k} + \frac{\ln R_c - \ln R_s}{D_{eff}}\right) \qquad (3-9)$$

当 $n=2$ 或 3 时,可以用求根公式求解。

当 $n \geqslant 4$ 或为小数时,式(3-9)无解析解,可得数值解。

从以上分析中可知,该气-固反应的总体速率主要与气相中氨气浓度 C_{Ag}、气-固传质系数 k_G、表面化学反应速率常数和纤维内部有效内扩散系数 D_{eff} 有关。增大这四个量都有助于提高反应的速率。对应到具体工艺参数上,就是通过调节通入的氨气和氮气比例、混合气体的流速、氮化温度可以改变氮化反应速率。

3. 转化率

反应的转化率是研究动力学的又一个重点,而如果每次反应的转化率都用元素分析的方法得到,不仅费时费力,同时不具有可预测性。因此,建立反应转化率与宏观易测量之间的关系是具有现实意义的。以下建立反应转化率与材料未反应芯及反应时间的关系,该模型主要适用于反应区厚度相比于整个材料的尺寸可以忽略不计的材料,如径向尺寸较大的纤维或是其他块体材料。以径向尺寸较大的纤维为例,固相反应物 B 的转化率 x_B 与未反应芯 R_c 的关系为

$$x_B = \frac{初始量 - t\,时量}{初始量} = \frac{\pi R_s^2 \rho_B - \pi R_c^2 \rho_B}{\pi R_s^2 \rho_B} = 1 - \left(\frac{R_c}{R_s}\right)^2 \quad (3-10)$$

将材料沿截面切开,通过测量未反应芯和纤维外径可得材料的转化率。再讨论未反应芯半径 R_c 与反应时间的关系。

由于,

$$n_B = \frac{\rho_B}{M_B} V_c = \frac{\rho_B}{M_B}(\pi R_c^2) \quad (3-11)$$

因此,

$$-\frac{dn_A}{dt} = -\frac{1}{b}\frac{dn_B}{dt} = -\frac{1}{b}\frac{2\pi \rho_B R_c}{M_B}\frac{dR_c}{dt} \quad (3-12)$$

将式(3-12)代入式(3-9)得

$$\frac{dR_c}{dt} = \frac{bC_{Ag}M_B}{\rho_B R_c} \bigg/ \left(\frac{1}{R_s k_G} + \frac{1}{R_c k} + \frac{\ln R_c - \ln R_s}{D_{eff}}\right) \quad (3-13)$$

通过式(3-11)~式(3-13)得到未反应芯半径 R_c 与反应时间的关系,由于在纤维外径一定时,反应转化率是未反应芯半径 R_c 的函数,可间接推导出影响反应转化率的物理量,分别是氨气浓度 C_{Ag}、气-固传质系数 k_G、表面化学反应速

率常数 k 和纤维内部有效内扩散系数 D_{eff},这与影响反应总体速率的因素相同,且增大这四个量都有助于提高转化率。具体到工艺参数上,就是增加混合气中氨气的比例、增大混合气流速和提高温度。

通过以上对于气-固反应总体速率和转化率的讨论,氮化温度、氨气和氮气比例、混合气流速和氮化时间是气相渗透氮化过程动力学主要影响因素,对反应转化率具有重要影响。具体工艺参数的确定可以借鉴相关因素的作用,合理确定制备工艺,而且通过工艺参数的调控,可以获得含有一定碳含量、径向梯度组成的陶瓷纤维。

3.1.3　氮化纤维的高温烧成

空气不熔化 PCS 纤维在氨气中氮化到 1 000℃,一方面实现了碳元素的脱除,同时也完成了有机到无机的转变,氮化纤维结构以 Si—N 键为主,但是存在部分 N—H 结构,有必要进行高温烧成处理。为了考察 N—H 结构对高温烧成的影响,表征了纤维在高温下的热失重情况,氮化纤维(SiNO 纤维)在 N₂ 气氛中在室温~1 300℃下的热失重情况,如图 3-13 所示。

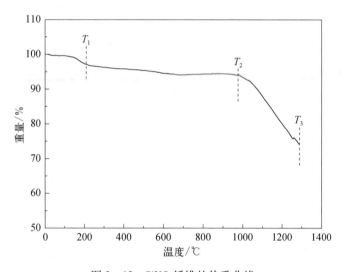

图 3-13　SiNO 纤维的热重曲线

氮化至 1 000℃的 SiNO 纤维在 N₂ 中的热重曲线大致分为三部分:① 160~200℃,该阶段存在 4%左右的热失重,可能原因为纤维的吸潮或者是表面 Si—OH 之间脱水;② 200~1 000℃,该阶段热失重较小,仅为 2%;③ 1 000~1 300℃,该阶段的热失重接近 20%。以上说明,氮化纤维在 1 000~1 300℃高温下存在较为严重的热分解反应。

　　高温下氮化纤维存在明显的热失重,说明纤维在烧成过程中有小分子气体放出,将氮化纤维重新放入管式炉内,升温至 1 300℃,在炉管末端收集 1 000～1 300℃产生的尾气,对所收集的尾气进行气相色谱分析和质谱分析,结果见图 3-14 和图 3-15。

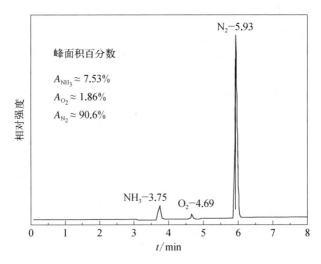

图 3-14　1 000～1 300℃收集尾气的气相色谱

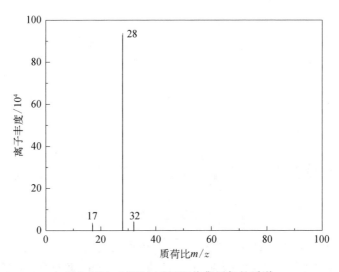

图 3-15　1 000～1 300℃收集尾气的质谱

　　在 $t=5.93$ min、$t=4.69$ min 和 $t=3.75$ min 处,气相色谱图共出现了三个信号峰,峰面积分数分别为 90.6%、1.8% 和 7.6%;同时,质谱数据表明:尾气中

存在质荷比 m/z 为 28、32 和 17 的小分子;此外用润湿的 pH 试纸测试尾气酸碱性时,试纸颜色从原来淡黄色的 6~7 变为蓝色的 9~11。上述结果说明,气相色谱图中的三个信号峰应分别归属于 N_2、O_2 和 NH_3。少量 O_2 峰的存在可能为气体抽样检测时有微量空气污染,因此氮化纤维在高温烧成时存在明显的脱 NH_3 反应,NH_3 小分子的脱除将造成纤维在高温下的热失重。NH_3 的产生可能与 $\equiv$Si—NH_2 结构及 $\equiv$Si—NH—Si$\equiv$ 结构形成更为稳定的 $(\equiv$Si$)_3$N 结构有关。

$$\equiv\text{Si—NH}_2 + \equiv\text{Si—NH}_2 \longrightarrow \equiv\text{Si—NH—Si} \equiv + \text{NH}_3$$

$$\equiv\text{Si—NH—Si} \equiv + \equiv\text{Si—NH}_2 \longrightarrow (\equiv\text{Si})_3\text{N} + \text{NH}_3$$

为更清楚地说明高温烧成后氮化纤维表层元素组成情况,利用 Ar^+ 离子对氮化纤维及烧成后的 SiNO 纤维表面进行剥离后,结果见图 3 - 16。对比两个分图可知:① 氮化纤维经过 1 300℃烧成后,纤维中的 N 元素含量有所降低,说明氮化纤维在高温烧成中确实存在脱 NH_3 反应,这也与气相色谱与质谱的测试结果一致;② 氮化纤维内部的 C 含量接近 3%,而经过 1 300℃烧成后纤维中的 C 含量接近 1%,说明高温烧成过程仍会脱去 C 元素,造成 C 含量继续降低。实际烧成过程中,氮化后的 SiNO 纤维若氮化脱碳不完全,则呈现淡黄色,经过 1 300℃烧成时,纤维继续脱去残余的少量 C,颜色呈白色,显然 C 元素含量的降低是脱除的 NH_3 气小分子继续与残余碳发生置换反应的结果。

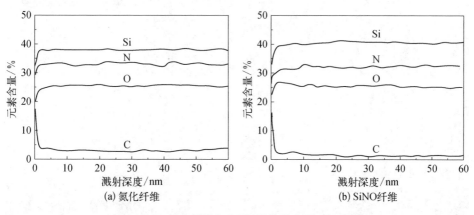

图 3 - 16　氮化纤维和 SiNO 纤维的表面 XPS 图谱

综合上述分析可知,氮化纤维在高温烧成过程中, $\equiv$Si—NH_2 结构及 $\equiv$Si—NH—Si $\equiv$结构之间存在脱 NH_3 反应;NH_3 小分子的脱除将造成较大的

热失重;高温烧成时的脱 NH₃ 反应还将使氮化纤维中残余的碳发生脱除。高温烧成过程中氮化纤维发生的反应可写为

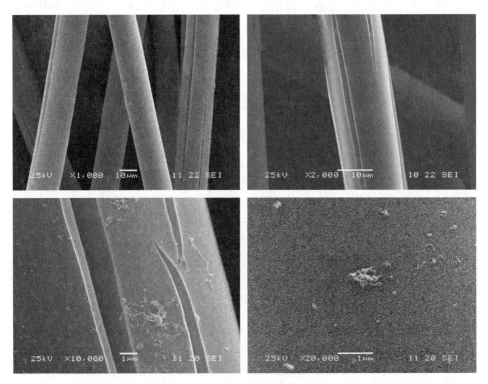

对于连续 SiNO 纤维的制备来讲,由于氮化纤维存在较多的 N—H 结构,N—H 结构在高温下将会发生剧烈的脱 NH₃ 反应,造成将近 20% 左右的热失重。直接在 1 400℃ 连续烧成,连续 SNO 纤维表面存在大量的宏观裂纹,碰触即碎,基本上没有强度,纤维表面的电镜照片见图 3-17,裂纹宽度为 1~2 μm,且主要沿纤维轴向取向。

图 3-17　SiNO 纤维表面的裂纹

在连续 SiNO 纤维制备时,需要将不稳定的 ≡Si—NH₂、≡Si—NH—Si≡ 结构之间相互反应脱 NH_3 形成较为稳定的 (≡Si)₃N 结构,获得的连续 SiNO 纤维直径在 13 μm 左右,表面均匀光滑,无裂纹及孔洞等明显缺陷(图 3-18)。在以上研究的基础上,采用适当的连续纤维制备工艺,制得了连续 SiNO 纤维,呈银白色,拉伸强度一般在 1.0 GPa 左右(图 3-19)。

图 3-18　连续 SiNO 纤维的表面形貌

图 3-19　连续 SiNO 纤维

3.2 SiNO 纤维的结构与性能

3.2.1 SiNO 纤维的组成及结构

SiNO 纤维的组成与结构对其介电性能有重要影响,特别是 O 含量及 C 含量对纤维的性能影响显著。首先通过不同的不熔化程度获得了四种 PCS 不熔化纤维,然后进行 1 200℃氮化和 1 300℃高温终烧,获得了四种不同 O 含量的 SiNO 纤维。按 O 含量的大小进行编号,分别记为 SiNO-1、SiNO-2、SiNO-3 和 SiNO-4,密度及元素组成结果见表 3-2。四种 SiNO 纤维的密度均接近 2.3 g/cm³,明显小于密度为 3.19 g/cm³ 的纯 α-Si₃N₄。四种 SiNO 纤维的 N/Si≈0.9~1.2,且随着 O 含量的降低而逐渐升高。

表 3-2　不同 SiNO 纤维的密度及组成

样 品	不 熔 化	$\rho/$ (g/cm³)	组成/%				化 学 式
			Si	N	O	C	
SiNO-1	预氧化($P_{Si-H}\approx 85\%$)	2.20	43.57	20.35	18.36	0.57	$SiN_{0.93}O_{0.74}C_{0.031}$
SiNO-2	预氧化($P_{Si-H}\approx 60\%$)	2.29	42.87	22.05	14.83	0.52	$SiN_{1.03}O_{0.61}C_{0.028}$
SiNO-3	高温预氧化+气相反应交联	2.31	44.88	24.61	11.20	0.83	$SiN_{1.10}O_{0.44}C_{0.043}$
SiNO-4	低温预氧化+气相反应交联	2.35	40.57	24.08	4.11	0.55	$SiN_{1.19}O_{0.18}C_{0.032}$

SiNO 纤维的红外光谱见图 3-20,由图可知,四种 SiNO 纤维的红外光图谱大致相似,在 900~1 000 cm⁻¹ 处出现归属于 Si—N—Si 宽的伸缩振动峰,3 000~3 500 cm⁻¹ 处出现的峰可能为纤维吸潮后—OH 对应的伸缩振动峰。随着氧含量的降低,1 080 cm⁻¹ 处归属于—Si—O—键的伸缩振动峰随纤维中氧含量的降低而逐渐减弱。通过 ²⁹Si MAS NMR(固体魔角旋转核磁共振硅谱)对 SiNO 纤维的结构[7] 进行了表征,结果如图 3-21 所示。出现在 -50~-46 ppm 处的峰是 SiN₄ 结构中 Si 的共振峰;$\delta=-97$ ppm 处 Si 的共振峰归属于 SiN₃O 和 SiO₄ 结构的叠加,没有 SiN₂O₂ 结构的 Si 的共振峰,也没有明显 SiC₄ 及 SiCₓOᵧ 结构的 Si 的共振峰,说明纤维结构以 SiN₄、SiN₃O 和 SiO₄ 三种四面体结构为主。四种纤维中,SiN₄ 结构与含氧 SiN₃O、SiO₄ 结构的峰面积比,随着纤维内部 O 含量的降低而逐渐增加。说明随着 O 含量的降低,烧成后含氧 SiN₃O、SiO₄ 结构的含量也相应减少,而 SiN₄ 结构含量逐渐增加。

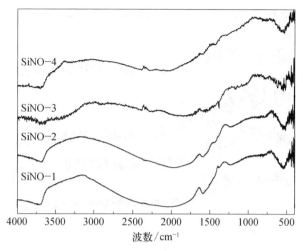

图 3－20　SiNO 纤维的红外光谱

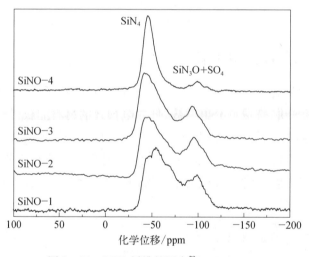

图 3－21　SiNO 纤维的固态^{29}Si MAS NMR

从 XRD 结果(图 3－22)可以看出,四种纤维均在 $2\theta \approx 25°$ 和 70°附近有两个微弱鼓包,说明经过氮化及 1 300℃的烧成后获得的 SiNO 陶瓷纤维仍呈非晶态。

综上所述,通过控制不同的制备条件,可以获得 O 含量不同的 SiNO 纤维;随着纤维内部 O 含量的降低,纤维的致密化程度及 N/Si 原子比逐渐增加;纤维内部主要存在 SiN_4、SiN_3O 及 SiO_4 结构,随着 O 含量的降低,含 O 的 SiN_3O 及 SiO_4 结构含量逐渐减少;O 含量对 SiNO 纤维的结晶性影响不显著,几种纤维都

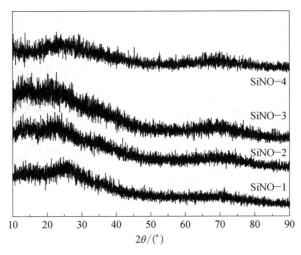

图 3－22　SiNO 纤维的 XRD 结果

呈现非晶结构。

3.2.2　SiNO 纤维的介电性能

在评价材料的透波性能时,主要考察材料的介电性能,包括介电常数和介电损耗。一般来讲,选取低介电常数、低介电损耗的材料能获得较理想的微波透波性能。透波材料的介电性能与其组成和结构密切相关,通过氮化和1 300℃高温烧成制备出了连续的 SiNO 纤维,因此有必要对所获得的 SiNO 纤维进行介电性能进行考察,并分析了纤维内部 C 含量及 O 含量对纤维介电性能的影响。

1. 碳含量对介电性能的影响

纤维的介电性能与其中含有的自由 C 含量密切相关,自由 C 含量较高时,材料的电导率增加,介电常数和介电损耗角正切随之上升,相反,当纤维中的自由 C 含量较低时,介电常数和介电损耗角正切将会减小。对于常见的以 PCS 为先驱体制备的连续 SiC 纤维来讲,由于含有较多的自由碳,纤维的介电常数与损耗角正切一般较高。在 SiNO 纤维的制备过程中,通过氮化可将 C 原子置换为 N 原子,在不同的氮化温度下,可以得到不同 C 含量的纤维。控制纤维与石蜡的质量比为 2∶1,测试了不同氮化条件下获得的具有不同残余 C 含量的氮化纤维的介电常数,结果见图 3－23。

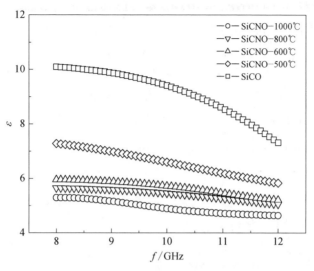

图 3 - 23　不同氮化温度下获得的氮化纤维的介电常数

　　从图 3 - 23 中可以看出,在 8~12 GHz,纤维的介电常数 ε 随着测试频率的提高均呈现降低趋势,另外随着纤维氮化温度的提高,即残余碳含量的降低,纤维的介电常数逐渐降低。为了更好地说明纤维介电常数随内部残余碳含量变化的影响,考察了 10 GHz 下纤维的介电常数与纤维内部残余碳含量的关系,结果见图 3 - 24。

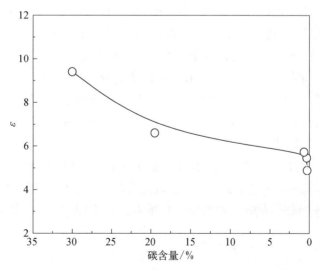

图 3 - 24　10 GHz 下不同碳含量陶瓷纤维的介电常数

从图 3－24 中可以看出,在 10 GHz 处,纤维的介电常数随着纤维内部残余碳含量的降低而迅速降低。例如,不经氮化获得的 SiC 纤维的碳含量为 34.5%,对应的介电常数 ε＝9.4;氮化至 1 000℃,获得的 SiNO 纤维的碳含量为 0.28%,对应的介电常数 ε＝4.9。可见,随着氮化温度的提高,纤维中的 C 逐渐被 N 取代,碳含量降低造成 SiNO 纤维的介电常数的迅速下降。

不同氮化温度下获得纤维的介电损耗角正切值见图 3－25。

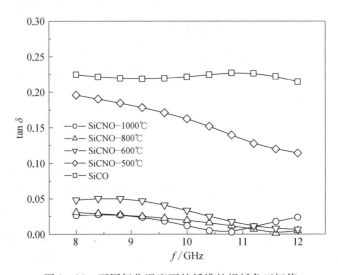

图 3－25　不同氮化温度下的纤维的损耗角正切值

从图 3－25 中可以看出,在 8~12 GHz,纤维的介电损耗正切值 $\tan\delta$ 随着纤维氮化温度的提高,即残余碳含量的降低,呈逐渐降低趋势。10 GHz 下纤维的介电损耗角正切值与纤维内部残余碳含量的关系见图 3－26。

从图 3－26 可以看出,在 10 GHz 处,纤维的介电损耗角正切值随着纤维残余碳含量的降低而迅速降低。例如,碳含量为 34.5% 的 SiC 纤维的 $\tan\delta$＝2.2×10^{-1};碳含量为 0.67% 的 SiNO 纤维的 $\tan\delta$＝3.4×10^{-2};碳含量为 0.28% 的 SiNO 纤维的 $\tan\delta$＝1.2×10^{-2}。

综上所述,纤维的介电常数和损耗角正切值随着碳含量的降低迅速减小,说明纤维的介电性能对碳含量十分敏感。在氮化脱碳过程中,必须尽可能地降低纤维中的碳含量才能获得介电常数和介电损耗角正切都比较小的连续 SiNO 纤维。

2. 氧含量对纤维介电性能的影响

除去碳含量外,SiNO 纤维内部的氧含量对其介电性能也有的影响。氮化完

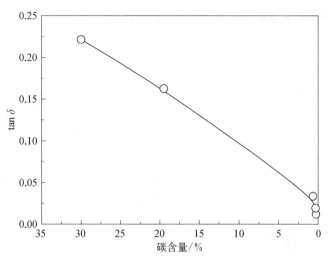

图 3-26　10 GHz 下不同碳含量纤维的介电损耗角正切值

全后(碳含量<1%),测试了氧含量不同的四种 SiNO 纤维在 8~12 GHz 的介电常数,结果见图 3-27。从测试结果来看,当纤维内部的碳含量降低至一定程度时,介电常数的大小随氧含量的上升而呈逐渐降低趋势。

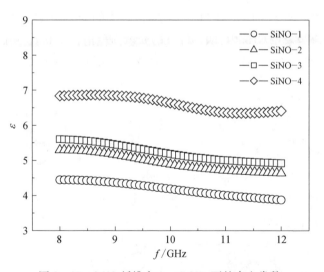

图 3-27　SiNO 纤维在 8~12 GHz 下的介电常数

为了更好地说明纤维介电常数与内部氧含量的关系,图 3-28 给出了 8 GHz、10 GHz 及 12 GHz 下纤维的介电常数与纤维内部氧含量的关系。从图中可以看出,纤维的介电常数随着纤维内部氧含量的增加而逐渐降低。一般来讲,热压烧

结 Si_3N_4 材料的介电常数为 $7.9 \sim 8.2^{[8]}$，石英纤维的介电常数为 $3.0 \sim 3.8$，SiNO 纤维内部 Si 原子的结合形式由 SiN_4、SiN_3O 及 SiO_4 结构组成，氧含量越高，则 SiO_2 的含量就越高，纤维的介电常数就越低。

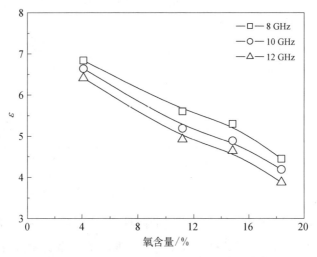

图 3-28　不同氧含量 SiNO 纤维的介电常数

不同氧含量的 SiNO 纤维的 $\tan\delta$ 随测试频率的变化情况见图 3-29。从图中可以看出，在 $8 \sim 12\,GHz$ 内，四种纤维的介电损耗角正切 $\tan\delta$ 测试值一般都在 10^{-2} 量级。例如，在 $10\,GHz$，采用空气预氧化所制备的连续 SiNO-2 纤维的氧含

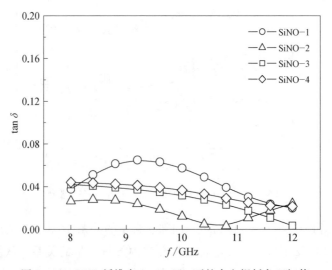

图 3-29　SiNO 纤维在 $8 \sim 12\,GHz$ 下的介电损耗角正切值

量为 14.8%,其介电常数为 4.9,介电损耗角正切值为 $1.2×10^{-2}$;采用空气预氧化和化学气相交联所制备的连续 SiNO - 3 纤维的氧含量为 11.2%,其介电常数为 5.2,介电损耗角正切值为 $3.1×10^{-2}$。一般来讲,透波材料要求介电损耗角正切值 $\tan\delta < 10^{-1}$,优良的透波材料 $\tan\delta$ 在 10^{-3} 量级,这说明 SiNO 纤维满足透波复合材料使用要求。

3.2.3　SiNO 纤维高温下的结构变化

石英纤维的析晶行为(>900℃)严重影响了其在高温条件下的使用性能,在使用时也必须考虑无定形连续 SiNO 纤维在高温下使用时的结构变化。通过对连续 SiNO 纤维进行高温热处理,测试连续 SiNO 纤维的结晶情况随热处理温度的变化情况,XRD 结果如图 3 - 30 所示。

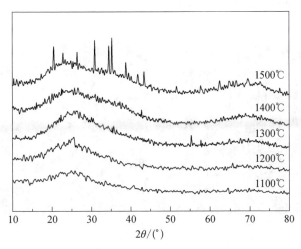

图 3 - 30　不同温度下 SiNO 纤维的 XRD 结果

从图 3 - 30 中可以看出,经 1 100~1 400℃热处理后的 SiNO 纤维没有出现明显的结晶峰,保持无定形态。经 1 500℃ 处理后,在 $2\theta \approx 20.4°$、$26.4°$、$30.9°$、$34.5°$、$35.3°$、$38.8°$ 及 $43.4°$ 处分别出现了归属于 α - Si₃N₄ 的 (101)、(200)、(201)、(102)、(210)、(211) 和 (301) 面的衍射峰,即 1 500℃ 处理后的 SiNO 纤维是 α - Si₃N₄ 结晶和无定形态共存的结构。上述结果说明,SiNO 纤维可以维持无定形态至 1 400℃,显然,这高于石英纤维的析晶温度。

观察不同温度下的 SiNO 纤维的表面和截面形貌,其 SEM 照片见图 3 - 31。

从图中可以看出,经 1 200~1 400℃热处理后,纤维表面光滑,没有大的缺陷和裂纹存在,截面呈现连续致密的玻璃态断口形貌;经 1 500℃处理后,纤维表面仍然光滑,但已有明显不同,能够观察到明显的 Si_3N_4 晶粒的突起。

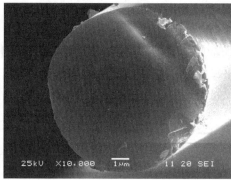

(a) 1200℃

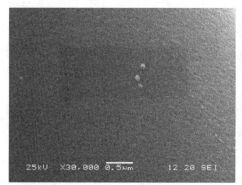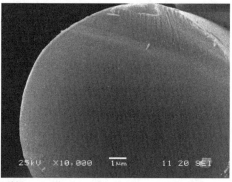

(b) 1300℃

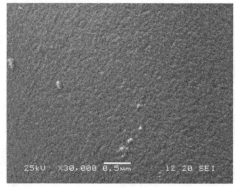

(c) 1400℃

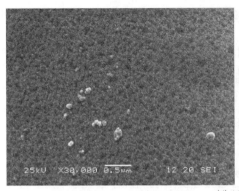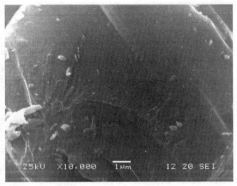

(d) 1500℃

图 3 - 31　不同烧成温度下 SiNO 纤维的表面及截面照片

　　综上所述,空气不熔化 PCS 纤维在 NH₃ 气氛中经过氮化处理和高温烧成,绝大部分碳原子被脱除,制备得到连续 SiNO 纤维,碳含量为 0.5% 左右,外观具有银白色光泽。在制备过程中,组成结构发生了剧烈转变,一方面,发生了元素组成转变;另一方面,有机无机结构转变,连续 SiNO 纤维形成了 SiN₄、SiN₃O 及 SiO₄ 结构,氮硅原子比为 0.9~1.2,纤维密度约为 2.3 g/cm³,纳米孔隙缺陷多,拉伸强度一般为 1.0~1.5 GPa,远低于第一代 SiC 纤维的拉伸强度。SiNO 纤维可以维持其无定形态至 1 400℃,高于石英纤维的析晶温度 900℃,经 1 500℃ 处理后的 SiNO 纤维是 α - Si₃N₄ 结晶和无定形态共存的结构。但是,由于 SiN₃O 及 SiO₄ 的结构含量较高,SiNO 纤维的拉伸强度在 1 300℃ 以上显著下降。SiNO 纤维的介电常数和损耗角正切值随着碳含量的降低迅速减小,介电常数为 3.9~6.8,介电损耗角正切值在 10^{-2} 量级,基本满足透波材料要求。

3.3　Si₃N₄ 纤维的制备与表征

　　降低氧含量是提高非氧化物陶瓷耐高温性能的重要方法。例如,SiC 纤维的发展思路如下:由空气不熔化 PCS 纤维制备的第一代 SiC 纤维,氧含量约为 12%,是无定形 SiCO 陶瓷;由电子束辐照 PCS 纤维制备的第二代 SiC 纤维,氧含量降低至 1% 左右。同样地,采用空气不熔化 PCS 纤维制备的 SiNO 纤维的耐高温性能也随着氧含量增加而降低,因此采用电子束辐照 PCS 纤维可以制备得到低氧含量的 Si₃N₄ 陶瓷纤维。

3.3.1　不同工艺条件制备的 Si_3N_4 纤维

如前所述,氮化过程的 NH_3 流量对氮化纤维的组成结构具有关键作用。为了研究氮化条件对 Si_3N_4 纤维组成、结构与性能的影响,改变氮化工艺过程的 NH_3 流量,制备出了五组典型纤维并分别标记为 SN－A、SN－B、SN－C、SN－D 和 SN－E,随着 NH_3 流量的降低,碳含量呈增加趋势,其元素组成如表 3-3 所示。

表 3－3　五组 Si_3N_4 纤维的化学组成

纤维样品	SN－A	SN－B	SN－C	SN－D	SN－E
碳含量/%	0.47	0.51	0.55	0.76	5.79
氮含量/%	33.42	33.69	35.19	35.50	37.44
氧含量/%	5.21	4.60	2.61	0.81	1.08

氮化纤维的力学、电阻率、颜色与其碳含量有关。如表 3-4 所示,通入的 NH_3 流量为 8 L/min 时,纤维拉伸强度为 790 MPa,杨氏模量为 118 GPa(标记为 SN－A)。随着 NH_3 用量的减少,氮化纤维的电阻率降低,拉伸强度和弹性模量增加,纤维颜色由无色或金色变为黑色。

表 3－4　五组 Si_3N_4 纤维的制备条件和基本性质

纤　　维	SN－A	SN－B	SN－C	SN－D	SN－E
NH_3 流量/(L/min)	8	7	6	5	4
颜色	白色	白色	白色	金色	黑色
电阻率/$(\Omega \cdot cm)$	1.60×10^9	1.31×10^9	1.07×10^9	0.93×10^9	4.4×10^6
直径/μm	12.4	12.6	12.2	12.6	12.4
拉伸强度/MPa	790	900	1 160	1 230	1 510
弹性模量/GPa	118	127	133	152	169

五组典型纤维的 ^{29}Si NMR 谱图如图 3－32(a) 所示。由图可知,所有的纤维均有以 -48 ppm 为中心的 SiN_4 的特征峰,在 -15 ppm 处没有 SiC_4 特征峰,说明主要由 Si_3N_4 结构组成。同时,在 SN－A 和 SN－B 纤维的 ^{29}Si NMR 谱图中,-105 ppm 处微弱的小峰表明了纤维中 SiO_2 相的存在。在 SN－C、SN－D 和 SN－E 纤维的 ^{29}Si NMR 谱图中,没有 Si_2N_2O(-63 ppm) 和 SiO_2(-105 ppm) 特征峰。图 3－32(b) 为五组 Si_3N_4 纤维样品的 XRD 谱图,表现出典型的无定形结构特征。

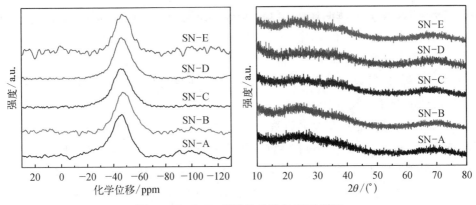

图 3-32   Si₃N₄ 纤维的硅谱和 XRD 谱图

3.3.2   不同纤维的室温稳定性

理论上,氮化纤维的氧含量主要来源于不熔化 PCS 纤维。同时,也要注意氮化纤维中可能存在较为活泼的 Si—N 和 N—H 等化学键。不同 NH_3 流量下制备的 Si_3N_4 纤维理论上应具有相近的氧含量,但是实际上各组纤维的氧含量均存在一定差异,大致表现出 NH_3 流量越大、氧含量越高的规律。而且,在不同氮化条件制备的 Si_3N_4 纤维的室温稳定性有所不同,主要表现为氧含量的变化,较高氧含量的纤维在空气中放置时,其氧含量还会增加。

图 3-33 中代表"未处理样品"的黑色柱状数据即为氮化纤维制备出炉时氧

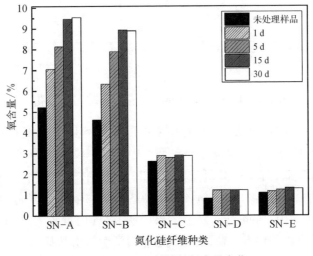

图 3-33   Si₃N₄ 纤维的氧含量变化

含量测量值,然后,纤维储存在空气中 1 d、5 d、15 d 和 30 d 后再次测量纤维的氧含量,部分纤维的元素组成发生了显著的变化。例如,放置 15 d 后,SN－A 和 SN－B 纤维的氧含量明显升高,之后氧含量不再变化。而对于样品 SN－C、SN－D 和 SN－E 纤维,其氧含量低且保持稳定。值得注意的是,SN－A 和 SN－B 纤维散发出明显的氨气气味。

为了研究纤维中氧含量升高的原因,通过电子自旋共振(electron spin-resonance spectroscopy, ESR)技术测定了刚制备完的纤维和常温空气中放置 30 天后的纤维(30 d)中捕获的自由基数。电子自旋共振吸收能量为: $\Delta E = h\nu = g\beta H$,其中,$g$ 是磁旋比;β 是 Bohr 磁子;H 是外加磁场强度。图 3－34 是 SN－B 和 SN－C 纤维的 ESR 谱图变化,其中的小图是 SN－B(30 d)和 SN－C 纤维的 ESR 全扫描图,说明纤维中只存在一种类型的自由基。如图 3－34 所示,两组纤维在放置前后的 ESR 峰形位置基本一致,表明样品中所检测到的自由基种类未发生变化。3 521G 处尖锐的对称峰对应的 g 值为 2.002 8,表明它可归于氮相关自由基[9]。由于图中未观察到超精细结构,说明自由基不与 H 原子或烷基键合,由此推测,氮化纤维中存在有氮自由基。

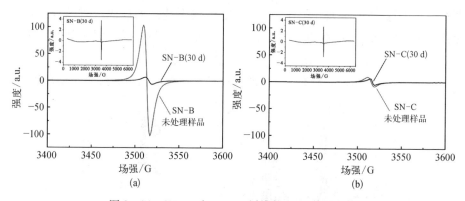

图 3－34　SN－B 和 SN－C 纤维的 ESR 谱图变化

从表 3－5 中的自由基浓度计算结果可以看到,SN－B 纤维的初始自由基浓度远高于 SN－C 纤维。在暴露于空气环境中放置一段时间后,SN－B 纤维的自由基浓度显著降低,而 SN－C 纤维的自由基含量整体变化较小。两组样品的自由基浓度分别由 4.928×10^{17} spins/g 和 5.032×10^{16} spins/g 降低至 4.281×10^{16} spins/g 和 3.312×10^{16} spins/g。以上结果说明,氨气用量较大时,氮化纤维在高温烧成后活泼自由基仍有残留,而氨气适量时活泼自由基基本消除,仅存在微量稳定自由基,这些稳定自由基即使在室温空气中暴露几个月之久仍能稳定存在。

表 3-5　SN-B 和 SN-C 纤维的自由基浓度变化

样　　品	质量/g	自旋/10^{15}	自由基浓度/(10^{16} spins/g)
SN-B（未处理）	0.068 2	33.61	49.28
SN-B（30 d）	0.045 5	1.948	4.281
SN-C（未处理）	0.046 2	2.325	5.032
SN-C（30 d）	0.033 3	1.103	3.312

通过 XPS 分析将 SN-B 和 SN-C 纤维的表面层(0 nm)和内层(距离表面约 400 nm,氩离子以 0.72 nm/s 的蚀刻速率蚀刻 560 s)的元素组成,结果列于表 3-6 中。"未处理"纤维的表面层具有大量的氧原子,说明表面上的自由基已与空气迅速反应。SN-B 纤维表面比 SN-C 纤维表面的氧含量高得多,该结果与元素分析仪测得的纤维总体氧含量一致,与 ESR 测试结果相对应。SN-B(30 d)纤维的 400 nm 层与"未处理"SN-B 纤维的 400 nm 层相比,氧含量显著升高,而 SN-C 纤维内层的氧含量基本保持不变。

表 3-6　SN-B 和 SN-C 纤维的 XPS 元素组成变化

纤　　维	位　置	组成/at%				Si2p		
		Si2p	C1s	N1s	O1s	SiO_2	SiN_xO_y	S_3N_4
SN-B（未处理）	0 nm	37.39	8.39	38.76	15.46	13.3%	41.0%	45.7%
SN-B（未处理）	400 nm	45.43	4.20	42.74	7.63	—	27.2%	72.8%
SN-C（未处理）	0 nm	38.07	8.36	43.86	9.71	11.9%	42.0%	46.1%
SN-C（未处理）	400 nm	46.43	4.64	43.86	5.07	—	17.0%	83%
SN-B（30 d）	0 nm	36.08	8.48	36.35	19.09	16.9%	71.4%	11.7%
SN-B（30 d）	400 nm	41.41	4.79	33.91	19.89	32.9%	53.0%	14.1%
SN-C（30 d）	0 nm	38.17	8.83	42.21	10.79	13.5%	64.3%	22.2%
SN-C（30 d）	400 nm	46.56	4.67	43.51	5.26	—	17.4%	82.6%

如图 3-35 所示,101.3 eV 处的峰值归属于 Si—N 键,102.2 eV 的峰可以归属于同时与氮和氧结合的硅原子,103.5 eV 的峰值归属于 Si—O 键。XPS 分析表明,放置 30 天后,SN-B 纤维 400 nm 层的氧含量增加,主要是 SiN_xO_y 和 SiO_2 组分增多。

图 3-36 显示了"30 d"纤维表面层的 N1s XPS 光谱。在 397.4 eV 处的主峰归因于 Si—N 键,而 400.1 eV 的 N1s 峰与 sp^2 型 N =C 键有关[10]。"未处理"和"30 d"纤维的 N1s 光谱不仅对于样品 SN-C 而且对于样品 SN-B 也是相似的。在 400.7 eV 附近没有观察到归属于 N—O 键的峰[11],表明氮自由基不直接与氧反应,否则将形成 N—O 结构。

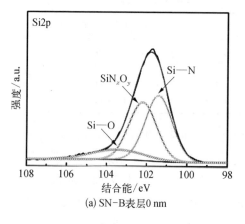

(a) SN-B表层0 nm

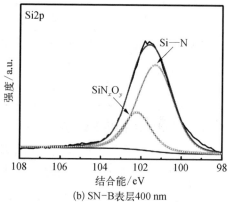

(b) SN-B表层400 nm

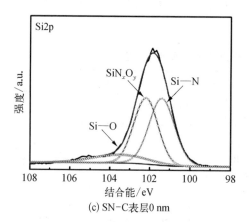

(c) SN-C表层0 nm

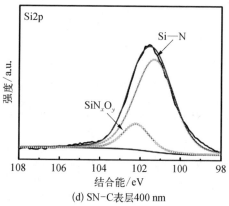

(d) SN-C表层400 nm

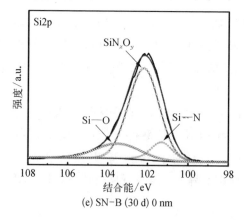

(e) SN-B (30 d) 0 nm

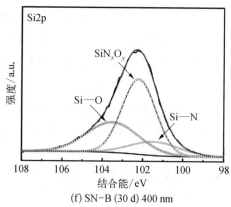

(f) SN-B (30 d) 400 nm

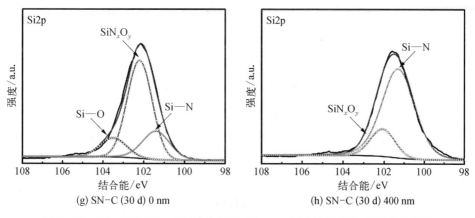

(g) SN-C (30 d) 0 nm　　　　　　　(h) SN-C (30 d) 400 nm

图 3 - 35　SN - B 和 SN - C 纤维表层和 400 - nm 层的 XPS Si2p 谱图分峰变化

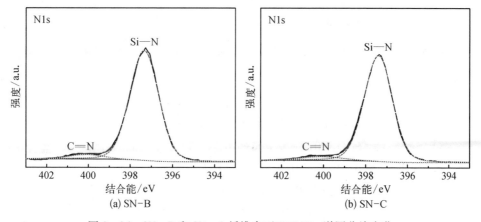

(a) SN-B　　　　　　　　　　　(b) SN-C

图 3 - 36　SN - B 和 SN - C 纤维表面 XPS N1s 谱图分峰变化

　　为了进一步研究样品放置在空气中的结构变化,比较了"未处理"和"30 d"纤维的红外光谱(图 3 - 37)。

　　在 30 d 后,对于 SN - B 纤维来说,1 080 cm⁻¹ 和 1 160 cm⁻¹ 处的峰强度增加,这可能是由于 Si—O 键和 Si—NH—Si 键的数量增加[12];另外,3 500~3 000 cm⁻¹ 的频带经历红移,可能是因为 Si—NH 转化为 Si—OH。相比之下,在"未处理"和"30 d"SN - C 纤维的光谱中,相关峰的强度或位置没有明显差异,表明纤维的结构保持稳定。

　　纤维的氧含量升高机理:Corriu 等[13]对 PCS 的这一反应过程提出了自由基的氮化机制,由图 3 - 38 可以看出,在氮化过程中发生自由基的均相异裂反应,且氮化反应不仅产生氮相关的自由基,还产生硅自由基。基于 ESR 谱图中吸收

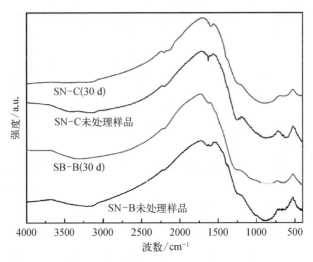

图 3-37 SN-B 和 SN-C 纤维的红外谱图变化

峰的磁旋比 g 值和吸收峰没有发生谱线分裂产生超精细结构,纤维中的残余自由基应为 $\cdot N(Si \equiv)_2$。

$$\equiv Si{-}R \longrightarrow \equiv Si\cdot + R\cdot(R = H, CH_3, CH_2{-}Si \equiv)$$

$$\equiv Si\cdot + NH_3 \longrightarrow \equiv Si{-}H + \cdot NH_2$$

$$\equiv Si\cdot + \cdot NH_2 \longrightarrow \equiv Si{-}NH_2$$

$$\equiv Si\cdot + \equiv SiNH_2 \longrightarrow \equiv Si{-}H + \equiv Si{-}NH\cdot$$

$$\equiv Si\cdot + \equiv SiNH\cdot \longrightarrow HN(Si \equiv)_2$$

$$\equiv Si\cdot + \equiv SiNHSi \equiv \longrightarrow \equiv Si{-}H + \cdot N(Si \equiv)_2$$

$$\equiv Si\cdot + \cdot N(Si \equiv)_2 \longrightarrow N(Si \equiv)_3$$

图 3-38 自由基氮化机制

当氨气过量存在时,$NH(Si \equiv)_2$ 代替 $N(Si \equiv)_3$ 形成,前者在高温下容易分解成 $\cdot N(Si \equiv)_2$ 残留在纤维上。PCS 交联纤维在高温下的氮化过程包括两大主体部分:一是 NH_3 向纤维内部的扩散;二是扩散入纤维的 NH_3 与 PCS 中的活性基团进行反应。这一过程其实是 NH_3 以气相渗透的方式对交联 PCS 进行梯度氮化。因此,纤维表面最先脱碳氮化,纤维内部的碳随着 NH_3 向纤维内扩散而逐渐消耗。为了脱除纤维内部的碳,可用于表面氮化的 NH_3 的量必须总是高于产生 $N(Si \equiv)_3$ 所需的量,这导致了更多的 $\cdot N(Si \equiv)_2$ 自由基在纤维表面形成。

对于在空气中储存后氧含量急剧增加的纤维,初始自由基浓度高得多。然而,当制备过程中通入的 NH₃ 量被优化时,纤维内只残余少量的活性自由基,且纤维的氧含量不升高。因此,由 SN - B 纤维的氧含量随着残余自由基浓度的衰减而不断升高的实验结果可以推断出,氮自由基的消耗和氧含量的增加之间必然存在联系。同时,为了脱除纤维内部的碳,表面接触的 NH₃ 过剩使得表面自由基含量高,这与纤维表面层富氧也有着密不可分的联系。如 XPS 和 FTIR 结果所示,增加的氧以 Si—O 键而不是 N—O 键的形式存在,表明·N(Si≡)₂ 不与氧气直接反应。而解释这种转化的一种合理机制是自由基在空气中发生了水解反应,如下所示:

$$\cdot N(Si\equiv)_2 + H_2O \longrightarrow HN(Si\equiv)_2 + HO\cdot \qquad (3-14)$$

$$HN(Si\equiv)_2 + 2H_2O \longrightarrow NH_3 + 2HO—Si\equiv \qquad (3-15)$$

在空气中放置后,随着 SN - B 纤维中 O 含量的增加(表 3 - 7),纤维中的 N 含量也成比例地降低,证实了确实如式(3 - 14)和式(3 - 15)所示,发生了自由基的水解反应。此外,对放置较长时间后纤维中的 H 含量进行了测定,SN - A 和 SN - B 纤维的 H 含量分别为 0.58% 和 0.56%,SN - C 纤维也含有 0.36% 的 H 含量,然而 SN - D 和 SN - E 纤维中 H 元素的含量在仪器检出限以下,H 的引入进一步证实了自由基水解反应的发生。而且,SN - A 和 SN - B 纤维在空气中缓慢释放 NH₃,反映了它们在空气中的组成不稳定性与残余自由基的水解有关。SN - A 和 SN - B 纤维表面的自由基快速水解导致其初始氧含量较高。

表 3 - 7   SN - B 纤维在空气中放置后 N 和 O 含量的变化

元　素	未处理样品	1 d	5 d	15 d
O/%	4.60	6.33	7.89	8.93
N/%	33.69	32.83	32.29	31.73

随着氮化过程中 NH₃ 用量的减少,纤维的电阻率降低,拉伸强度和弹性模量增加。Si₃N₄ 纤维呈无定形结构,主要由 Si₃N₄ 结构组成,SiN_xO_y 和 SiO_2 相分布在纤维表面,还含有少量游离碳。当氮化过程中 NH₃ 用量过大时,残余自由基的含量较高,纤维氧含量也较高,而合适的 NH₃ 流量能实现完全脱碳,同时纤维的氧含量也控制在较低水平。

3.3.3   Si₃N₄ 纤维的缺陷表征

采用氮化脱碳方法制备的无定形 Si₃N₄ 纤维,其密度远低于 Si₃N₄ 理论密度,不可避免存在气体渗透和烷基脱除留下的纳米孔隙等缺陷。通过扫描电子显微镜(scanning electron microscope, SEM)观察可以得知五组 Si_3N_4 纤维在电镜中均无明显差异,都具有光滑、致密、无明显缺陷的表面和截面形貌。以强度最低的 SN-A 纤维为例,Si_3N_4 纤维的 SEM 照片如图 3-39 可以推测 SEM 测试方法在观察纤维缺陷方面具有局限性。

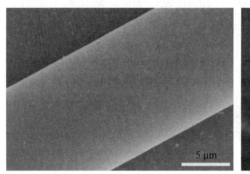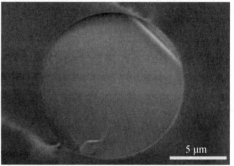

图 3-39　Si_3N_4 纤维的表面和截面形貌

图 3-40 为使用 BJH(Barrett-Joyner-Halenda)模型由原始 N_2 吸附/脱附等温线计算的纤维样品的孔径分布曲线。该模型计算的孔径范围为 0.5~200 nm,而纤维的实际计算值为 0.9~15 nm,意味着纤维中仅存在微孔和较小的介孔。与 SN-C、SN-D 和 SN-E 纤维的孔径分布相比,SN-A 和 SN-B 纤维的孔径分布范围更广,介孔的最大尺寸更大。

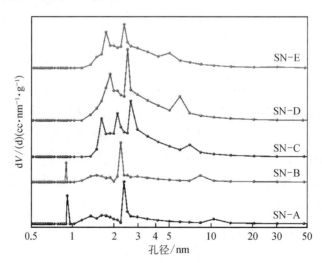

图 3-40　BJH 法计算的 Si_3N_4 纤维孔径分布

但是气体吸附分析对于闭孔的测量具有局限性。根据小角 X 射线散射理论,只要体系内存在纳米尺度的电子密度不均匀区,如孔洞、粒子、缺陷、晶粒等,就会在入射光束附近的小角度范围内产生相干散射,通过对小角 X 射线散射图或散射曲线的计算分析即可推导出微结构的形状、大小、分布及含量等信息[14]。同时,由于 X 射线具有穿透性,小角度 X 射线散射(small angle X - ray scattering, SAXS)信号是样品表面和内部众多散射体的统计结果,相对于其他表征手段而言,SAXS 的结构更具有统计性。在分析均匀非晶物质时,由于没有晶粒、晶体缺陷等干扰因素,SAXS 检测到的散射体为微孔缺陷,既可以用来研究开孔也可以研究闭孔。

特别是同步辐射二维小角 X 射线散射(2D SAXS)采用了同步辐射 X 射线光源,光源具有强度高、频谱宽、准直性好的优点,可用于研究非球对称的微结构体系,即可探测物质中取向体系的微结构孔径、形状及含量等信息。图 3 - 41 为五组 Si₃N₄ 纤维在同一散射强度分辨率下的二维 SAXS 谱图,不同颜色对应的散射强度值在谱图的下方,光斑中心附近的散射强度最强,通过光斑的颜色和大小可以判定纤维样品的散射强度。由图可知,五组纤维中,SN - E 纤维的散射强度最小,SN - D 纤维的散射强度次之。

曹适意[15]的研究表明:SiC 纤维烧成时生成大量的 H_2 和 CH_4 等气体,气体向表面扩散会形成圆柱形纳米通道,存在一定的取向;在更高温度下烧成时,纤维中的非晶相产生黏性流动,在这样的黏流系统中,表面张力的驱动使得圆柱形孔隙不稳定,圆柱形表面会向自由能更低的球形表面发生转变[16]。因此,烧成温度较低的第一代国产 SiC 纤维的孔隙还存在取向,而在更高温度下烧成的第

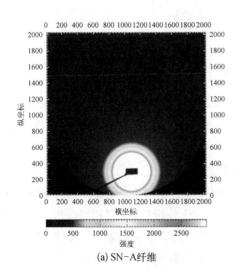

(a) SN-A纤维

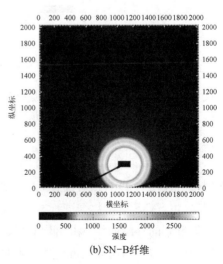

(b) SN-B纤维

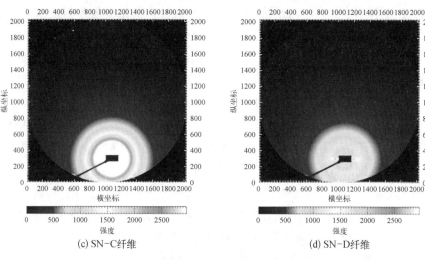

(c) SN-C纤维　　　　　　　　　　(d) SN-D纤维

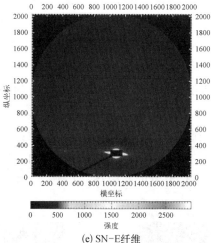

(e) SN-E纤维

图 3-41　Si_3N_4 纤维的二维小角 X 射线散射光谱

二代和第三代国产 SiC 纤维中的圆柱形纳米孔会转变为球形孔使得微孔的取向消失。国产 Si_3N_4 纤维的烧成温度与第一代 SiC 纤维的烧成温度接近,这可能是微孔仍然存在微弱取向的原因。

采用 Fit2D 软件对 Si_3N_4 纤维的二维散射花样处理,对图像进行柱形积分,得到相对强度 $I(q)$ 对相对位置 r 的一维曲线,随后使用 Li[17] 编写的名为 S.exe 的程序,将 SAXS 原始数据进行本底扣除和归一化处理后,得到相对强度 $I(q)$ 对散射矢量 q 的一维曲线,删除低角区被探测器挡住的部分数据后,再进行其他的数据解析处理。当研究的散射体具有明锐的相边界时,Porod 规律成立;当散射

体具有模糊的界面(或称界面区呈现一个过渡层)和系统中除散射体外还存在
1 nm 以下尺寸的电子密度起伏时,均不满足 Porod 规律,且前者对 Porod 规律呈
现负偏离,后者呈现正偏离[18,19]。作 $\ln[q^4 \times I(q)] \sim q^2$ 曲线(即 Porod 曲线),如
图 3-42 所示,SN-E 纤维的 Porod 曲线呈现明显的正偏离,所反映的物理本质
不是微孔散射体本身的特征,而是基体微结构的不均匀性,表明在基体上存在尺
寸为 1 nm 以下的微密度起伏,结合 SN-E 纤维的较高的残余碳含量可以认为,
这种微结构起伏可能是自由碳的不完整性造成的[20]。其余四组纤维的曲线基
本满足 Porod 规律,材料呈现典型的无定形 Si₃N₄-微孔两相结构。

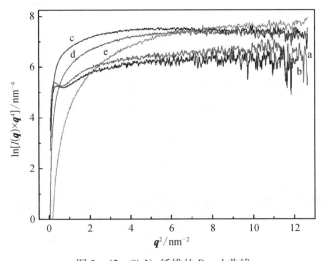

图 3-42 Si₃N₄ 纤维的 Porod 曲线

用 Porod 校正后的曲线数据作出 $\ln I(q) \sim q^2$ 曲线(即 Guinier 曲线),如图
3-43 所示。除了 SN-E 纤维,其他纤维的 Guinier 曲线都呈现上凹的趋势,说
明散射体为多分散系,即纤维中微孔尺寸存在分布,而 SN-E 纤维中的散射体
呈现为单分散系统[21]。

为了推导多分散体系统的微孔尺寸分布,采用 Jellinek 等于 1946 年提出的
逐级切线法[22]。使用该方法把微孔分成几个级别,对 Guinier 曲线逐级选择切
线可以依次求出每个回转半径 R_g 级别的微孔含量[23],从而推导平均回转半径。
而单分散体系的 SN-E 纤维的微孔尺寸可直接由 Guinier 曲线拟合得到,五组纤
维的平均微孔尺寸结果列于表 3-8 中,微孔尺寸按照 SN-A、SN-B、SN-C、
SN-D、SN-E 的次序依次降低。可以证明,制备过程中,NH₃ 通入量越大,氮化
脱碳进行得越完全,且纤维产生的微孔越大,纤维的强度越低。

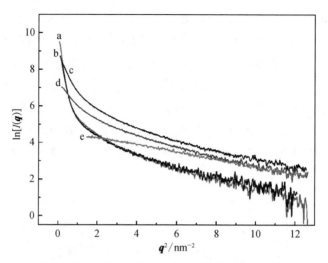

图 3 - 43 Si$_3$N$_4$ 纤维 Porod 校正后的 Guinier 曲线

表 3 - 8 五组 Si$_3$N$_4$ 纤维的平均微孔尺寸

纤　维	R_g^* /nm	d_s^* /nm	归一化散射体积分数	R_g平均值/nm	d_s平均值/nm
SN - A	0.89	2.30	0.250		
	1.78	4.61	0.212	3.04	7.84
	4.53	11.70	0.538		
SN - B	0.90	2.33	0.353		
	1.95	5.04	0.190	2.69	6.94
	4.37	11.28	0.457		
SN - C	0.85	2.20	0.468		
	1.72	4.44	0.311	1.67	4.31
	3.33	8.61	0.221		
SN - D	0.84	2.18	0.647		
	1.71	4.41	0.353	1.15	2.97
SN - E	—	—	—	0.78	2.02

注：R_g^* 为假设的微孔回转半径；d_s^* 为假设的球状微孔的直径。

　　研究纤维的孔隙影响时既要考虑孔隙尺寸还要考虑孔隙率。通过小角散射绝对强度可以获得分子量、孔隙率等结构信息，因此绝对强度的标定是必要的。本节利用美国国家标准与技术研究院(National Institute of Standards and Technology, NIST) 提供的 SRM3600 标准样品进行标定，即使用已知微分散射截面的标准样品，将待测样品纤维的散射强度与标准样品的散射强度作比较，得到纤维的绝对强度值,并在此基础上测得纤维的孔隙率。

1. 计算样品透射率

如图 3-44 所示, Q_s 和 H_s 分别为样品散射前、后电离室计数; Q_{bg} 和 H_{bg} 分别为背景即本底散射前、后电离室计数。I 为各位置光强,且 $I_0(I'_0)$ 与 $Q_s(Q_{bg})$ 成正比,$I_3(I'_3)$ 与 $H_s(H_{bg})$ 成正比。由于本底和纯样品都会对 X 射线产生吸收,引起光强度的衰减,下面的式子成立[24],其中,μ 和 μ_s 分别为本底和纯样品的吸收系数;d 为各位置吸收长度。

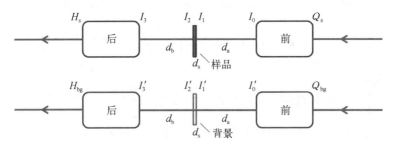

图 3-44 同步辐射小角 X 射线散射实验采谱图

对于图 3-44,有

$$I_1 = I_0 \, \mathrm{e}^{-\mu d_a} \tag{3-16}$$

$$I_2 = I_1 \, \mathrm{e}^{-\mu_s d_s} \tag{3-17}$$

$$I_3 = I_2 \, \mathrm{e}^{-\mu d_b} \tag{3-18}$$

由式(3-16)和式(3-18)得

$$\frac{I_2}{I_1} = \frac{I_3 \, \mathrm{e}^{\mu(d_a+d_b)}}{I_0} \tag{3-19}$$

对于图 3-44,因为 d_s 厚度的空气路径的散射信号可以忽略,可得

$$I'_1 = I'_0 \mathrm{e}^{-\mu d_a} \tag{3-20}$$

$$I'_2 = I'_1 \mathrm{e}^{-\mu d_s} \tag{3-21}$$

$$I'_3 = I'_2 \mathrm{e}^{-\mu d_b} \tag{3-22}$$

由式(3-20)和式(3-22)得

$$\frac{I_2'}{I_1'} = \frac{I_3' e^{\mu(d_a + d_b)}}{I_0'} = 1 \qquad (3-23)$$

因此样品透射率为

$$T_s = \frac{I_2}{I_1} = \frac{I_0'}{I_0} \frac{I_3}{I_3'} = \frac{Q_{bg}}{Q_s} \frac{H_s}{H_{bg}} \qquad (3-24)$$

2. 计算待测样品绝对强度(单位为 cm^{-1})

对于小角散射实验平台,绝对强度与实测相对强度关系式如下[25]:

$$I(\boldsymbol{q}) = I_0(\lambda) A \Delta \Omega h T d \left(\frac{\partial \sum}{\partial \Omega}\right) t + BG \qquad (3-25)$$

式中,$\dfrac{\partial \sum}{\partial \Omega}$ 表示单位体积微分散射截面,即绝对强度;$I(\boldsymbol{q})$ 是实测相对强度,与波长和曝光时间一定在 $\boldsymbol{q}$ 角处散射并达到探测器区域的光子数有关;$I_0(\lambda)$ 为入射光强;A 为被光束照明的面积;$\Delta \Omega$ 为探测器像素尺寸定义的立体角元;h 是探测器效率;T 为样品透射率;d 为样品厚度;t 为曝光时间;BG 为散射背景强度。

散射矢量 $\boldsymbol{q}$ 很容易从散射角度 $2\boldsymbol{q}$ 换算而得:$\boldsymbol{q} = 4\pi\sin\boldsymbol{q}/l$,其中 l 为入射 X 射线的波长。

此外,由于样品和背景的透射率不一致,式(3.10)中 $I(\boldsymbol{q})$ 与 BG 不能直接相减。因此,绝对强度与实测相对强度关系式应修正为

$$I_0(\lambda) A \Delta \Omega \eta T d \left(\frac{\partial \sum}{\partial \Omega}\right) t = I_s(\boldsymbol{q}) - \frac{H_s}{H_{bg}} BG_s \qquad (3-26)$$

式中,等号右侧就是在实验中用来扣除本底得到扣除背景散射后的相对强度的公式[26],其中 $I_s(\boldsymbol{q})$ 和 BG_s 为样品和背景的实测相对强度,H_s 表示测量样品时后电离室计数,H_{bg} 表示测量空气背底时后电离室计数,这些量全部由实验直接测量获得。

$$\frac{I_{st}(\boldsymbol{q}) - \dfrac{H_{st}}{H_{bg}} BG_{st}}{I_s(\boldsymbol{q}) - \dfrac{H_s}{H_{bg}} BG_s} = \frac{I_{0st}(\lambda) A \Delta \Omega \eta T_{st} d_{st} \left(\dfrac{\partial \sum}{\partial \Omega}\right)_{st} t_{st}}{I_{0s}(\lambda) A \Delta \Omega \eta T_s d_s \left(\dfrac{\partial \sum}{\partial \Omega}\right)_s t_s} = \frac{I_{0st}(\lambda) T_{st} d_{st} \left(\dfrac{\partial \sum}{\partial \Omega}\right)_{st} t_{st}}{I_{0s}(\lambda) T_s d_s \left(\dfrac{\partial \sum}{\partial \Omega}\right)_s t_s}$$

$$\left(\frac{\partial\sum}{\partial\Omega}\right)_s = \frac{I_{0st}(\lambda)T_{st}d_{st}t_{st}}{I_{0s}(\lambda)T_sd_st_s}\left(\frac{\partial\sum}{\partial\Omega}\right)_{st}\frac{I_s(\boldsymbol{q})-\dfrac{H_s}{H_{bg}}BG_s}{I_{st}(\boldsymbol{q})-\dfrac{H_{st}}{H_{bg}}BG_{st}}$$

$$= \frac{I_{0st}(\lambda)\dfrac{Q_{bg}}{Q_{st}}\dfrac{H_{st}}{H_{bg}}d_{st}t_{st}}{I_{0s}(\lambda)\dfrac{Q_{bg}}{Qs}\dfrac{H_s}{H_{bg}}d_st_s}\left[I_s(\boldsymbol{q})-\dfrac{H_s}{H_{bg}}BG_s\right]\frac{\left(\dfrac{\partial\sum}{\partial\Omega}\right)_{st}}{I_{st}(\boldsymbol{q})-\dfrac{H_{st}}{H_{bg}}BG_{st}}$$

$$= \frac{KQ_{st}\dfrac{Q_{bg}}{Q_{st}}\dfrac{H_{st}}{H_{bg}}d_{st}t_{st}}{KQ_s\dfrac{Q_{bg}}{Qs}\dfrac{H_s}{H_{bg}}d_st_s}\left[I_s(\boldsymbol{q})-\dfrac{H_s}{H_{bg}}BG_s\right]\frac{\left(\dfrac{\partial\sum}{\partial\Omega}\right)_{st}}{I_{st}(\boldsymbol{q})-\dfrac{H_{st}}{H_{bg}}BG_{st}}$$

$$= \frac{H_{st}d_{st}t_{st}}{H_sd_st_s}\left[I_s(\boldsymbol{q})-\dfrac{H_s}{H_{bg}}BG_s\right]\frac{\left(\dfrac{\partial\sum}{\partial\Omega}\right)_{st}}{I_{st}(\boldsymbol{q})-\dfrac{H_{st}}{H_{bg}}BG_{st}}$$

$$\left(\frac{\partial\sum}{\partial\Omega}\right)_s = \frac{d_{st}t_{st}}{d_st_s}\left[\dfrac{I_s(\boldsymbol{q})}{H_s}-\dfrac{BG_s}{H_{bg}}\right]\frac{\left(\dfrac{\partial\sum}{\partial\Omega}\right)_{st}}{\dfrac{I_{st}(\boldsymbol{q})}{H_{st}}-\dfrac{BG_{st}}{H_{bg}}} \quad (3-27)$$

式中，$I_{st}(\boldsymbol{q})$ 为标准样品的实测相对强度；Q_{st} 表示标准样品测量时的前电离室计数；Q_s 表示待测样品测量时前电离室计数；Q_{bg} 表示空气背底测量时前电离室计数；H_{st} 表示标准样品测量时的后电离室计数；d_{st} 为标准样品厚度（mm）；d_s 为待测样品厚度（mm）；t_{st} 和 t_s 为标准样品和待测样品测试时的曝光时间，本实验中均设置为 20 s；$\left(\dfrac{\partial\sum}{\partial\Omega}\right)_{st}$ 为标准样品的绝对强度，是已知的；$\left(\dfrac{\partial\sum}{\partial\Omega}\right)_s$ 为需要计算的待测样品绝对强度。

3. 计算孔隙率

依据电子密度分布测得样品与空气两部分所占比例，其中空气所占比例即

孔隙率,可由式(3-13)求得

$$2\pi^2\Delta\rho^2 P(1-P) = \frac{1}{r_{e^2}}\int_0^\infty \boldsymbol{q}^2\left(\frac{\partial\sum}{\partial\Omega}\right)_s \mathrm{d}\boldsymbol{q} \qquad (3-28)$$

式中,r_e 为电子经典半径,大小为 $2.817\,9\times10^{-13}$ cm;$\Delta\rho$ 为电子密度差;P 为孔隙的体积分数;$(1-P)$ 为另一相的体积分数;$\left(\dfrac{\partial\sum}{\partial\Omega}\right)_s$ 为纤维样品绝对强度,为表达方便,下面均被替换为 $I_s(\boldsymbol{q})$。

计算 Q 不变量时,需要分成三部分:

$$Q = \int_0^\infty I_s(\boldsymbol{q})\boldsymbol{q}^2\mathrm{d}\boldsymbol{q} = \int_0^{q_1} I_s(\boldsymbol{q})\boldsymbol{q}^2\mathrm{d}\boldsymbol{q} + \int_{q_1}^{q_2} I_s(\boldsymbol{q})\boldsymbol{q}^2\mathrm{d}\boldsymbol{q} + \int_{q_2}^\infty I_s(\boldsymbol{q})\boldsymbol{q}^2\mathrm{d}\boldsymbol{q}$$

$$(3-29)$$

对于式(3-14)中右侧的第一项,由于 Guinier 曲线[$\ln I_s(\boldsymbol{q}) \sim \boldsymbol{q}^2$图]在 q 值较小时必然呈一直线,所以根据拟合出的直线可分别求得斜率 a 和截距 b,再通过式(3-15)计算:

$$\int_0^{q_1} I_s(\boldsymbol{q})\boldsymbol{q}^2\mathrm{d}\boldsymbol{q} = \int_0^{q_1} \mathrm{e}^b\boldsymbol{q}^2\mathrm{e}_{aq^2}\mathrm{d}\boldsymbol{q} \qquad (3-30)$$

对于第二项,对实测数据直接进行求和运算:

$$\int_{\boldsymbol{q}_1}^{\boldsymbol{q}_2} I_s(\boldsymbol{q})\boldsymbol{q}^2\mathrm{d}\boldsymbol{q} = \sum_{i=\boldsymbol{q}_1}^{\boldsymbol{q}_2}(\boldsymbol{q}_{i+1}-\boldsymbol{q}_i)I_s(i)\boldsymbol{q}_i^2 \qquad (3-31)$$

对于第三项,由于 $\lim\limits_{\boldsymbol{q}\to\infty}\ln[\boldsymbol{q}^4\times I_s(\boldsymbol{q})] = \ln K_p$,线性拟合 $\ln[\boldsymbol{q}^4\times I_s(\boldsymbol{q})] \sim \boldsymbol{q}^2$ 曲线尾部,由截距 p 可求得 Porod 常数 $K_p = \mathrm{e}^p$,再通过式(3-17)计算:

$$\int_{q_2}^\infty I_s(\boldsymbol{q})\boldsymbol{q}^2\mathrm{d}\boldsymbol{q} = \frac{1}{q_2}\lim\limits_{\boldsymbol{q}\to\infty} I_s(\boldsymbol{q})\boldsymbol{q}^4 = \frac{K_p}{q_2} \qquad (3-32)$$

Si_3N_4 纤维密度为 2.15 g/cm³,分子式按 Si_3N_4 计算的话,即每个分子带有电子数目 $z = 14\times3 + 7\times4 = 70$ 个,可以据此得到单位体积内电子个数即电子密度差:

$$\Delta r = \frac{\dfrac{2.15}{140}\times6.02\times10^{23}\times70}{10^{24}} = 0.647\,15\ \mathrm{A}^{-3}$$

在北京同步辐射装置小角散射实验站先后测得 SRM3600 标准样品、Si_3N_4 纤维样品和空气背底的散射图像及其前后电离室读数,依据以上过程结合编程计算可得到各纤维样品的孔隙率,结果如表 3-9 所示。SN-C 纤维孔隙率最大,SN-B 纤维的孔隙率最小。结合孔径分布结果可知强度的限制因素是微孔的尺寸,而不是微孔的总体积分数。

表 3-9　五组 Si_3N_4 纤维的孔隙率

纤　维	常数 $Q/(cm^{-1} \cdot nm^{-3})$	孔隙率/%
SN-A	11.02	1.71
SN-B	9.70	1.50
SN-C	24.97	3.96
SN-D	18.46	2.90
SN-E	13.81	2.15

3.4　Si_3N_4 纤维的耐高温性能

3.4.1　氮气气氛下的耐高温性能

纤维的耐高温性能决定了复合材料的使用温度,是 Si_3N_4 纤维的关键性能指标。SN-A、SN-B、SN-C、SN-D 及 SN-E 五组纤维,元素组成不再变化后,氧含量分别为 9.53%、8.89%、2.88%、1.22% 和 1.29%,氧含量差异来源于不同浓度的残余自由基发生水解反应。将不同氧含量的五组 Si_3N_4 纤维在 N_2 中高温退火处理 1 h,处理后各纤维的强度随温度变化如图 3-45 所示。

可以得知,氧含量较高的 SN-A 和 SN-B 纤维在经高于 1 400℃ 的处理后,强度显著降低,在 1 450℃ 处理 1 h 后强度保留率分别为 26.6% 和 26.7%。而氧含量相对较低的 SN-C、SN-D 与 SN-E 纤维具有类似的趋势,但强度下降速率缓慢得多,在 1 450℃ 处理 1 h 后,纤维强度保留率分别为 55.2%、61.0% 和 55.6%。此外,五组纤维经 1 500℃ 处理后的强度均完全丧失。显然,氧含量越低,纤维在高温下的强度保留率越高,耐高温性能越好。由 3.2.3 小节的 XPS 分析可知,氧元素在这些纤维中主要以 SiN_xO_y 的形式存在,而 SiN_xO_y 相在高温下是不稳定的,因而氧含量影响了 Si_3N_4 纤维的耐高温性能。

在 Ar 中高温处理后的纤维强度降低更加明显,为分析纤维高温强度下降的

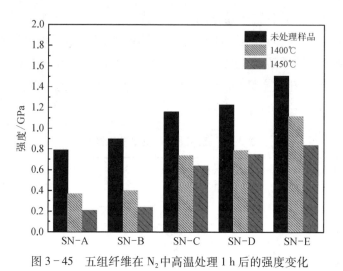

图 3-45　五组纤维在 N₂ 中高温处理 1 h 后的强度变化

原因及在不同气氛下退火后的强度差异,以同步辐射光源对退火后的纤维进行
SAXS 测试分析。

　　图 3-46 为 SN-D 原纤维及其在两种惰性气氛中经高温退火 1 h 后同一散
射强度分辨率下的二维 SAXS 图谱。将图谱调节至合适的强度分辨率后可知,
在 Ar 中经 1 400℃退火后的纤维的散射强度最大,其次是在 N₂ 中 1 450℃退火后
的纤维,在 N₂ 中经 1 400℃退火后的纤维次之,它们都比原纤维 SN-D 的散射强
度大很多。而 SN-D 纤维在 Ar 中 1 400℃退火 1 h 后强度保留率为 42.5%,远比

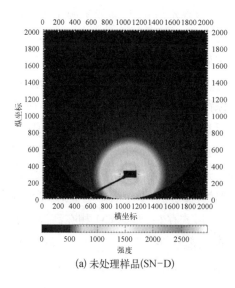

(a) 未处理样品(SN-D)

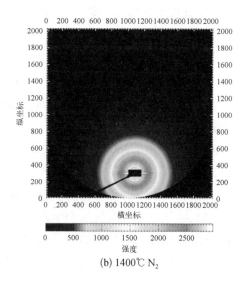

(b) 1400℃ N₂

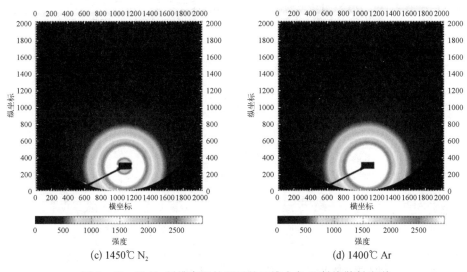

(c) 1450℃ N₂　　　　　　　　　(d) 1400℃ Ar

图 3 - 46　Si₃N₄ 纤维高温处理后的二维小角 X 射线散射光谱

在 N₂ 中经 1 400℃ 或 1 450℃ 处理后的强度保留率要低。纤维拉伸强度与 SAXS 散射强度的大小次序相反,这暗示了高温下的纤维拉伸强度变化源于纤维中的散射体,即微孔的影响。

如图 3 - 47(a) 所示,SN - D 纤维样品经高温退火后仍满足 Porod 规律,仍呈现典型的无定形 Si₃N₄ -微孔两相结构。由图 3.47(b) 中上凹的 Guinier 曲线可以看出纤维的微孔尺寸均存在分布,使用逐级切线法推导这几个多分散体系的微孔尺寸分布,结果列于表 3 - 11 中。

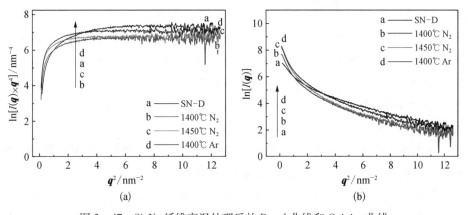

图 3 - 47　Si₃N₄ 纤维高温处理后的 Porod 曲线和 Guinier 曲线

表 3 - 10　Si_3N_4 纤维经高温处理后的微孔尺寸分布、平均尺寸及孔隙率

纤　维	R_g^* / nm	d_s^* / nm	归一散射 体积分数	R_g 平均值/ nm	d_s 平均值/ nm	孔隙率/ %
SN－D	0.84 1.71	2.18 4.41	0.647 0.353	1.15	2.97	2.90
1 400℃ N_2	0.87 1.80 3.52	2.25 4.64 9.09	0.415 0.390 0.195	1.75	4.51	2.08
1 450℃ N_2	0.87 1.82 3.53	2.24 4.71 9.11	0.351 0.399 0.250	1.91	4.94	2.75
1 400℃ Ar	0.96 1.92 3.66	2.48 4.96 9.44	0.440 0.363 0.197	1.84	4.75	3.95

注：R_g^* 为假设的微孔回转半径；d_s^* 为假设的球状微孔直径。

　　因此，高温退火后，纤维中的微孔会增大，且退火温度越高，纤维产生的微孔越大，纤维的强度越低。同时，在 Ar 中退火比在 N_2 中退火更易使纤维中产生较大尺寸缺陷。先驱体转化法制备的硅基陶瓷纤维（如 SiC 和 Si_3N_4 纤维）在高温下的强度损失很大程度上来源于已存在缺陷的加剧，而非新缺陷的生成[27]。计算高温退火后纤维的孔隙率，结果也列于表 3 - 10。由表可知，在 N_2 中经 1 400℃ 和 1 450℃ 处理后，纤维的孔隙率低于原纤维；而在 Ar 中退火时，纤维的孔隙率升高。这可能是因为 Si_3N_4 纤维在 N_2 气氛中升温时，仍在进行烧结致密化过程，一部分微孔得以密实致使气孔率降低。

3.4.2　纤维的抗氧化性能

　　进一步研究了 Si_3N_4 纤维（SN－D2 和 SN－C 纤维）的抗氧化性能，分析了纤维在空气中高温处理后组成结构与力学性能的变化规律。在 1 000℃ 的空气中经热处理 1 h 后，Si_3N_4 纤维的拉伸强度从 1.31 GPa 升高至 1.53 GPa（表 3 - 11）。然而，在 1 100℃ 和 1 200℃ 下空气中处理 1 h 后，纤维的拉伸强度分别降低到 1.21 GPa 和 0.83 GPa。

　　如图 3 - 48 所示，在 1 200℃ 及以下温度氧化后的单纤维断裂面形貌与原始纤维非常相似，没有明显的氧化层或结晶，氧含量增量也表明了此时纤维的氧化并不是很严重。而在 1 300℃ 下氧化后，纤维之间易发生黏连，这应该是 SiO_2 晶体在高温下发生熔融所致。氧化层结晶时，热应力很大，此时纤维强度完全丧

表 3 - 11　Si₃N₄ 纤维氧化 1 h 后的化学组成和力学性能

样 品	O/%	N/%	C/%	拉伸强度/MPa	弹性模量/GPa	直径/μm
未处理样品	0.95	37.05	0.85	1.31	152	12.6
1 000℃	1.91	36.56	0.83	1.53	152	12.7
1 100℃	2.60	36.16	0.82	1.21	152	12.9
1 200℃	2.95	35.98	0.82	0.83	136	12.9
1 300℃	11.80	32.11	0.70	—	—	—

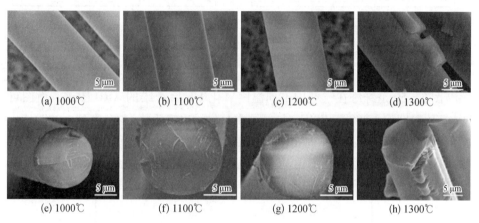

(a) 1000℃　　(b) 1100℃　　(c) 1200℃　　(d) 1300℃

(e) 1000℃　　(f) 1100℃　　(g) 1200℃　　(h) 1300℃

图 3 - 48　Si₃N₄ 纤维在不同温度下氧化 1 h 后的形貌变化

失。此外,SN - A ~ SA - E 五组纤维氧化后也呈现出相近的强度变化规律和形貌。

在 1 000℃ 及以下温度发生氧化时,氧增量不明显,Si₃N₄ 纤维表现出较优异的抗氧化性。随着氧化温度升高到 1 000℃ 以上时,根据图 3 - 49 所示的 Si2p XPS 光谱所示,纤维表面完全被 SiO₂ 氧化层覆盖。

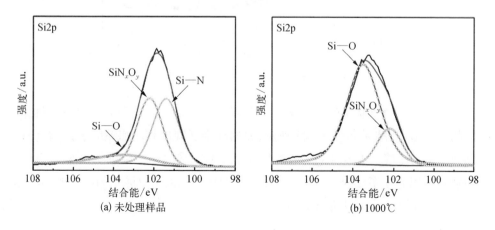

(a) 未处理样品　　　　　　　　　(b) 1000℃

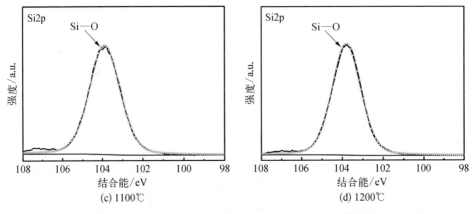

图 3 - 49　氮化硅纤维氧化 1 h 后的 Si2p XPS 光谱变化

　　图 3 - 50 是纤维在空气中不同温度氧化 1 h 后纤维的 XRD 图谱。由图可见,氧化温度为 1 200℃ 及以下时,纤维中只显示出馒头峰存在,直到 1 300℃ 时,XRD 图谱中才出现了明显的 α - 方石英的结晶峰,与 SEM 的观察结果一致。

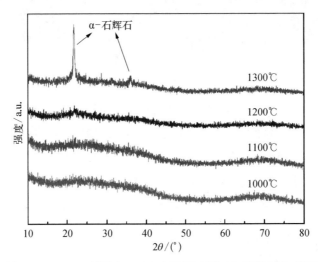

图 3 - 50　Si₃N₄ 纤维在 1 000~1 300℃氧化 1 h 后的 XRD 谱图

　　使用原子力显微镜(atomic force microscope,AFM)分析 SN - C 纤维氧化前后的表面形态,结果如图 3 - 51 所示,原始纤维展现出相对粗糙的表面,有许多凹凸不平的小峰。相较而言,1 000℃ 氧化后的纤维表面缺陷的深度分布更广,但缺陷出现的频率更低。氧化后纤维强度增加的原因很可能是 SiO$_2$ 相的不均相生长修复了纤维表面的部分缺陷。

图 3 - 51　Si₃N₄ 纤维 1 000℃氧化 1 h 前后的 AFM 图像

　　根据 SN - C 原纤维及其在 1 000℃、1 200℃氧化 1 h 后同一散射强度分辨率下的二维 SAXS 图谱,三组纤维样品的 Porod 曲线均不发生偏离,如图 3 - 52 所示,表示 Si₃N₄ 纤维在氧化处理后仍呈现典型的无定形 Si₃N₄ - 微孔两相结构。由图 3 - 52 中的上凹的 Guinier 曲线可以看出纤维氧化后微孔尺寸仍存在分布。

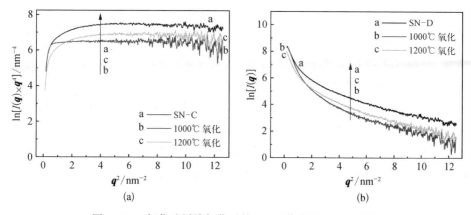

图 3 - 52　氮化硅纤维氧化后的 Porod 曲线和 Guinier 曲线

　　对 Guinier 曲线使用逐级切线法推导这几个多分散体系统的微孔尺寸分布,结果列于表 3 - 12 中。从表中可知,与原纤维 SN - C 相比,氧化后的纤维各级微孔的尺寸变化极小,可以得知纤维氧化后强度的降级现象并不是因为氧化处理后纤维中的微孔增大,这与在惰性气氛下高温处理后的强度降级机理不同。但 1 000℃氧化的纤维中大尺寸微孔占比明显增大使得平均微孔尺寸增大,结合其 XPS 显示的表面氧化程度及 AFM 中展示的表面形态和粗糙度可以推测,经 1 000℃氧化处理后的纤维内部的实际微孔尺寸并不发生增长,平均微孔尺寸的增大是由于纤维表面的小尺寸缺陷得以愈合,且 SiO_2 相在表面发生不均相生长生成较大尺寸表面缺陷。此外,在 1 000℃ 下氧化 1 h 的纤维强度数据表明,虽然一定程度上的 SiO_2 不均相生长使纤维表面产生了较大尺寸的缺陷,但并不会对纤维强度产生不利影响。

表 3 - 12　Si_3N_4 纤维氧化后的微孔尺寸分布及平均尺寸

纤维处理方式	R_g^* / nm	d_s^* / nm	归一散射体积分数	R_g 平均值/ nm	d_s 平均值/ nm
未处理	0.85	2.20	0.468		
	1.72	4.44	0.311	1.67	4.31
	3.33	8.61	0.221		
1 000℃	0.89	2.31	0.235		
	1.87	4.82	0.318	2.34	6.03
	3.43	8.84	0.447		
1 200℃	0.90	2.32	0.423		
	1.73	4.46	0.337	1.77	4.56
	3.35	8.65	0.240		

Si_3N_4 纤维普遍反映为在经 1 000℃ 氧化 1 h 后强度升高,经更高温度氧化后,其强度又降低的规律。由此可知,氧化处理对 Si_3N_4 纤维的强度同时具有有利和不利的影响:一方面,由于表面缺陷得以愈合,从而增加了纤维强度;另一方面,纤维氧化时容易在 SiO_2 层中形成生长应力,氧化温度越高,氧化层越厚,体积膨胀程度越大,形成的生长应力就越大。其次,SiO_2 层具有脆性特性,纤维的有效承载面积因为氧化层厚度的增加而减小。此外,氧化层与纤维热膨胀系数不匹配也是不容忽视的问题,会在氧化层中形成严重的热应力。

3.4.3　表面氧化后纤维在惰性气氛下的耐高温性能

通过 1 000℃ 氧化反应在纤维中引入氧后,比较了氧化纤维和原纤维在高温惰性环境中的组成、结构、力学性能及形貌,提出了纤维高温降级反应机理。虽然 1 000℃ 氧化纤维的拉伸强度与原纤维相比有所增加,但氧化纤维在惰性气氛中的热稳定性很大程度地下降。如表 3 - 13 所示,SN - D2 原纤维在 N_2 中 1 450℃ 下处理 1 h 后,其强度保留率为 57.3%,而氧化纤维在相同温度下退火后强度完全丧失。

表 3 - 13　高温退火后 Si₃N₄ 纤维的化学组成、力学性能和质量保留率

纤维处理方式	O/%	N/%	C/%	拉伸强度/MPa	弹性模量/GPa	质量保留率/%
未处理	0.95	37.05	0.85	1.31	152	100
1 450℃	1.09	37.28	0.85	0.75	142	98.6
1 500℃	1.11	37.78	0.86	—	—	98.3
氧化	1.91	36.56	0.83	1.53	152	100
氧化-1 450℃	1.46	37.50	0.80	—	—	97.4
氧化-1 500℃	1.03	37.69	0.80	—	—	89.6

　　从 SEM 图中也能反映出强度上的差别,见图 3 - 53。经 1 450℃高温退火后,原纤维展现出光滑和玻璃状的外观,无明显缺陷;而对于氧化纤维来说,经 1 450℃高温处理后,纤维表面变粗糙,具有可见的缺陷。经 1 500℃高温处理后,原纤维表面开始形成孔,但截面依然光滑;而氧化纤维表面上开始形成大的 Si₃N₄ 晶体,截面也不再光滑,纤维内部产生缺陷。原纤维与氧化纤维的元素分析与残余质量测量结果如表 3 - 13 所示,1 500℃退火后,原纤维的质量损失极

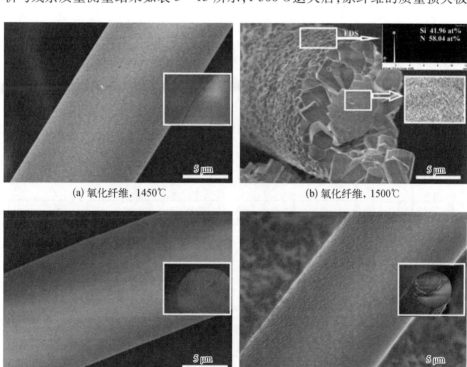

(a) 氧化纤维,1450℃　　　　　　　　　(b) 氧化纤维,1500℃

(c) 原纤维,1450℃　　　　　　　　　(d) 原纤维,1500℃

图 3 - 53　氧化纤维和原纤维在 N₂ 下经高温退火后的表面和截面形貌

小,其氧、氮和硅相对含量保持与原纤维相同水平。而氧化纤维在 1 500℃ 处理后质量损失增至 10.4%,且氧含量明显减少。

较低的热失重以及稳定的元素组成表明原纤维中发生了 SiN_xO_y 相的热分解,且分解程度较低,分解反应见式(3-33),同时由于生成物 N_2 分压的影响,反应在 Ar 比在 N_2 气氛中更容易进行[28],这与 SAXS 表征的结果一致,即在 Ar 中比在 N_2 中退火更易使纤维产生缺陷。然而,在 1 500℃ 退火处理的氧化纤维中观察到结晶行为。这种现象表明,高于 1 500℃ 时,大量 SiN_xO_y 的分解不仅产生 SiO 和 N_2,如 Chollon 等[29] 报道的那样,而且还通过式(3-34)所示的化学反应产生 Si_3N_4 结晶;另外,由晶体在纤维表面上的均匀分布及纤维中氮含量的相对增加,可以推测 Mocaer 等[12] 报道的反应式(3-35)也可能发生。同时,氧的释放也是图 3-53(b)所示的纤维内部缺陷形成的原因之一。

$$SiN_xO_y(s) \longrightarrow SiO(g) + N_2(g) \tag{3-33}$$

$$SiN_xO_y(s) \longrightarrow SiO(g) + N_2(g) + Si_3N_4(s) \tag{3-34}$$

$$SiO(g) + N_2(g) \longrightarrow Si_3N_4(s) + O_2(g) \tag{3-35}$$

图 3-54 为长时间放置后氧含量稳定为 9.53% 的 SN-A 纤维及氧含量为 1.91% 的 1 000℃ 氧化 SN-D2 纤维在高温退火后的 XRD 图谱。从图中可以看出,SN-A 纤维高温处理到 1 500℃ 时仍为无定形态;而 1 000℃ 氧化后的 SN-D2 纤维在 1 500℃ 退火后,其 XRD 谱图中有尖锐的氮化硅结晶衍射峰。图 3-55 为 SN-A 纤维在高温处理后的表面和截面 SEM 形貌,与未氧化的 SN-D2 纤维相比,SN-A 纤维在 1 500℃ 退火后的表面粗糙现象更加明显,但

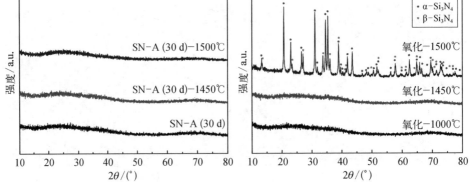

图 3-54　SN-A 纤维和 1 000℃ 氧化的 SN-D2 纤维高温处理后的 XRD 谱图

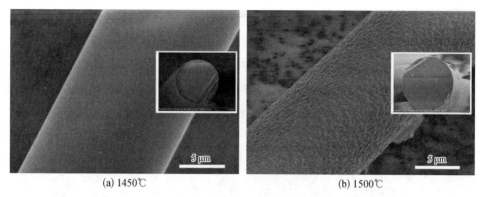

(a) 1450℃　　　　　　　　　　　　(b) 1500℃

图 3 - 55　SN - A 纤维高温处理后的表面和截面 SEM 形貌

与氧化纤维[图 3 - 53(b)]表面产生结晶不同,说明了并非是高氧含量纤维就比低氧含量纤维耐高温性能差,还需注意纤维在比较时是否具有相同的氧引入方式。

在自由基水解引入氧的情况下,纤维氧含量越高,强度保留率越低。氧含量高达 9.53% 的 SN - A 纤维在 1 450℃时的强度保留率为 26.6%,远低于氧含量为 0.95% 的 SN - D2 纤维在同一温度下的强度保留率 57.3%,这与 SiNₓOᵧ 相高温分解引起缺陷增长有关。

而 SN - D2 经过 1 000℃氧化处理 1 h 后,虽然氧含量仅升高至 1.91%,其高温强度保留率却下降得尤为明显,这与纤维被动接受氧化处理后较为集中的表面氧富集有关。而由于水分从纤维表面向纤维内部逐渐扩散,自由基水解引入氧的纤维径向由表及里存在氧含量的均匀梯度分布。因此,纤维的耐高温性不仅与氧含量有关,还与氧的存在形式及分布有关。

3.4.4　SiO₂ 涂层后纤维在惰性气氛下的耐高温性能

在 N₂ 中 1 450℃处理时,原纤维表面光滑,而 SiO₂ 涂层纤维表面变得粗糙,这与 SiO₂ 在高温下的熔融流动有关。在 1 500℃退火后,在 SEM 中能观察到原纤维表面已经形成缺陷,涂层后的纤维这一现象更加明显,纤维表面粗糙度增加。对于 1.5% 溶胶涂层纤维,甚至有不均匀的结晶在纤维表面冒出生长。原纤维和涂层纤维在 1 450℃和 1 500℃ N₂ 中退火 1 h 的表面形貌见图 3 - 56。

图 3 - 57 显示,1.5% 涂层的纤维中在 1 500℃退火后产生了皮芯结构,说明 SiO₂ 涂层在高温下不仅破坏了纤维的表面结构,对纤维内部结构也造成了较大影响。

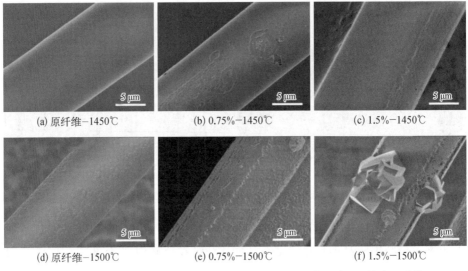

(a) 原纤维-1450℃　　　　(b) 0.75%-1450℃　　　　(c) 1.5%-1450℃

(d) 原纤维-1500℃　　　　(e) 0.75%-1500℃　　　　(f) 1.5%-1500℃

图 3-56　原纤维和涂层纤维在 1 450℃和 1 500℃ N₂中退火 1 h 的表面形貌

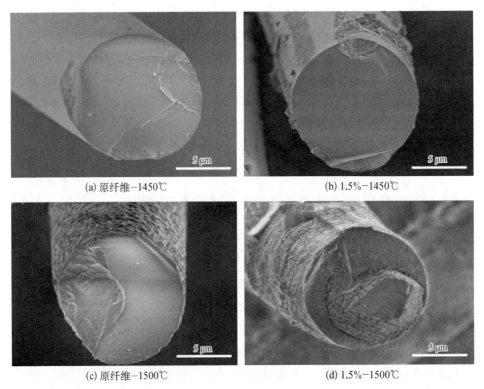

(a) 原纤维-1450℃　　　　　　　　　　(b) 1.5%-1450℃

(c) 原纤维-1500℃　　　　　　　　　　(d) 1.5%-1500℃

图 3-57　原纤维和涂层纤维在 1 450℃和 1 500℃ N₂中退火 1 h 的截面形貌

　　图 3－58 证实，涂层纤维经高温处理后，其表面出现的结晶为 a－Si₃N₄，而无定形的凝胶在与纤维同样的高温条件下单独退火时，转变为方石英结晶。这表明了以薄膜形式存在的涂层形态会限制石英晶体的形成，而纤维表面未均匀成膜的疵点 SiO₂ 粒子可作为成核中心，引起 Si₃N₄ 晶体的生长[30]，事实上，粗大的杂质堆积作为成核中心源随机分布在整个表面上，因此由图 3.14(f) 观察到的晶体也是不均匀分布的。而由汪庆对 SiO₂ 凝胶粉末在不同温度热处理 1 h 后的 XRD 分析可知，经 700~1 200℃ 热处理后，衍射峰均为馒头峰，衍射强度较低，即在 1 200℃ 以下，SiO₂ 以非晶态存在；而经 1 300℃ 热处理后的粉末 XRD 图谱中出现强烈的衍射峰，说明 SiO₂ 在 1 300℃ 后，凝胶内部的 Si—O—Si 网络结构单元发生了聚集，逐渐由无序的非晶态向有序的结晶态转变[31]。综上所述，SiO₂ 成膜后影响了内部分子结构的聚集，延后了本体微晶的产生温度；但作为涂层，SiO₂ 仍然影响了 Si₃N₄ 纤维的耐高温性能。

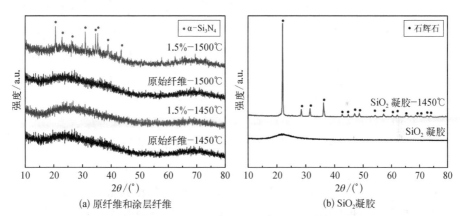

(a) 原纤维和涂层纤维　　　　　　　　　(b) SiO₂凝胶

图 3－58　原始纤维、涂层纤维和 SiO₂ 凝胶在高温 N₂ 中退火的 XRD 谱图

　　纤维需要在服役环境中使用，高温强度保留率是评价其性能的一个重要方面。SiO₂ 涂层虽然增强了纤维本身的强度，却使其高温下强度保留率大幅下降。此外，结合图 3－14 可知，表面粗糙虽然降低了纤维在高温下的拉伸强度，但对纤维的杨氏模量没有影响，见表 3－14。

表 3－14　未涂层和涂层纤维在高温下的力学性能

样　品	拉伸强度/GPa	弹性模量/GPa
原始纤维-1 450℃	0.75	149
1.5%-1 450℃	0.43	153
0.75%-1 450℃	0.45	156

氧含量对 Si_3N_4 纤维在惰性环境中的耐高温性能影响显著,氧含量为 9.53% 和 1.22% 的纤维在 N_2 中经 1 450℃ 处理 1 h 后的强度保留率分别为 26.6% 和 61.0%。氧含量越高,纤维的耐高温性能越差,这主要是因为 SiN_xO_y 等含氧相在高温下不稳定,分解所形成的孔隙是导致纤维经高温处理后强度降级的主要原因。Si_3N_4 纤维在 Ar 和 N_2 中展现出不同的高温行为,在 N_2 中处理时,氮分压能抑制 SiN_xO_y 相分解,因此纤维在 N_2 中的耐高温性比在 Ar 中好。

经 1 000℃ 氧化 1 h 后的纤维强度高于原纤维,主要是形成的玻璃相能减少和弥补纤维的表面缺陷,纤维表面的愈合有利于提高纤维的拉伸强度,而弹性模量保持不变。经更高温度氧化后的纤维强度低于原始强度,例如,SN - D2 纤维在 1 100℃ 和 1 200℃ 氧化 1 h 后的纤维强度保留率分别为 92.4% 和 63.4%,主要是由于表面 SiO_2 层易形成生长应力及热应力,且 SiO_2 本身具有脆性,氧化后的纤维直径增加,使纤维强度降低。而在 1 300℃ 下氧化后,SiO_2 晶体在纤维表面生成,纤维之间易发生黏连,此时强度完全丧失。纤维表面氧化对其耐高温性能具有不利影响,1 000℃ 氧化的 SN - D2 纤维在 N_2 中经 1 450℃ 处理后丧失强度,经 1 500℃ 处理后开始形成 Si_3N_4 结晶,导致氧化纤维的失重明显增长,纤维内部也开始产生缺陷。Si_3N_4 纤维的耐高温性并不只由纤维中的含氧量主导,还与氧的存在形式及分布有关。

3.5　Si_3N_4 纤维增强复合材料

中国航空工业集团公司济南特种结构研究所的门薇薇等[32]分别以聚硼氮烷(PBZ)和聚硅氮烷(PHPS)为 BN 涂层和 SiBN 陶瓷先驱体,通过先驱体浸渍裂解(precursor infiltration pyrolysis,PIP)工艺和氨气、氮化处理制备了 Si_3N_{4f}/BNc/SiBN 复合材料。研究表明:复合材料密度为 1.83 g/cm^3,弯曲强度达到 96.8 MPa,介电常数和损耗角正切值分别为 3.25 和 0.012,BN 界面涂层的引入能够有效弱化界面结合。

中国航空工业复合材料有限责任公司的李光亚等[33]分别以聚硼氮烷和聚硼硅氮烷(PBSZ)作为 BN 涂层和 SiBN 陶瓷先驱体,采用 PIP 工艺制备了 Si_3N_{4f}/BNc/SiBN 复合材料。研究发现:900℃ 烧结制备的复合材料表现出良好的宽频透波性能,7~18 GHz 下的介电常数和介电损耗值分别为 4.0 和 0.009 左右,满足透波材料的基本应用要求。此外,该复合材料的拉伸强度和弯曲强度分别为 18 MPa 和 75 MPa。

　　航天科技集团航天材料及工艺研究所的 Zhang 等[34]采用溶胶-凝胶工艺制备了 3D Si₃N₄f/SiO₂ 和 3D Si₃N₄f/PyC/SiO₂ 复合材料。据报道,Si₃N₄f/SiO₂ 复合材料常温弯曲强度达到 93.6 MPa,断面无明显纤维拔出,表现为明显的脆性断裂。复合材料在 1 200℃ 和 1 400℃ 高温下的力学性能下降明显,弯曲强度分别为 22.4 MPa 和 20.6 MPa。相对来说,Si₃N₄f/PyC/SiO₂ 复合材料力学性能更为优异,其常温弯曲强度高达 139.0 MPa,1 200℃ 弯曲强度稍有降低,但仍可达到 118.2 MPa,显示出十分优异的耐高温性能。PyC 界面涂层的引入能够有效保护纤维免受损伤,并有助于弱化界面偏转裂纹,是复合材料的力学性能得到显著提高的主要原因。但碳涂层的引入将损害复合材料的介电性能,在一定程度上将限制该材料在透波领域的应用。

　　国防科技大学的邹春荣[35]以环硼氮烷为 BN 陶瓷先驱体,采用 PIP 工艺制备了 2.5D Si₃N₄f/BN 复合材料。研究表明:1 200℃ 烧结制备的 2.5D Si₃N₄f/BN 复合材料具有非常优异的力学性能,其室温弯曲强度高达 132.6 MPa,经 1 200℃ 和 1 300℃ 氧化 30 min 后,其原位弯曲强度分别达到 101.2 MPa 和 73.4 MPa,高温力学性能明显优于 SiNOf/BN 和 SiO₂f/SiO₂ 复合材料。

　　国防科技大学的杨雪金[36]以 Si₃N₄ 纤维为增强体,采用缠绕成型和机械编织工艺分别制得了单向铺排(unidirection, UD)和浅交弯连层连结构(2.5D)的纤维编织件,通过溶胶-凝胶工艺以硅溶胶为氧化硅先驱体制备了氧化硅基复合材料。单向 Si₃N₄f/SiO₂ 复合材料在 900℃ 高温下的弯曲强度最高可达 255.9 MPa,相比室温条件下提高了 47%;1 200℃ 弯曲强度仅为 50~70 MPa。Si₃N₄ 纤维表面氧化和纤维-基体界面结合强化则是复合材料在 1 200℃ 下的力学性能下降的直接原因。随着制备温度由 900℃ 提高至 1 200℃,2.5D Si₃N₄f/SiO₂ 复合材料的密度由 1.81 g/cm³ 线性增长到 2.11 g/cm³,孔隙率由 19.2% 下降至 5.2%,弯曲强度和层间剪切强度呈现出现先增大后降低的趋势,而断裂韧性不断降低。在 1 000℃ 制备的复合材料的常温弯曲强度、断裂韧性和层间剪切强度分别达到 73.3 MPa、2.1 MPa·m^{1/2} 和 15.9 MPa。1 000℃ 下的弯曲强度下降至 55.4 MPa,强度保留率为 75.6%,1 100℃ 和 1 200℃ 下的强度保留率分别仅为 45.3% 和 28.5%;2.5D Si₃N₄f/SiO₂ 复合材料具有适中的热导率、较低的热膨胀系数和优异的介电性能。随着制备温度从 900℃ 升高至 1 200℃,复合材料热导率从 0.567 W/(m·K) 线性增大至 0.946 W/(m·K);在 200~1 100℃ 内,复合材料的热膨胀系数介于 $(2.5\sim 4.5)\times 10^{-6}$/K;在 200~1 200℃ 内,复合材料的介电常数和损耗角正切值的平均值分别为 3.78 和 7.11×10^{-3}(12 GHz),略高于 2.5D SiO₂f/SiO₂ 复合材料($\varepsilon = 3.32$、

$\tan \delta = 5.61 \times 10^{-3}$)。在 1 000 ℃ 下制备的 2.5D Si_3N_{4f}/SiO_2 复合材料的烧蚀速率分别为 0.073 2 mm/s 和 0.56×10^{-2} g/s;2.5D Si_3N_{4f}/SiO_2 – BN 复合材料的耐烧蚀性能相对最佳,其烧蚀速率分别为 0.021 4 mm/s 和 0.10×10^{-2} g/s。在等离子体烧蚀过程中,Si_3N_4 纤维主要发生析晶粉化及高温分解反应,烧蚀过程将吸收大量烧蚀热量,同时 Si_3N_4 纤维凭借出色的耐温性能和结构稳定性,能够有效提高 SiO_2 基体的抗冲刷能力。引入 BN 第二相基体能够显著提高复合材料的致密程度,同时 BN 具有非常优异的耐热性能,将进一步提升耐烧蚀性能。

随着我国 Si_3N_4 纤维关键技术的突破,Si_3N_4 纤维增强的陶瓷基复合材料的制备与性能研究必将进入更高水平,也将对 Si_3N_4 纤维的进一步发展和应用提出新的要求。从 Si_3N_4 纤维及其复合材料的现有水平和面临的突出问题来看,不熔化 PCS 纤维氮化法制备的 Si_3N_4 纤维有技术相对简单、工程化技术难度相对较小等优势,同时氮化过程必须脱除绝大部分碳元素,其含量达到 35% 以上,组成结构的剧烈变化导致了纤维密度不高、力学强度有限,单从改进氮化工艺难以克服其固有缺点。因此,如何兼顾低成本来建立更高性能的 Si_3N_4 纤维,包括结晶态 Si_3N_4 纤维是未来发展的一大挑战。国产 Si_3N_4 纤维发展面临的另一大挑战,是如何发挥自身的性能优势在陶瓷基复合材料领域获得重大示范应用,以及发挥其特有作用,从而在应用方面走出一条我国特色发展之路。

参 考 文 献

[1] Atwell W H. Silicon-based polymer science: a comprehensive resource [M]. Washington D. C.: American Chemical Society, 1990.

[2] Choong Ket Yive N S, Corriu R J P, Leclercq D, et al. Thermalgravimeteric mass spectrometric investigation of the thermal conversion of organosilicon precursors into ceramics under argon and ammonia. part 1 [J]. Chemistry of Materials, 1992, 4(3): 711 – 716.

[3] Peuckert M, Vaahs T, Bruck M. Ceramics from organometallic polymers [J]. Advanced Materials, 1990, 2(9): 398 – 404.

[4] Schimidt W R, Marchietti P S, Interrante L V, et al. Ammonia-induced pyrolytic conversion of a vinylic polysilane to silicon nitride [J]. Chemistry of Materials, 1 992 ,4(4): 937 – 947.

[5] 冯春祥,范小林,宋永才.耐高温多晶 SiC 纤维的研制(Ⅰ)聚碳硅烷纤维的氮化过程及其机理研究[C].合肥: 第十一届全国复合材料学术会议,2000.

[6] 朱炳辰.化学反应工程[M].北京: 化学工业出版社,2007.

[7] Chollon G, Hany R, Vogt U, et al. Silicon – 29 MAS – NMR study of α – silicon nitride and

amorphous silicon oxynitride fibers[J]. Journal of European Ceramic Society, 1998, 18(5): 535-541.

[8] Wang H J, Yu J L, Zhang J, et al. Preparation and properties of pressure less-sintered porous Si_3N_4[J]. Journal of Materials Science, 2010, 45(3): 3671-3676.

[9] Davydov E Y, Gaponova I S, Pokholok T V, et al. Ion-radical conversions in main or side chains of nitrogen-containing polymers in nitrogen dioxide atmosphere [J]. Journal of Polymers and the Environment, 2011, 19: 312-327.

[10] Bertóti I, Tóth A, Mohai M, et al. Comparison of composition and bonding states of constituents in CN_x layers prepared by d.c. plasma and magnetron sputtering [J]. Surface and Interface Analysis, 2000, 30: 538-543.

[11] Chen H W, Landheer D, Chao T S, et al. X-ray photoelectron spectroscopy of gate-quality silicon oxynitride films produced by annealing plasma-nitrided Si(100) in nitrous oxide [J]. Journal of the Electrochemical Society, 2001, 148(7): 140-147.

[12] Mocaer D, Pailler R, Naslain R, et al. Si—C—N ceramics with a high microstructural stability elaborated from the pyrolysis of new polycarbosilazane precursors. Part I: The organic/inorganic transition [J]. Journal of Materials Science, 1993, 28: 2615-2631.

[13] Corriu R J P, Leclercq D, Mutin P H, et al. Thermogravimetric mass spectrometric investigation of the thermal conversion of organosilicon precursors into ceramics under argon and ammonia. 1. Poly(carbosilane) [J]. Chemistry of Materials, 1992, 4(3): 711-716.

[14] 孟昭富.小角 X 射线散射理论及应用[M].长春:吉林科技出版社,1996.

[15] 曹适意.KD 系列连续碳化硅纤维组成、结构与性能关系研究[D].长沙:国防科技大学,2017.

[16] Lipowitz J. Structure and properties of ceramic fibers prepared from organosilicon polymers [J]. Journal of Inorganic and Organometallic Polymers, 1991, 1(3): 277-297.

[17] Li Z H. A program for SAXS data processing and analysis [J]. Chinese Physics C, 2013, 37(10): 108002.

[18] Koberstein J T, Morra, B, Stein R S. The determination of diffuse-boundary thicknesses of polymers by small-angle X-ray scattering [J]. Journal of Applied Crystallography, 1980, 13: 34-45.

[19] Li Z H, Gong Y J, Wu D, et al. A negative deviation from Porod's law in SAXS of organo-MSU-X [J]. Mecroporous and Mesoporous Materials, 2001, 46: 75-80.

[20] 张明,孟繁玲,孟昭富.小角 X 射线散射研究碳纤维基体微结构[J].吉林大学自然科学学报,1997,1: 66-68.

[21] Guinier A, Fournet G, Walker C B. Small-angle scattering of X-rays [M]. NewYork: John Wiley & Sons, Inc., 1955.

[22] Jellinek M H, Solomon E, Fankuchen I. Measurement and analysis of small-angle X-ray scattering [J]. Industrial and Engineering Chemistry, 1946, 18(3): 172-175.

[23] Wang W, Chen X, Cai Q, et al. In situ SAXS study on size changes of platinum nanoparticles with temperature [J]. The European Physical Journal B, 2008, 65: 57-64.

[24] 李志宏.SAXS 方法及其在胶体和介孔材料研究中的应用[D].太原:中国科学院山西煤

炭化学研究所,2002.

[25] Dreiss C A, Jack K S, Parker A P. On the absolute calibration of bench-top small-angle X-ray scattering instruments: a comparison of different standard methods [J]. Journal of Applied Crystallography, 2006, 39: 32 – 38.

[26] Handa M, Shinohara Y, Kishimoto H, et al. Feasibility Study on Anomalous Small-Angle X-ray Scattering near Sulphur K-edge [J]. Journal of Physics Conference Series, 2010, 247: 012006.

[27] National Research Council. High-performance synthetic fibers for composites [C]. Washington: Committee on high-performance synthetic fibers for composites, 1992: 65 – 69.

[28] Hu X, Shao C, Wang J. Characterization and high-temperature degradation mechanism of continuous silicon nitride fibers [J]. Journal of Materials Science, 2017, 52: 7555 – 7566.

[29] Chollon G, Vogt U, Berroth K. Processing and characterization of an amorphous Si—N—(O) fibre [J]. Journal of Materials Science, 1998, 33: 1529 – 1540.

[30] Pamplin B R. 晶体生长[M].北京:中国建筑工业出版社,1981.

[31] 汪庆.碳化硅纤维增强石英基复合材料的制备及其性能研究[D].长沙:国防科技大学,2016.

[32] 门薇薇,马娜,张术伟,等.Si_3N_4/SiBN 复合材料界面设计及制备[J].陶瓷学报,2018, 39(5): 58 – 63.

[33] 李光亚,梁艳媛.纤维增强 SiBN 陶瓷基复合材料的制备及性能[J].宇航材料工艺,2016 (3): 61 – 64.

[34] Zhang J, Fan J, Zhang J, et al. Developing and preparing interfacial coatings for high tensile strength silicon nitride fiber reinforced silica matrix composites [J]. Ceramics International, 2018, 44(5): 5297 – 5303.

[35] 邹春荣.氮化物纤维增强氮化硼陶瓷基透波复合材料的制备与性能研究[D].长沙:国防科技大学,2016.

[36] 杨雪金.氮化硅纤维增强氧化硅基透波复合材料的制备与性能研究[D].长沙:国防科技大学,2019.

第 4 章　SiBN 纤维

连续 SiBN 陶瓷纤维结合了 Si_3N_4 纤维和 BN 纤维的优点,具有优异的耐高温性能、力学性能和介电性能,是一种理想的陶瓷基透波复合材料的增强纤维。先驱体转化法是目前制备 SiBN 纤维的有效方法,主要包括先驱体聚硼硅氮烷(polyborosilazane,PBSZ)的合成、先驱体的熔融纺丝、先驱体纤维的不熔化和不熔化纤维的高温烧成。本章重点介绍先驱体转化法制备连续 SiBN 纤维的工艺、机理及构效关系。

4.1　先驱体 PBSZ 的合成

4.1.1　PBSZ 的分子设计

先驱体的组成、结构和理化特性等对最终陶瓷纤维的性能具有决定性影响,先驱体是研制相应陶瓷纤维的基础。作为 SiBN 纤维的先驱体,PBSZ 首先需要满足一般陶瓷纤维先驱体应有的以下特性:

(1) 组成中的非目标元素少,纯度高,陶瓷转化率高;

(2) 聚合物应具有稳定结构(如多元环等)或在热分解前转化为稳定结构;

(3) 分子结构中有活性基团,可通过反应得到稳定结构或交联结构;

(4) 聚合物结构应不影响其可加工性(如纺丝等);

(5) 聚合物结构宜于无机化后形成对纤维性能有利的结构。

具体地说,PBSZ 先驱体应含有 Si、B、N 等目标元素。从性能上考虑,SiBN 纤维预想的相组成为 Si_3N_4 和 BN 相,因此先驱体中比较理想的骨架结构应该为 Si—N—B 连接。并且,由于 Si—N 和 B—N 均存在 π-π 共轭效应,Si—N—B 连接能够起到增强作用,对结构的稳定性有利。先驱体的活性基团可以有 Si—H、N—H、B—H 等,特别是 Si—H 和 N—H 是活性适度又比较容易引入分子结构中的基团;从结构的稳定性考虑,可以在先驱体的分子中引入硼氮六环结构。先驱体中硼氮六环结构的存在有利于其在烧成过程中保持骨架结构,这对最终陶瓷纤维的力学性能和耐高温性能是非常有利的;对于先驱体的加工性能,可以通过在先驱体的结构中引入有机烷基等增塑基团来调控先驱体的流变性能,还可以在原料中采用二官能团的化合物改善结构的线性,从而获得较好纺丝性能的目标先驱体。

对于先驱体中 C 元素的引入,虽然 C 元素的存在对纤维的力学性能和耐高温性能有利,但是对纤维的介电性能极为不利。先驱体中有机烷基基团的存在虽然引入了 C 元素,但能够很好地改善先驱体的流变性能,较好地解决先驱体的稳定性和加工问题;而且,在侧基上引入的饱和烷基很容易在后续的处理,如氨气烧成中脱除,从而获得低碳或无碳的产物。考虑到先驱体的稳定性和纺丝性能,引入甲基基团是比较理想的选择。

因此,对于设计出的目标先驱体 PBSZ,从组成上说,主要由 Si、B、N、H 和 C 元素,其中 Si、B、N 是主要的组成元素,其相对含量的高低对最终陶瓷纤维的性能有一定的影响。例如,较高的 B 含量意味着最终 SiBN 纤维中含较高的 BN 组成相,也就意味着陶瓷纤维有较好的介电性能和耐高温性能。从结构上说,聚硼硅氮烷先驱体的理想骨架为 Si—N—B,并且最好含有硼氮环刚性结构单元,由此可以确定先驱体结构中的主要官能团有 Si—H、Si—N、N—H、B—N、Si—C、C—H 等。

4.1.2　PBSZ 的合成路线

PBSZ 的合成路径可以分为两大类,即聚合物路线和单体路线。聚合物路线中通常采用含 B 的低分子改性聚硅氮烷等含 Si—N 键的聚合物得到,这种方法得到的先驱体通常分子量较高,且加工性能一般,其中 B 元素含量往往较低。同时,由于是对聚合物的改性,存在位阻效应和聚合动力学问题,先驱体中的元素空间分布不均匀,这样很容易使得陶瓷材料在最终服役的过程中分解为边界相,产生相分离而导致失效。

单体路线是指首先合成含 Si、B、N、C 的分子先驱体,也称单源先驱体,然后将这种分子先驱体在一定条件下高分子化,使其聚合得到陶瓷先驱体。该方法的优点是所合成先驱体的组成和结构特征往往能够较好地保持到目标陶瓷产物中。采用这种方法,从单源先驱体的合成到最终先驱体聚合物的制备,需要多步反应才能完成,特别是中间产物往往含有较多的活性基团,活性极高,很难从真正意义上保持无水无氧的反应环境。典型的例子为德国 Bayer 公司的制备路线[1,2],如图 4-1 所示,首先通过六甲基二硅氮烷 $(CH_3)_3Si—NH—Si(CH_3)_3$ 与

SiCl₄反应得到一种分子先驱体 Cl₃Si—NH—Si(CH₃)₃(TTDS);其次将 TTDS 在 -78℃下与 BCl₃得到单源先驱体 Cl₃Si—NH—BCl₂(TADB);然后,将 TADB 与甲胺反应,过滤提纯后得到相应的液态产物;最后,在真空中热交联处理得到目标先驱体 N -甲基聚硼硅氮烷。不难看出,该合成路线中的步骤较多,并且该过程的中间产物 TTDS、TADB 中含有较多的 B—Cl、Si—Cl 官能团,活性均很高,对操作环境要求非常苛刻。

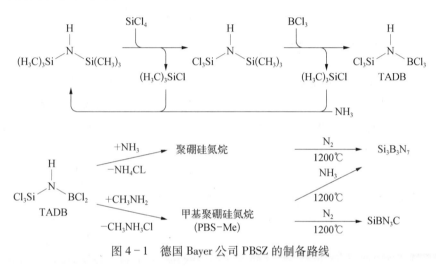

图 4 - 1 德国 Bayer 公司 PBSZ 的制备路线

对于目标先驱体 PBSZ 的合成,本节选用二氯甲基硅烷(dichloromethylsilane, DCMS)、三氯化硼(borontrichloride, BTC)和六甲基二硅氮烷(hexamethyldisilazane, HMDZ)为基本原料通过小分子的共缩合途径合成目标先驱体。其中,DCMS 提供 Si 源,BTC 提供 B 源、HMDZ 提供 N 源。通过小分子共缩合途径,一方面可以避免聚合物路线引起的元素空间分布不均匀的弊端,另外还可以避免多步反应带来的烦琐步骤。采用上述三种原料,由于反应的副产物为挥发性的 Me₃SiCl,通过共缩合途径很容易通过蒸馏操作除去,无须额外过滤等提纯步骤,通过一步反应即可得到目标先驱体 PBSZ,这大大简化了先驱体的合成工艺。同时,由于缩聚反应一般为逐步聚合机理,得到的聚合产物往往具有较低的分子量分散系数,并且原料中的 DCMS 为二官能团单体,有利于改善目标先驱体的线性结构,这对于后续的纺丝加工是有利的。

此外,该合成路径还具有以下特点:

(1)原料成本低廉、来源可靠;

(2)由于 HMDZ 为反应物,提供 N 源,又起到交联的作用,可以通过控制

HMDZ 的配比或改变官能团 Cl 的数目来调控先驱体的分子量和流变性能,以利于纺丝加工;

（3）将副产物 Me₃SiCl 在适当的条件下与 NH₃反应,可以得到反应物 HMDZ,使 Me₃SiCl 得到回收,反应物 HMDZ 再生;同时,反应的过程中通过分子间的缩合脱除 HMDZ,也可以使反应原料得到循环利用,这在环境保护和经济方面很有吸引力;

（4）反应过程中的放热量较低,对于以后工业化放大也是一个优势。

4.1.3　PBSZ 的合成工艺

以三氯化硼（BCl_3）、二氯甲基硅烷（$HMeSiCl_2$）和六甲基二硅氮烷$[(CH_3)_3SiNHSi(CH_3)_3]$单体进行反应合成先驱体聚硼硅氮烷（PBSZ）。按照图 4-2 所示的反应装置进行聚硼硅氮烷的合成,首先检查装置的气密性,抽真空,用高纯 N_2 置换,反复三次,然后用注射器将 BCl_3 和 $HMeSiCl_2$ 注入三口烧瓶中,静置一段时间,将 HMDZ 加入恒压分液漏斗中进行滴加,通过调节恒压分液漏斗的旋塞控制滴加的速率,滴加完毕,通 N_2,启动程序控温仪,以 1℃/min 的速率升温至 240℃并保温一段时间制备得到 PBSZ。

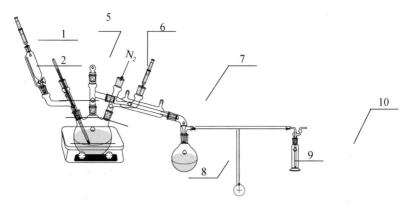

图 4-2　聚硼硅氮烷的合成实验装置图

1. 注射器;2. 恒压分液漏斗;3. Y 形管;4. 三口烧瓶;5. 热电偶;6. 蒸馏头;
7. 冷凝管;8. 接收瓶;9. 真空泵;10. 尾气接收瓶;11. 磁力加热搅拌器

PBSZ 的合成为三单体间的缩聚反应,原料配比对最终合成出的先驱体性能影响最大。为此,本节研究了原料配比对合成出的 PBSZ 性能的影响,从而确定出最佳的原料配比。

1. BTC 用量对合成的 PBSZ 性能的影响

BTC 的沸点为 12.5℃，室温下为气态，活性极高，它的用量对合成的 PBSZ 的性能影响很大。在合成反应中，本小节将 BTC 溶解在正己烷溶液中，使之与其他两种单体反应，这就造成所配置的 BTC 溶液浓度会对合成产生影响，为避免这种影响，在合成工艺及合成机理的研究中，均采用同一浓度的 BTC 溶液。

BTC 的用量较大时，得到的 PBSZ 中含有较多的 B 元素，使得最终的陶瓷纤维中含有较多 BN 组分，BN 的介电性能好，B 元素的较多引入会使最终得到的陶瓷纤维的透波性能较好。但是 BTC 为三官能度单体且活性较大，BTC 用量过大时，产物极易形成体型网状交联结构，成型性能较差。反之，BTC 的用量较少时，虽然会获得成型性能较好的先驱体，但是会降低最终陶瓷纤维的介电性能。为此，本小节固定 DCMS∶HMDZ＝2∶6（摩尔比），研究了 BTC 用量对合成出的 PBSZ 性能的影响，见表 4-1。

表 4-1　不同 BTC 用量对合成出的 PBSZ 性能的影响

实验编号	BTC 的摩尔百分比/%	产 物 性 状	软化点/℃
080331	0	无色透明液体	＜室温
071225	8.6	无色黏稠液体	＜室温
071229	9.4	无色发软固态	室温
080227	9.8	无色透明固态	50~52
080414	10.1	无色透明固态	60~62
080722	10.4	无色透明固态 *	107~109
080104	11.1	白色发泡固态 **	＞300

注：*为部分交联，**为完全交联。

从表 4-1 中可以看出，当 DCMS 与 HMDZ 直接反应时，保温 12 h 后得到的是无色透明液体，黏度较小；随着 BTC 用量的逐渐增加，所得产物黏度逐渐增大，产物的分子量逐渐变大，当 BTC 的摩尔百分比为 9.4%~10.4%时，得到软化点为室温~107℃不等的无色透明固态 PBSZ；当 BTC 的用量达到 11.1%时，得到完全交联的不熔不溶的白色发泡固体。可见，PBSZ 的软化点随 BTC 用量的增加而变大，这一方面是因为 BTC 的活性高，其用量的增加会提高反应速率；另一方面，BTC 为三官能度单体，它的增加使得大分子中的支化反应单元增多，分子量增长较快，软化点逐渐升高。从表 4-1 中还可以看出，BTC 的可调范围比较小,先驱体从无色发软固态变为交联的白色发泡固态,BTC 的摩尔百分比范围仅为 9.4%~11.1%。

图 4-3 为不同 BTC 用量下合成产物的红外(infrared, IR)谱图。从图中可以看出,PBSZ 中主要官能团对应的峰位归属分别如下:3 408 cm^{-1}、3 383 cm^{-1} 为伯胺的 N—H 伸缩振动峰;1 179 cm^{-1} 为 Si—NH—Si 的 N—H 伸缩振动峰;2 955 cm^{-1}、2 858 cm^{-1} 为饱和 C—H 的伸缩振动峰;2 125 cm^{-1} 为 Si—H 伸缩振动峰;1 410 cm^{-1} 为 Si—CH₃ 中 C—H 弯曲振动和 B—N 的伸缩振动复合峰,其中 Si—CH₃ 中 C—H 弯曲振动峰的强度较弱,B—N 的伸缩振动峰较强;1 386 cm^{-1} 为 B—N 的伸缩振动峰;1 252 cm^{-1} 为 Si—CH₃ 中 CH₃ 的对称变形振动峰,831 cm^{-1}、742 cm^{-1}、681 cm^{-1} 三个峰表明 1 252 cm^{-1} 处包含 Si—(CH₃)₃ 的振动峰;913 cm^{-1} 为 Si—N—Si 伸缩振动峰。由此可知,PBSZ 的主链结构以 Si—N—Si、Si—N—B、B—N—B 连接,以 Si—(CH₃)₃ 封端,含有活泼基团 Si—H 及 N—H。

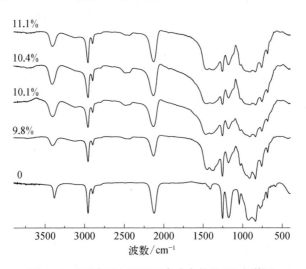

图 4-3　不同 BTC 用量下合成产物的 IR 光谱图

从图 4-3 中还可以看出,BTC 用量为 0 时,所得产物的 IR 谱图中没有 B—N 吸收峰,其他产物的红外光谱具有相同的特征峰。

表 4-2 为不同 BTC 用量下合成出产物中高波数段 N—H 峰位的具体值。从表中可以看出,不加 BTC 时,线性链上的 N—H 峰位为 3 382 cm^{-1},随着 BTC 用量的增加,所合成的 PBSZ 中 N—H 峰位逐渐向高波数偏移,这主要是因为,随着 BTC 用量的增加,产物中的硼氮六元环结构相应增加,B—N 六元环上的 N—H 会向高波数偏移,这与相关文献[3,4]的结论一致。据此结论,可以由高波数 N—H 的

具体峰位来推断产物中硼氮六元环的相对含量,N—H 的峰位越高,说明产物中
B—N 结构越多。

表 4-2 不同 BTC 用量下合成产物中 N—H 的峰位值

n_{BTC}/%	0	9.8	10.1	10.4	11.1
N—H 峰位/cm^{-1}	3 382	3 405	3 407	3 408	3 408

以不同产物红外谱图中 1 179 cm^{-1}处的 N—H 峰、2 125 cm^{-1}处的 Si—H 峰、
913 cm^{-1}处的 Si—N 峰与 1 252 cm^{-1}处 Si—Me 吸收峰的强度的比值来表征产物
中特征峰的相对强度。不同 BTC 用量下合成的 PBSZ 中 Si—H、N—H、Si—N 特
征峰的相对强弱变化如图 4-4 所示,从图中可以看出,随着 BTC 用量的增加,
Si—H、N—H 的相对含量逐渐减小,这主要是因为 BTC 为三官能度单体,随着
BTC 用量的增加,产物的线性度降低,支化度升高;而由 PBSZ 的结构又知,PBSZ
以 Si—Me$_3$封端,支化度越大,支化单元越多,所含的端基 Si—Me$_3$越多,故 Si—H、

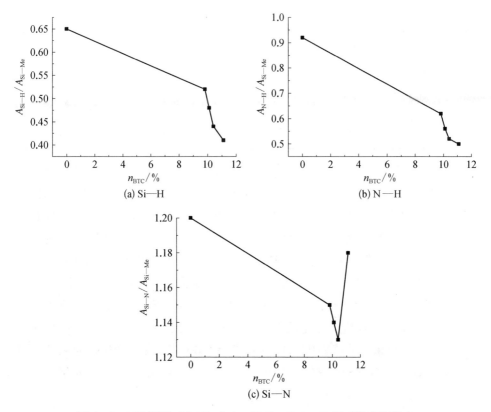

图 4-4 BTC 用量对 PBSZ 中 Si—H、N—H、Si—N 相对强度的影响

N—H 的相对含量逐渐减小。对于 Si—N 而言,其相对含量先逐渐减小,当 BTC 的摩尔百分比达到 11.1% 时,Si—N 的含量又略有变大,这主要是因为反应中大量的 Si—H 和 N—H 发生了脱氢反应生成 Si—N,所以合成出的 PBSZ 的软化点大于 300℃。

综合以上分析,为避免产物的过度支化交联,获得成型性能好的先驱体,在 PBSZ 的合成过程中,当 DCMS∶HMDZ 固定为 2∶6 时,BTC 的用量为 9.4%~ 10.4%。

2. DCMS 用量对合成的 PBSZ 性能的影响

DCMS 为二官能团物质,沸点为 41℃,常温下为液态,其活性比 BTC 低且为二官能团单体,通过改变 DCMS 的用量来改变 PBSZ 的软化点具有较大的调节范围。本节固定 BTC∶HMDZ=0.9∶6,研究 DCMS 用量对合成 PBSZ 性能的影响,结果见表 4-3。

表 4-3 不同 DCMS 用量对合成的 PBSZ 性能的影响

实验编号	DCMS 的摩尔百分比/%	产 物 性 状	软化点/℃
080407	0	淡黄色固体	75~77
080409	12.7	无色透明固态	52~54
080412	17.9	无色透明固态	40
080414	22.5	无色透明固态	60~62
080413	26.6	无色透明发泡固态	>300

从表 4-3 中可以看出,随着 DCMS 用量的增加,PBSZ 的软化点先降低后升高。当 DCMS 的摩尔百分比从 0 变为 17.9% 时,PBSZ 的软化点从 75~77℃降到低于 40℃,其颜色从淡黄色变为无色;当 DCMS 的摩尔百分比进一步增加到 26.6% 时,PBSZ 的软化点又逐渐升高,直至交联。这主要是因为 DCMS 为二官能团物质,活性较低,适量地引入 DCMS,在一定程度上降低了反应的活性,提高了产物中大分子的线性性,降低了支化度和支化单元间反应的概率,从而使产物分子量减小,软化点降低。当 DCMS 的用量进一步增加时,引入产物中的大量 Si—H 和 N—H 键会发生脱氢反应,使得产物形成体型网状结构,分子量变大,软化点升高。从该表中还可以看出,DCMS 对先驱体 PBSZ 的调节范围明显比 BTC 大,DCMS 的摩尔百分比为 0~22.5% 时,所得先驱体软化点的范围为 75~40℃

图 4-5 为不同 DCMS 用量下 PBSZ 的 IR 图。从图中可以看出,除 DCMS 用

量为 0 的 PBSZ 的 IR 光谱图中没有 Si—H 吸收峰外,不同 DCMS 用量下合成的 PBSZ 的红外光谱中基本上具有相同的特征峰。随着 DCMS 用量的增加,产物高波数段的 N—H 峰位略有变化,不同 DCMS 用量下 PBSZ 中高波数段 N—H 的具体峰峰位如表 4-4 所示。

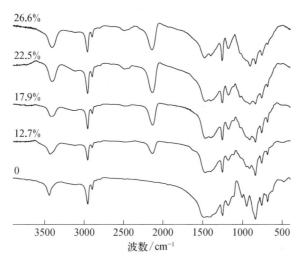

图 4-5　不同 DCMS 用量下 PBSZ 的 IR 光谱图

表 4-4　不同 DCMS 用量下 PBSZ 中 N—H 的峰位值

n_{DCMS}/%	0	10.7	17.9	22.5	26.6
N—H 峰位/cm⁻¹	3 444	3 431	3 412	3 407	3 407

从表 4-4 中可以看出,随着 DCMS 用量的增加,产物中的 N—H 吸收峰逐渐向低波数偏移,这与 3.2.1 小节的分析一致,即产物中 B—N 六元环的含量越少,高波数 N—H 吸收峰的峰位越低。

图 4-6 为不同 DCMS 用量下产物中 Si—H、N—H、Si—N 的相对含量变化图。从图中可以看出,随着 DCMS 用量的增加,产物中 Si—H、Si—N 的相对含量逐渐增加,主要因为如下:一方面,随着 DCMS 的增加,产物中引入了更多的 Si—H、Si—N;另一方面,随着 DCMS 的增加,产物的线性性增加,支化单元减少,产物中的 Si—Me₃ 减少,这两方面的综合作用使得 Si—H、Si—N 的相对含量增加地特别快。虽然 N—H 会发生转氨反应,同时 N—H 与 Si—H 间会发生少量脱氢反应,但是产物中 Si—Me₃ 的减少更加明显,使得 N—H 的相对含量仍然呈增加趋势,但其增加幅度较 Si—H、Si—N 小。

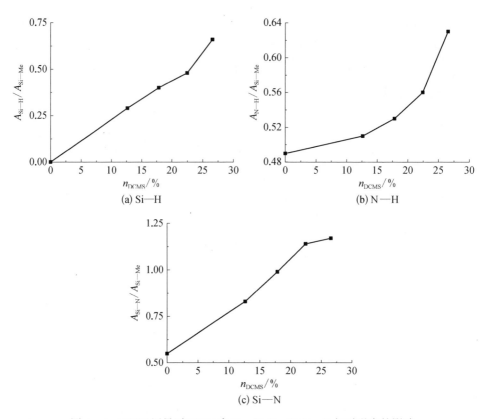

图 4 - 6　DCMS 用量对 PBSZ 中 Si—H、N—H、Si—N 相对强度的影响

　　综上所述,适量 DCMS 的引入会提高 PBSZ 的线性,减少支化度,但是,过量引入 DCMS,会使 PBSZ 分子引入大量 Si—H 键而导致交联。在 BTC ∶ HMDZ = 0.9 ∶ 6 的条件下,当 DCMS 的用量范围为 0 ~ 22.5% 时,可获得软化点范围为 70 ~ 40℃ 的先驱体 PBSZ。

3. HMDZ 用量对合成的 PBSZ 性能的影响

　　在合成 PBSZ 的反应中,BTC 与 DCMS 单体间不发生反应,故改变 HMDZ 用量时,等于同时改变 BTC 与 DCMS 的用量,由此可以预见,HMDZ 的可调范围很窄。固定 BTC ∶ DCMS = 0.9 ∶ 2,研究 HMDZ 用量对合成 PBSZ 性能的影响,结果见表 4 - 5。从表中可以看出:PBSZ 的软化点随 HMDZ 用量的增加而逐渐减小,HMDZ 的摩尔百分比低于 63.3% 时,得到交联的白色发泡固体;其摩尔百分比大于 69.2% 时,得不到固态的先驱体。同时从表中还可以看出,HMDZ 的可调范围较 BTC 和 DCMS 都小。

表 4-5　不同 DCMS 用量对合成的 PBSZ 的性能的影响

实验编号	n_{HMDZ}/%	产 物 形 状	软化点/℃
080415	63.3	白色发泡固体	>300
080416	65.5	无色透明固体	69~71
080414	67.4	无色透明固体	60~62
080422	69.2	无色透明黏稠液体	<室温

图 4-7 为不同 HMDZ 用量下合成的 PBSZ 的 IR 光谱图。从图中可以看出,产物中各基团峰位基本没有变化。HMDZ 的摩尔百分比分别为 67.4%、65.5%、63.3% 时,合成的 PBSZ 中高波数段 N—H 吸收峰的峰位分别为 3 406 cm⁻¹、3 405 cm⁻¹、3 404 cm⁻¹,N—H 峰位基本上不变。这主要是因为 BTC 与 DCMS 的用量已固定,产物中 B—N 的相对含量基本不变,所以其 N—H 的峰位不发生变化。

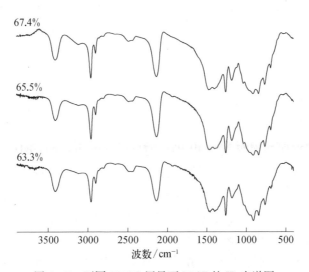

图 4-7　不同 HMDZ 用量下 PBSZ 的 IR 光谱图

4. 小结

本节研究了原料用量对合成的 PBSZ 性能的影响,结果表明:原料用量对合成 PBSZ 的性能影响很大。在固定另外两种原料用量的前提下,PBSZ 的软化点随 BTC 用量的增加而增大,当 BTC 的摩尔百分比从 9.4% 增加到 10.4% 时,合成的 PBSZ 的软化点范围为室温~107℃;PBSZ 的软化点随 DCMS 用量的增加呈先减小后增大的趋势,当 DCMS 的摩尔百分比从 0 变为 22.5% 时,合成出的 PBSZ 的软化点范围为 75~40℃;PBSZ 的软化点随 HMDZ 用量的增加而减小;合成 PBSZ 较优的原料配比为 0.9∶2∶6，在此条件下所合成出的先驱体的软化点为 60~62℃。

4.1.4 PBSZ 的组成、结构和性能

1. PBSZ 的组成分析

为了表征所合成先驱体的组成，首先对其进行了元素分析，表 4-6 为不同 BTC 用量合成的 PBSZ 的元素组成结果。

表 4-6 不同 BTC 用量合成 PBSZ 的元素组成

BTC	Si/%	B/%	N/%	C/%	O/%	H/%	Si/C 原子比	Si/B 原子比	N/B 原子比
1.05	37.59	5.02	25.53	23.19	0.83	7.80	0.69	2.41	3.27
1.1	37.23	5.15	25.96	22.53	0.50	8.63	0.71	2.32	3.24
1.15	36.64	5.4	27.14	21.62	0.69	8.51	0.73	2.18	3.23
1.2	36.31	5.55	27.89	21.13	0.94	8.18	0.74	2.10	3.23
1.25	36.28	5.82	29.42	20.35	1.04	7.09	0.76	2.00	3.25
1.35	36.07	6.05	30.57	20.04	1.06	6.21	0.77	1.92	3.25

由表 4-6 可知，先驱体中含有 Si、B、N、C、H 五种目标元素，同时，先驱体中还发现了少量的 O 元素，这主要是在样品储存、转移或测试过程中引入的。由表还可以看出，随着 BTC 用量的增加，先驱体中的 B 和 N 含量有增加的趋势，N/B 原子比基本保持不变，这是由 BTC 的反应活性决定的：BTC 一旦进入反应体系，就会与 HMDZ 中的 N 结合，因此 B/N 原子比不变。同时，由于实验过程中作为 Si 源的 DCMS 的摩尔比保持不变，Si/B 原子比随 BTC 用量的增加而逐渐下降。并且，Si/B 的比值要稍高于 DCMS 与 BTC 的摩尔比值，这是因为有部分 Si 来自 HMDZ 中的 SiMe₃ 基团。

随着 BTC 用量的增加，C 含量有下降的趋势，Si/C 原子比有增加的趋势。在合成过程中，先驱体通过脱除 HMDZ 使分子量不断长大，三官能团 BTC 用量的增加使先驱体更加容易交联，脱除更多的 HMDZ，因此 C 含量有下降的趋势。对于产物中 Si/C 原子比，一方面是 HMDZ 上的 SiMe₃，另一方面是 DCMS 中的 SiMe，前者为 1/3，后者为 1，因此实际的 Si/C 原子比为 1/3~1。Si/C 原子比的值越接近 1，说明 SiMe 基团对 Si/C 原子比的贡献越大，也就是 SiMe₃ 结构越少，意味着更多的 HMDZ 被脱除。

为了进一步分析先驱体的组成，对 PBSZ 进行了 XPS 表征，如图 4-8 所示。先驱体中发现有 Si、B、N、C、O 等元素存在，由此印证了元素分析的结果。同时，通过对 Cl 元素（结合能在 199 eV 附近）进行窄扫描发现，先驱体中没有 Cl 的存在，

证实 NH₄Cl 等杂质已完全去除,说明本方法合成的 PBSZ 具有较高的纯度。更重要的是,采用本方法合成高纯度的先驱体时,不需要过滤等烦琐的中间环节,直接通过蒸馏操作将副产物 Me₃SiCl 原位分离而得到高纯度的目标产物,这不但简化了先驱体的工艺过程,降低了工艺成本,而且从根本上减少了产物或中间产物与空气或潮气接触的机会,这对于氮化物等潮气敏感型化合物的合成是非常有利的。

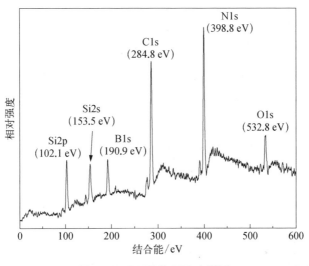

图 4-8　PBSZ 的 XPS 全谱图

此外,通过进一步对各元素进行窄扫描(图 4-9~图 4-11)发现,B1s 的结合能为 190.9 eV,与 BN 的标准结合能相当[5],由此可初步判定先驱体中的 B 以

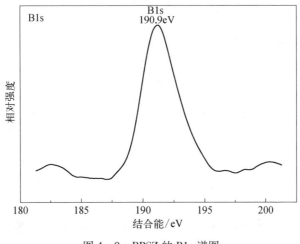

图 4-9　PBSZ 的 B1s 谱图

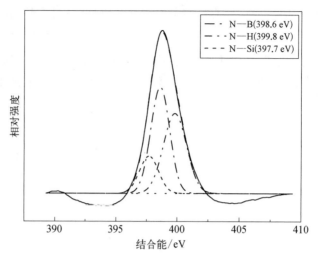

图 4 - 10　PBSZ 的 N1s 谱图及其拟合结果

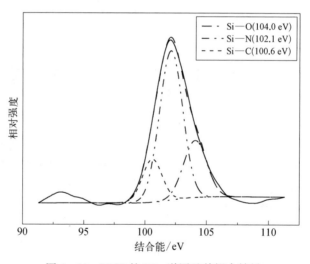

图 4 - 11　PBSZ 的 Si2p 谱图及其拟合结果

B—N 形式存在。N1s 的 XPS 峰可以拟合为 N—B、N—Si 和 N—H 的峰,由此判定 N 主要以上述三种结合状态存在,Si 主要以 Si—N、Si—C、Si—O 等形式存在。

2. PBSZ 的结构分析

为了表征 PBSZ 的化学结构,首先对 PBSZ 进行了红外光谱分析,结果如图 4 - 12 所示。

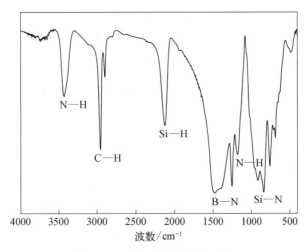

图 4 - 12　PBSZ 的红外光谱图

图 4 - 12 中主要特征峰的归属分别如下：3 429 cm^{-1}、3 383 cm^{-1}、1 179 cm^{-1}：N—H；2 955 cm^{-1}、2 858 cm^{-1}：C—H；2 125 cm^{-1}：Si—H；1 472 cm^{-1}、1 386 cm^{-1}：B—N；913 cm^{-1}：Si—N；1 252 cm^{-1}：Si—C。根据文献[6]和[7]报道，硼氮环上的 N—H 的红外特征峰较线性链上的 N—H 吸收峰向高波数偏移，为 3 425 ~ 3 505 cm^{-1}，由此可以推测 3 429 cm^{-1} 处的 N—H 吸收峰可能为硼氮环结构的吸收峰，也就是说在 PBSZ 中形成了硼氮环结构。根据 N—H 的峰形特点：在线性结构 N—H 对应吸收峰的位置 3 383 cm^{-1} 处存在一个小峰肩，分析可得硼氮环可能是由 3 383 cm^{-1} 处线性链上的 N—H 在反应过程中逐渐形成的。

为了进一步证实所合成的 PBSZ 先驱体中硼氮六环结构的存在，研究中对先驱体进行了 ^{11}B 核磁共振分析，溶剂为 CDCl$_3$，参比样为 BF$_3$·OEt$_2$，结果见图 4 - 13。结果表明，PBSZ 先驱体的 ^{11}B - NMR 谱图中，化学位移 δ 在 27.6 ppm 附近存在一个明显单峰，由此判定 B 元素在该先驱体中主要以一种结构形式存在，通过 δ 值可以判断，该峰归属于硼氮六环单元中的 BN$_3$ 结构，这也印证了红外光谱分析的结果。需要说明的是，硼氮六元环刚性结构单元的存在对于提高纤维的力学性能和耐高温性能是非常有利的。

图 4 - 14 为 PBSZ 的 ^{1}H - NMR 谱图，溶剂为 CDCl$_3$，参比样为 TMS。其中，$\delta = 0 ~ 0.41$ ppm 的多重峰为 CH$_3$ 上的质子共振峰，$\delta = 4.8 ~ 5.2$ ppm 的多重宽峰为 Si—H 键对应的质子峰。通过 ^{1}H - NMR 的变温和重水交换实验可以判定 $\delta = 0.42 ~ 4.5$ ppm 主要为 N—H 中活泼 H 的振动峰，其中，$\delta = 3.4$ ppm 的宽峰对应硼

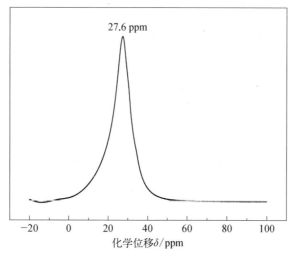

图 4 - 13　PBSZ 的 ^{11}B - NMR 谱图及其分峰拟合

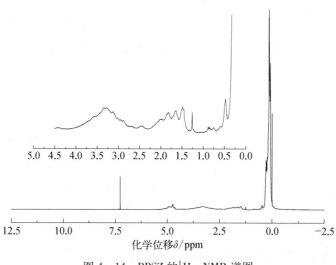

图 4 - 14　PBSZ 的 ^{1}H - NMR 谱图

氮环上 N—H 上的质子共振峰,$\delta = 1.5 \sim 1.8$ ppm 的多重宽峰对应为 B—N(H)—Si 上的质子共振峰,$\delta = 0.45$ ppm 的宽峰为 SiN—H 上的质子共振峰。

　　图 4 - 15 为先驱体 PBSZ 的 ^{13}C - NMR 谱图,溶剂为 CDCl$_3$,参比样为 TMS。先驱体中的 C 元素的共振峰主要集中在 0~5 ppm 内,主要以 Si—CH$_3$ 的形式存在,这说明原料中引入的甲基基团未参与主链成键的反应。

　　为进一步了解先驱体的结构,研究中还对 PBSZ 进行了 ^{29}Si - NMR 表征,溶

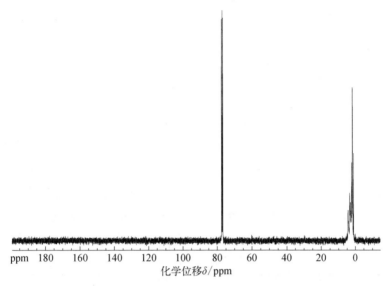

图 4-15　PBSZ 的 ^{13}C-NMR 谱图

剂为 CDCl$_3$，参比样为 TMS，结果如图 4-16 所示。谱图中 0.5~-3.5 ppm 处为 SiC$_3$N 结构对应的共振峰，-19.8 ppm 处对应的共振峰为先驱体中 Si(H)CN$_2$ 的结构单元，-22~-24 ppm 处的共振峰对应环结构中 SiN$_3$C 结构。

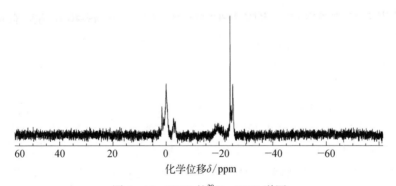

图 4-16　PBSZ 的 ^{29}Si-NMR 谱图

　　对于 SiC$_3$N 结构和 Si(H)CN$_2$ 结构的形成很容易理解，前者主要通过 HMDZ 与—Cl 基团反应即可形成，这在 PBSZ 的端基上就可以体现出来；Si(H)CN$_2$ 结构通过 DCMS 上的两个—Cl 键与 HMDZ 中的—SiMe$_3$ 反应即可得到。关于 SiN$_3$C 结构的形成，过程稍复杂些。据文献[8]~[10]，当硅氮烷中同时存在 Si—H 键和 N—H 键时，在 200~500℃ 的范围内很容易发生脱氢反应形成 Si—N 键。同时，当 Si—H 上的 H 原子与 N—H 在同一个 Si 原子上时，这种脱氢反应的发生会形成硅氮双键中间体。

4.1.5　PBSZ 的合成机理

PBSZ 的合成为逐步聚合反应,了解其合成机理,可用于指导先驱体的合成,以获得理想组成结构的先驱体。本节分别通过对不同原料合成产物、不同温度下副产物、不同温度下中间产物进行分析研究了合成的机理。

1. 单体间的反应产物分析

为与原先驱体作对比,了解原料中两种单体间反应的信息,按照固定的摩尔用量和升温程序,使两两间进行反应,不同原料合成的 PBSZ 的相关性能如下(表 4-7)。

表 4-7　不同原料合成的 PBSZ 的性能

产物代号	反 应 原 料	产 物 性 状	软化点/℃
—	BTC+DCMS	—	—
PBZ	BTC+HMDZ	黄色树脂状固体	75~77
PSZ	HMDZ+DCMS	无色透明液体	<室温
PBSZ	HMDZ+DCMS+BTC	无色透明固体	60~62

从表 4-7 中可以看出,BTC 与 DCMS 不反应,说明二者最开始只能通过与 HMDZ 反应生成中间产物,中间产物间再进行缩聚获得 PBSZ。HMDZ 与 DCMS 的反应得不到固态先驱体,主要是因为 HMDZ 和 DCMS 均为二官能团单体,它们发生线性缩聚反应,反应单元较少,速率较慢,所得产物的分子量较小。BTC 与 HMDZ 反应得到软化点为 75~77℃ 的先驱体,是因为 BTC 为三官能团单体,支化反应单元较多,分子量增长较快,所得产物的分子量较大。当三者反应时,所得产物软化点为 60~62℃,正好介于两者之间。

图 4-17 即为不同原料合成产物的 IR 谱图,从图中可以看出,合成产物的吸收峰有明显的不同。PBSZ 中 1 180 cm^{-1} 处的 Si—NH—Si 中,N—H 振动峰十分强烈,说明产物中的 N—H 都以 Si—NH—Si 的形式存在,其高波数段对应的峰位在 3 380 cm^{-1} 处;而 PBZ 中 1 180 cm^{-1} 处的 Si—NH—Si 中,N—H 振动峰很微弱,而高波数段对应的峰位 3 445 cm^{-1} 处的 N—H 振动峰仍较强,结合前面硼氮六元环上的 N—H 会向高波数偏移的分析,说明产物中的 N—H 大多以 B—NH—B 的形式存在。而 PBSZ 高波数段对应的 N—H 伸展振动峰的具体峰位为 3 408 cm^{-1},说明此处的 N—H 峰为 Si—NH—Si 上 N—H 伸展振动峰与

B—NH—B 上 N—H 伸展振动峰叠加的结果。PBSZ 高波数段对应的 N—H 峰的变宽进一步证实了这点。

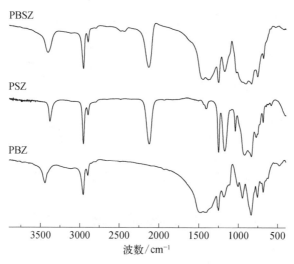

图 4 - 17　不同原料合成产物的 IR 光谱图

通过原料两两间的反应产物分析可知,首先是通过 BTC、DCMS 分别与 HMDZ 反应生成中间产物,中间产物再通过自身缩聚及与另一中间产物之间发生缩聚反应,得到最终的 PBSZ。

2. PBSZ 合成过程中的副产物分析

在 PBSZ 的合成过程中发现,在低温滴加阶段,反应液变浑浊,放出大量热量;在升温阶段,温度为 56 ~ 80℃,反应蒸馏出无色透明液体;温度为 80 ~ 145℃时,蒸馏出白色浑浊液体;在 145℃附近时,中间产物迅速由白色浑浊变为无色透明;145℃之后,蒸馏出无色透明液体;240℃后,蒸馏出无色透明黏稠液体。当温度达到 100℃附近时,冷凝管壁会出现白色固体。为了确定这些不明副产物的成分,分别对温度为 65℃、130℃、149℃、240℃后的蒸馏产物和冷凝管壁的白色固体进行 IR 分析,并通过不同温度蒸馏产物的成分推测反应机理。

图 4 - 18 为 PBSZ 合成过程中不同温度蒸馏的副产物的 IR 谱图。其中,65℃时蒸馏出无色液体,根据产物的沸点,推测该物质为 Me_3SiCl,通过与图 4 - 19 中标准 Me_3SiCl 的 IR 谱图进行比对发现,各基团吸收峰对应的位置基本一致,证明该物质即为 Me_3SiCl,它主要是由 Si—Cl、B—Cl 与 HMDZ 反应生成的。

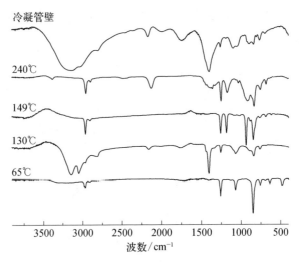

图 4 - 18　不同温度蒸馏的副产物的 IR 光谱图

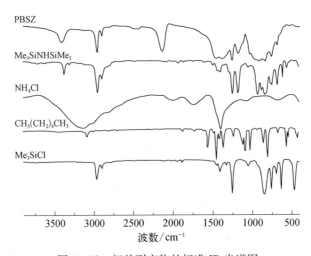

图 4 - 19　相关副产物的标准 IR 光谱图

　　冷凝管壁的白色物质在 100℃ 左右开始出现,结合 NH_4Cl 在 100℃ 开始挥发的特点及相关文献,推测该物质为 NH_4Cl,通过与图 4 - 19 中标准 NH_4Cl 的谱图进行比对发现,各基团吸收峰对应的位置一致,证明该物质即为 NH_4Cl,它可能是由转氨反应生成的。

　　130℃ 时的蒸馏副产物为白色浑浊液体,说明其为固液混合物,推测该白色浑浊液体为 Me_3SiCl、$CH_3(CH_2)_4CH_3$ 和 NH_4Cl 的混合物,该液体 IR 谱图中的主要特征峰在图 4 - 19 中 Me_3SiCl、$CH_3(CH_2)_4CH_3$ 和 NH_4Cl 的标准谱图中均可找到。

149℃时的蒸馏副产物为无色透明液体,结合其蒸馏温度及 Lee 等[11] 的研究,推测其为 $Me_3SiNHSiMe_3$,通过与图 4-19 中 $Me_3SiNHSiMe_3$ 标准谱图比对,发现各主要特征峰基本一致,证实该液体主要成分即为 $Me_3SiNHSiMe_3$,它主要是中间产物缩聚时生成的。

240℃之后的蒸馏副产物为无色透明黏稠液体,通过 IR 分析发现,该产物具有与 PBSZ 相同的吸收峰,只是 BN 特征峰较弱,说明此时蒸馏出的是小分子的 PBSZ。

通过以上分析可得,合成过程中存在下列反应:

$$\equiv BCl + Me_3SiNHSiMe_3 \longrightarrow \equiv BNSiMe_3 + Me_3SiCl$$

$$\equiv SiCl + Me_3SiNHSiMe_3 \longrightarrow \equiv SiNHSiMe_3 + Me_3SiCl$$

$$2 \equiv Si{-}NH \cdot Si \equiv \longrightarrow \equiv Si{-}\underset{\underset{Si}{|}}{N}{-}Si \equiv + \equiv Si{-}NH_2$$

$$\equiv Si{-}NH_2 + \equiv Si{-}NH \cdot Si \equiv \longrightarrow \equiv Si{-}\underset{\underset{Si}{|}}{N}{-}Si \equiv + NH_3$$

$$\equiv SiCl + 2NH_3 \longrightarrow \equiv SiNH_2 + NH_4Cl$$

$$2 \equiv SiNHSiMe_3 \longrightarrow \equiv SiNHSi \equiv + Me_3SiNHSiMe_3$$

3. PBSZ 合成过程中不同阶段中间产物分析

通过对不同阶段反应中间产物进行 IR 分析,研究反应的机理。不同阶段反应中间产物的 IR 谱图如图 4-20 所示,从图中可以看出:在室温(23 min)时,中间产物 1 340 cm^{-1} 和 1 470 cm^{-1} 处的 B—N 吸收峰并不明显;反应温度升高到 104℃(104 min),大量蒸馏出副产物,1 340 cm^{-1} 和 1 470 cm^{-1} 处,B—N 的吸收峰逐渐增强;在 240℃ 下保温 100 min(340 min)后,B—N 吸收峰与 1 410 cm^{-1} 处的 C—H 变形振动峰发生了叠加。同时从该图还可以看出,当反应温度达到 104℃ 时,3 400 cm^{-1} 处的 N—H 出现了分峰现象,具体表现为双峰态,即除了在 3 385 cm^{-1} 附近有吸收峰外,还在 3 420 cm^{-1} 附近出现一个新的吸收峰,这主要是由于结构的变化造成了相应吸收峰向高波数偏移。该现象与前面的结论相符,即硼氮环上的 N—H 红外特征峰较线性链上的 N—H 吸收峰向高波数偏移。据此可以推断,所合成的 PBSZ 先驱体中形成了硼氮环结构,并且随着温度的升高,3 420 cm⁻¹附近的吸收峰逐渐增强,说明硼氮环结构增多,相应地,线性结构减小,3 385 cm⁻¹附近吸收峰的减弱进一步证实了这一点。

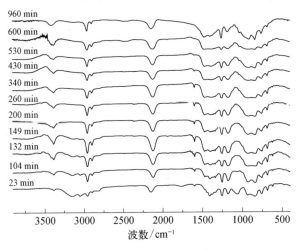

图 4 - 20　不同反应阶段中间产物的 IR 光谱图

从图 4 - 20 中还可以看出,在反应的初始阶段,即 149℃(149 min)以前,中间产物在 3 142 cm⁻¹处有一个强的吸收峰,根据前面不同温度下的蒸馏副产物谱图分析可知,此处为 NH₄Cl 的吸收峰,随着温度升高,NH₄Cl 逐渐升华,峰的强度逐渐减弱,到 149℃时,该峰消失,说明 NH₄Cl 完全升华,这与 145℃时中间产物突然变清的实验现象相符。

图 4 - 21 为不同反应阶段中间产物中 Si—H、N—H、Si—N 吸收峰相对 Si—Me₃的相对强度变化。从图中可以看出,在反应的第一阶段,即 0～149 min,Si—H、N—H、Si—N 的相对含量均增加,这主要是由于副产物 Me₃SiCl、NH₄Cl 及过量的 HMDZ 被逐渐蒸馏出去,这些物质含有相对较多的 Si—Me₃基团,从而使得 Si—H、N—H、Si—N 的相对含量增加。在 149～240 min,Si—N、N—H 的含量均减小,而 Si—H 的含量逐渐增多,在这一阶段,主要发生转氨反应及脱除 HMDZ 的反应。240～430 min 阶段,N—H 的含量减小,Si—H 的含量增多而 Si—N 的含量基本不变,这一阶段发生的反应与上一阶段相同,转氨反应及脱除 HMDZ 的反应对 Si—N 含量造成的影响基本相同。430～960 min 阶段,Si—H、N—H 的含量减小而 Si—N 的含量增多,在此阶段,主要发生 Si—H、N—H 间的脱氢反应,因此 Si—H、N—H 的含量均减少,而 Si—N 的相对含量却增多。

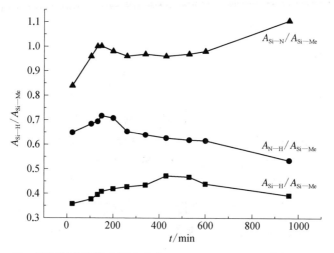

图 4-21　不同反应阶段中间产物中 Si—H、N—H、Si—N 的相对强度变化

通过不同反应阶段中间产物的 IR 分析，本节进一步验证了脱除 Me_3SiCl、HMDZ 的反应和转氨反应，此外，通过 IR 分析发现，反应后期存在 Si—H、N—H 间的脱氢反应，具体过程如下：

$$\equiv Si—H + =N—H \longrightarrow \equiv Si—N= + H_2$$

对反应过程中的中间产物进行取样，通过对取出的样品进行 ^{29}Si-NMR 分析，研究其反应机理。不同反应阶段中间产物的 ^{29}Si-NMR 如图 4-22 所示，由

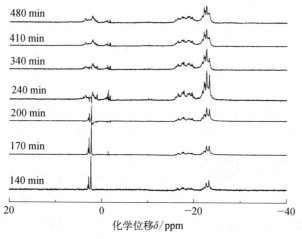

图 4-22　不同反应阶段中间产物的 ^{29}Si-NMR 谱图

图可以看出,PBSZ 中 Si 呈现较复杂的结构,其中 $\delta = -20.5 \sim -24.0$ ppm 时,多重峰为 SiN_3C 结构,$\delta = -15.8 \sim -20.5$ ppm 时,多重峰对应的是 SiN_2CH 结构,而 $\delta = 0.5 \sim 2.0$ ppm 时,多重峰对应的则是 SiC_3N 结构。

从图 4-22 中还可以看出,随着反应的进行,产物中的 SiN_3C 结构逐渐增多,尤其是 300 min 之后,峰强的增加很明显,这与 IR 分析结果一致,即在 240℃下的保温阶段主要发生 Si—H、N—H 间的脱氢反应。此外,产物中的 SiC_3N 结构在 $200 \sim 300$ min 阶段明显减少,而 SiN_2CH 结构逐渐增多,这与前面不同温度下的蒸馏副产物及不同温度下的中间产物的 IR 分析结果一致,在此阶段主要发生脱除 HMDZ 的反应。

对反应不同阶段的中间产物进行取样,通过对取出的样片进行 ^{11}B-NMR 分析,研究其反应机理,不同反应阶段中间产物的 ^{11}B-NMR 谱图如图 4-23 所示。

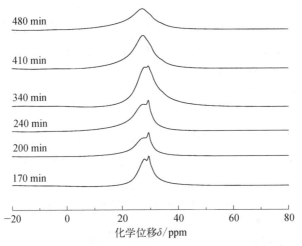

图 4-23　不同反应阶段中间产物的 ^{11}B-NMR 谱图

从图 4-23 中可以看出,B 的峰位出现在化学位移为 $25 \sim 32$ ppm 时,在 $170 \sim 410$ min 阶段,^{11}B-NMR 图出现了双峰,具体峰位分别为 27.5 ppm 和 29.5 ppm,且随着反应的进行,双峰逐渐叠加为一个单峰,最终峰位为 28.8 ppm。结合相关文献[12]推测,27.5 ppm 处为 BN_3 结构,29.5 ppm 处为 BN_2Cl 结构。随着温度的升高和保温时间的延长,29.5 ppm 处的峰位逐渐向低化学位移值偏移,说明 BN_2Cl 结构逐渐减少,而 BN_3 结构逐渐增多,这主要是因为 BN_2Cl 结构通过形成 BN 六元环转化为 BN_3 结构,具体过程如下:

$$BCl_3 + 2Me_3SiNHSiMe_3 \longrightarrow Me_3SiN\overset{\overset{\displaystyle Cl}{|}}{B}NSiMe_3 + 2Me_3SiCl$$

$$3Me_3SiN\overset{\overset{\displaystyle Cl}{|}}{B}NSiMe_3 \longrightarrow Me_3SiHN\text{（六元环结构）}NHSiMe_3 + 3Me_3SiCl$$

4. 小结

综合以上分析,可将 PBSZ 的合成反应分为三步。第一步,BTC 和 DCMS 分别与 HMDZ 发生反应脱除 Me_3SiCl 形成低聚物,低聚物间发生转氨反应生成副产物 NH_4Cl、NH_3,具体过程如下:

$$\equiv BCl + Me_3SiNHSiMe_3 \longrightarrow \equiv BNHSiMe_3 + Me_3SiCl$$

$$\equiv SiCl + Me_3SiNHSiMe_3 \longrightarrow \equiv SiNHSiMe_3 + Me_3SiCl$$

$$2\equiv Si\!-\!NH\!-\!Si\equiv \longrightarrow \equiv Si\!-\!\overset{\overset{\displaystyle Si}{\|}}{N}\!-\!Si\equiv + \equiv Si\!-\!NH_2$$

$$\equiv Si\!-\!NH_2 + \equiv Si\!-\!NH\cdot Si\equiv \longrightarrow \equiv Si\!-\!\overset{\overset{\displaystyle Si}{\|}}{N}\!-\!Si\equiv + NH_3$$

$$\equiv SiCl + 2NH_3 \longrightarrow \equiv SiNH_2 + NH_4Cl$$

第二步,随着温度升高,低聚物间会发生成环和脱除 HMDZ 的反应,分子量逐渐长大,具体反应如下:

$$3Me_3SiN\overset{\overset{\displaystyle Cl}{|}}{B}NSiMe_3 \longrightarrow Me_3SiHN\text{（六元环结构）}NHSiMe_3 + 3Me_3SiCl$$

$$2\equiv SiNHSiMe_3 \longrightarrow \equiv SiNHSi\equiv + Me_3SiNHSiMe_3$$

$$\equiv BNHSiMe_3 + \equiv SiNHSiMe_3 \longrightarrow \equiv BNHSi\equiv + Me_3SiNHSiMe_3$$

第三步,在反应后期,通过脱氢反应,PBSZ 的分子量进一步增大,得到最终的先驱体,具体反应如下:

$$\equiv Si-H + = N-H \longrightarrow \equiv Si-N = + H_2$$

4.2　PBSZ 的熔融纺丝

在 SiBN 纤维的制备过程中,PBSZ 纤维的性能会直接影响后续工序的开展并影响 SiBN 纤维的性能,因此 PBSZ 纤维的成型是制备 SiBN 纤维的关键技术之一,研究 PBSZ 的熔融纺丝工艺具有十分重要的意义。先驱体的流变性能是先驱体的重要特征之一,它从根本上反映了先驱体的熔融纺丝加工性能的优劣,因此本节首先研究 PBSZ 的流变性能。

4.2.1　PBSZ 的流变性能

一般来说,PBSZ 的可纺性、纺丝稳定性及纺丝最佳工艺条件等与 PBSZ 熔体的流变性密切相关,PBSZ 熔体的流变行为是由 PBSZ 的组成、结构等特性决定的,从流变学观点来看,PBSZ 的流变性是其本身分子量及分布、结构等的一种反映,也是成型过程中流变行为的内因。因此,测定和研究熔体的流变性是探索纺丝熔体结构,了解其变化规律的一种简单而有效的方法,也是研究纺丝工艺的前提。

反映聚合物流变性能的主要参数有流体类型、黏温特性、牛顿指数等。本节以合成的软化点为 60~62℃的典型 PBSZ 为例,分别对其熔体的流体类型、黏温特性等进行了表征。

研究发现,随着温度的升高和压力的增大,PBSZ 熔体流出速度越来越快。用剪切应力对剪切速率作图,可得到熔体的流变曲线,如图 4-24 所示。从 PBSZ 熔体的流变曲线可以看出,PBSZ 的剪切速率在 $10 \sim 110 \ s^{-1}$ 变化时,剪切应力为 $1.7 \times 10^5 \sim 7.1 \times 10^5 \ Pa$。且随着温度的升高,PBSZ 的流变曲线下移,同时,当作用于 PBSZ 熔体上的剪切应力变化相同时,温度越高,其剪切速率的变化就越大。也就是说,温度越高,曲线的斜率越小,熔体的表观黏度变小,这可以说明熔体为切力变稀流体。这主要是因为,PBSZ 熔体产生的流动主要是分子链重心沿流动方向发生的位移及链间的相互滑移。温度升高,分子热运动能量增加,液体中的空穴也随着增多和膨胀,使流动的阻力减小。同时,温度升高,可以增加分子链的柔性,使之易于沿剪切方向进行链段向空穴的跃迁扩散运动,因此随着温度的升高,流变曲线下移。

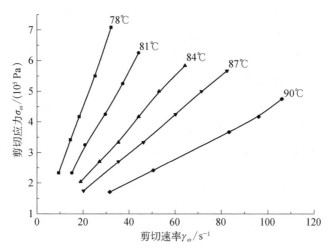

图 4-24　不同温度下 PBSZ 熔体的流变曲线

图 4-25 为在不同温度下 PBSZ 的表观黏度与剪切速率的关系。由图可见,PBSZ 的表观黏度随剪切速率的增加而减小,即剪切变稀,这可说明 PBSZ 熔体属于假塑性流体。虽然 PBSZ 不是明显的线性大分子,但其支链在流场中也发生一定取向,链段取向效应使分子链在流层间传递动量的能力减小,流层间的牵拽力也随之减小,表现为一定程度的表观黏度的下降,出现剪切变稀现象。另

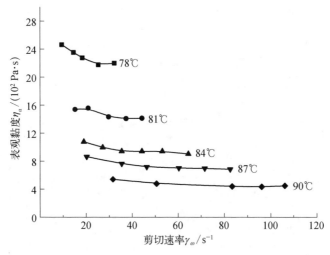

图 4-25　不同温度下 PBSZ 的表观黏度与剪切速率的关系

外,温度升高,PBSZ 大分子链段运动剧烈,分子链间的缠结受到的剪切应力作用很容易被破坏,使缠结点浓度降低,黏度下降,出现剪切变稀。

从图 4 - 25 还可以看到,随着温度升高,表观黏度下降的趋势变缓。这主要是因为温度进一步升高,分子链受热运动影响会产生新的缠结点,抵消了部分剪切作用,从而使 PBSZ 的表观黏度对剪切速率的敏感性随温度的升高而降低。

高聚物熔体的流体类型一般可由流变曲线的形状来判断,更进一步的研究则是根据流动指数 n 的变化来分析。$n<1$ 时,为假塑性流体;$n=1$ 时,为牛顿流体;$n>1$ 时,为膨胀性流体。一般来说,流动指数 n 随剪切速率的变化而变化,但是当剪切速率的范围不是很宽时,在这个较窄的剪切速率范围内,可将 n 视为常数。

根据指数定律[13]:

$$\eta_{\alpha} = \frac{\sigma_{\omega}}{\gamma_{\omega}} = K\gamma_{\omega}^{n-1} \qquad (4-1)$$

可得

$$\ln \eta_{\alpha} = \ln K + (n-1)\ln \gamma_{\omega} \qquad (4-2)$$

为比较不同温度下剪切速率的变化对熔体表观黏度的影响,求出其流动指数 n,根据式(4-2),在不同温度下用剪切速率的对数和表观黏度的对数作图,如图 4 - 26 所示。根据各曲线的斜率,可计算出不同温度下 PBSZ 熔体的流动指数 n,如表 4 - 8 所示。

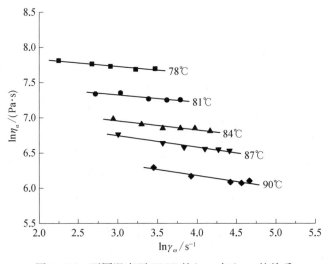

图 4 - 26　不同温度下 PBSZ 的 $\ln \eta_{\alpha}$ 与 $\ln \gamma_{\omega}$ 的关系

表 4-8 不同温度下 PBSZ 熔体的流动指数 n

温度/℃	78	81	84	87	90
流动指数 n	0.90	0.90	0.87	0.84	0.83

从表 4-8 中可知,不同温度下 PBSZ 熔体的流动指数 $n<1$,说明 PBSZ 熔体为假塑性流体,这与前面的分析结果一致。

以流变实验压力为 0.5 MPa 时的实验结果为例分析,在恒定的剪切应力下,PBSZ 熔体的表观黏度与温度的关系见图 4-27 所示。从图中可以看出,随着温度的升高,PBSZ 熔体的表观黏度以指数方式降低,说明 PBSZ 的表观黏度对温度的变化比较敏感。实验证明,PBSZ 熔体的表观黏度在 700~800 Pa·s 时,可纺性较好。

对于牛顿流体和流动时的温度远高于该熔体的玻璃化温度或熔点的非牛顿流体,其表观黏度近似地符合 Andrade 方程[14]:

$$\eta_\alpha = A\exp(E_\eta/RT) \tag{4-3}$$

或取其对数形式:

$$\ln \eta_\alpha = \ln A + E_\eta/RT \tag{4-4}$$

式中,E_η 表示黏流活化能;R 为气体常数;T 为绝对温度;A 为常数。

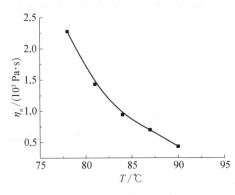

图 4-27　PBSZ 熔体的表观黏度与温度的关系

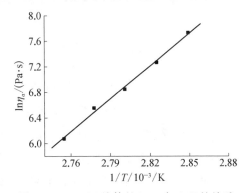

图 4-28　PBSZ 熔体的 $\ln \eta_\alpha$ 与 $1/T$ 的关系

以 $\ln \eta_\alpha$ 对 $1/T$ 作图,如图 4-28 所示。在较窄的温度范围内,$\ln\eta_\alpha$ 与 $1/T$ 可视为直线关系,根据斜率即可求得黏流活化能 E_η,E_η 的大小反映出聚合物黏度对温度的依赖性,E_η 越大,表示熔体对温度越敏感。根据图 4-28 中直线的斜率,结合式(4-4)得出 PBSZ 熔体的黏流活化能约为 142 kJ/mol,它比一般成纤高聚物,如丙纶(41.7 kJ/mol)、PET(79.2 kJ/mol)[15]的黏流活化能要高,这体现了作为陶瓷先驱体聚合物的特点。但是,和作为典型的连续 SiC 纤维先驱体的聚碳硅烷相比,其黏流活化能要低,后者的黏流活化能为 190～230 kJ/mol[16]。聚合物黏流活化能的高低反映了其加工过程中黏度对温度的敏感性,黏流活化能越低,其黏度对温度越不敏感,越利于纺丝加工。相对于聚碳硅烷而言,本节得到的 PBSZ 先驱体具有较低的黏流活化能,说明其可能具有较好的熔融纺丝性能,这从后面的纺丝实践中得到了证实。

4.2.2　PBSZ 的单孔纺丝

利用流变性可以在理论上对 PBSZ 熔体的成型性能优劣进行判断,纺丝性能则是对先驱体成型性能好坏的实践验证。PBSZ 纤维的成型与 PBSZ 本身的分子量及其分布有着密切的关系,图 4‐29 为软化点为 60~62℃的典型 PBSZ 的分子量分布曲线。

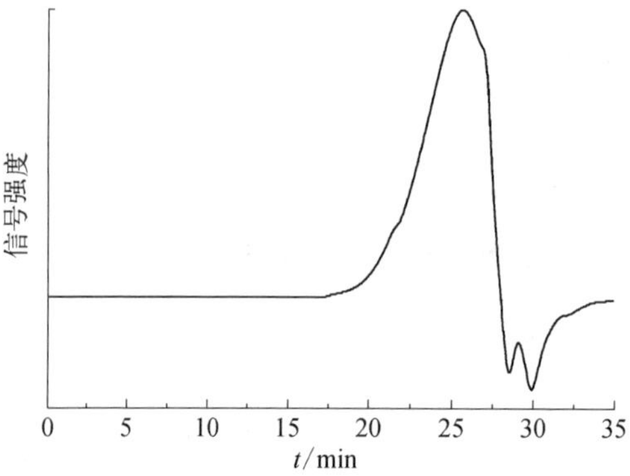

图 4‐29　PBSZ 的分子量分布曲线

由分子量分布曲线分析可知,该先驱体的重均分子量为 16 212,数均分子量为 10 862,分子量分散系数为 1.50,分子量分散系数比较小,说明 PBSZ 的分子量大小比较集中,分子量分布比较窄,GPC 图中仅有一个窄峰证明了这一点。一般来说,这样的聚合物流变性能比较好,纺丝成型性能优异。

由 PBSZ 的分子量分布曲线知,PBSZ 可能具有优异的纺丝性能,但是,要获得连续 PBSZ 纤维,还需严格控制纺丝的工艺条件,为此,本节针对合成的 PBSZ,采用单孔纺丝装置,研究了纺丝温度、卷绕速度等对纤维成型的影响。

从 PBSZ 的黏温曲线知,PBSZ 熔体的表观黏度随温度变化很大,因此 PBSZ 的纺丝受到很大的温度制约。以不同条件下合成出的 PBSZ 为例,其软化点与纺丝温差、可纺性的关系如表 4‐9 所示。其中,纺丝温差为纺丝温度与先驱体软化点最小值的差值。可纺性的评价标准为在保证 PBSZ 纤维直径较细的情况下,以原丝的平均无断头长度 L 作为可纺性的判断标准,$L>2\,400$ m 时,说明可纺性很好;480 m$<L<2\,400$ m 时,说明可纺性好;$L<480$ m 时,说明可纺性差。

表 4 - 9　不同软化点的 PBSZ 的纺丝温差与可纺性

实验编号	软化点/℃	纺丝温度/℃	纺丝温差/℃	可纺性
080414	60~62	87	27	很好
070928	78~80	133	55	好
080418	79~81	127	48	很好
080101	85~87	132	47	很好
080603	95~97	151	56	好

从表 4 - 9 中可以看出,PBSZ 的可纺性整体较好,这主要是因为 PBSZ 为三单体间的逐步缩聚产物,逐步缩聚反应较一般的自由基加成反应速率慢且条件易控制,其分子量分布较单一,分子量分散系数小,流变成型性能好。从该表还可以看出,随着软化点的升高,PBSZ 的纺丝温度逐渐升高,软化点与纺丝温度的差值逐渐变大。这是因为,软化点越高的先驱体,分子量越大,分子链越长,支化结构越多,黏流活化能越大,需要较高的温度才能满足纺丝黏度的要求。

在前面先驱体合成工艺的研究中发现,BTC 的浓度对合成的 PBSZ 性能有影响,为此,本节在同样的配比、升温速率及保温温度的基础上,研究了 BTC 浓度对合成先驱体纺丝性能的影响,见表 4 - 10。

表 4 - 10　不同浓度 BTC 合成的 PBSZ 的纺丝温差及纺丝性能

实验编号	BTC 浓度/%	反应时间/h	软化点/℃	纺丝温度/℃	纺丝温差/℃	纺丝性能
070928	40.5	10	78~80	133	55	一般
080418	30.2	12	79~81	127	48	很好
080724	28.5	13	83~85	140	57	好
080101	15.8	16.5	85~87	133	48	很好

表 4 - 10 即为在相同配比和升温程序下,BTC 浓度对合成先驱体纺丝温差及纺丝状况的影响。从表中可以看出,随着 BTC 浓度的减小,获得相近软化点的 PBSZ 所需的时间越长,这主要是因为 BTC 浓度越低,初始反应速率越慢,达到相近分子量所需的时间越长。此外,从表中还可以看出,对于软化点相近的先驱体,纺丝温差越小,其可纺性越好。这主要是因为,软化点相近的 PBSZ,其数均分子量相差不大,但分子量分布宽窄不同,纺丝温差越大的先驱体,其分子量分布越宽,需要较高的温度才能使所有的大分子满足纺丝黏度的要求;而对于纺丝温差较小的先驱体,其分子量分布较窄,在较低的温度条件下,就可以使所有的分子达到纺丝黏度的要求。对比表 4 - 10 中各实验还可以发现,浓度高的

BTC 溶液合成出的软化点相近的 PBSZ,其纺丝温差较大,可能是因为反应速率过快,导致产物分子量分布过宽。

对于同一批 PBSZ,在不同温度下的纺丝状况也有差异,以软化点为 95~97℃的先驱体为例,研究不同温度下的纺丝状况,纺丝用喷丝板直径为 0.25 mm、N₂压力为 0.3 MPa、收丝筒转速为 300 m/min。纺丝温度对 PBSZ 连续纺丝无断头长度及纤维直径的影响分别如图 4－30 和图 4－31 所示。

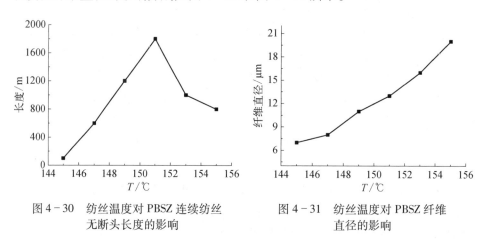

图 4－30　纺丝温度对 PBSZ 连续纺丝　　　　　图 4－31　纺丝温度对 PBSZ 纤维
　　　　　无断头长度的影响　　　　　　　　　　　　　直径的影响

从图 4－30 中可以看出,PBSZ 在 151℃时,纤维平均连续长度最大,在151℃之前,随着温度升高,纤维连续长度逐渐增加,在 145℃时,纤维连续长度仅为 100 m;而增加 6℃后,即在 151℃时,纤维连续平均长度达到 1 800 m;当温度超过 151℃后,平均连续无断头长度明显降低,整个变化范围仅为 10℃。从图 4－31 可以看出,随着温度升高,PBSZ 纤维的直径逐渐变粗。

由于 PBSZ 原纤维呈脆性且强度很低,对于熔融纺丝,收丝筒速度的控制就尤为重要。收丝筒速度低,纺丝时间长,但容易造成纤维直径较大;收丝筒速度太高,纤维直径小,但平均连续长度小,易断丝,而且高速振转动引起的风较强,纤维易断,使得可纺性降低。

同样以大合成的软化点为 95~97℃的先驱体为例,在纺丝压力为 0.3 MPa、纺丝温度为 151℃的条件下,研究收丝筒速度对 PBSZ 连续纺丝无断头长度及PBSZ 纤维直径的影响,其关系分别如图 4－32 和图 4－33 所示。

从图 4－32 和图 4－33 中可以看出,收丝筒转速越高,纤维直径越细,但是纤维的平均连续无断头长度减小,可纺性变差。因此,为了兼顾可纺性与纤维直径,收丝筒转速一般控制在 350 m/min。

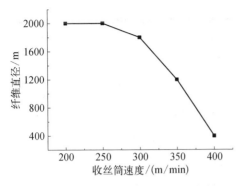

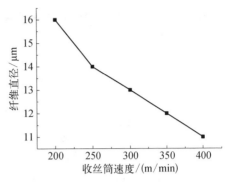

图 4-32 收丝筒速度对 PBSZ 连续纺丝 无断头长度的影响

图 4-33 收丝筒速度对 PBSZ 纤维 直径的影响

综合以上分析,PBSZ 的可纺性必须从其本身的特性及纺丝条件多方面考虑。其中,PBSZ 的分子量及其分布(通过软化点间接表现)与分子结构、纺丝温度是决定性的影响因素。收丝筒转速对于提高纤维平均无断头长度及降低纤维直径的作用是相反的,因此在纺丝过程中,收丝筒转速存在一个最佳值。对于大合成的软化点为 95~97℃ 的 PBSZ,纺丝的最佳工艺条件如下:纺丝压力为 0.3 MPa,纺丝温度为 151℃,收丝筒转速为 350 m/min。在这种条件下所纺的纤维连续平均无断头长度为 1 750 m,纤维直径为 12 μm。图 4-34 为 PBSZ 纤维的光学和电镜照片。

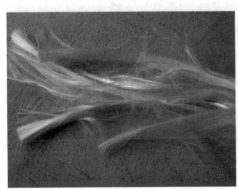

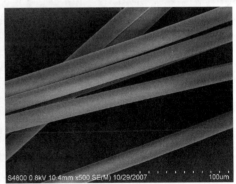

图 4-34 PBSZ 纤维的光学和电镜照片

4.2.3 PBSZ 的多孔连续纺丝

在多孔连续纺丝工艺中,采用的是 200 孔的喷丝板,从喷丝板出来的原丝带有静电,需要集束剂才能卷绕收集,故集束剂成为多孔纺丝能否顺利进行的关键因素。用作 PBSZ 纤维的集束剂需满足如下条件:① 常温下为液体,无毒;② 与先驱体丝不发生化学反应,不溶解先驱体丝;③ 沸点低,集束后易除去;④ 价廉易得等。针对以上要求,本节选取以下 6 种典型的物质为待选集束剂,通过将PBSZ 原丝浸入试剂中,观察试剂与先驱体丝的相互溶解性及反应特性,待选集束剂的物理化学性质如表 4 - 11 所示。

表4-11　待选集束剂的物理化学性质

试 剂	气 味	沸点/℃	溶解性	反应特性
水	无味	100	不溶	无明显化学反应
2.4%的氨水	有刺激性气味	—	不溶	无明显化学反应
丙酮	特殊的辛辣气味	56.5	迅速溶解	—
乙醇	特殊香味	78.4	—	放出气体
三乙胺	强烈氨臭	89.5	溶解	—
乙二胺	类似氨的气味	117.2	—	有明显反应

从表 4 - 11 中可以看出,乙醇、乙二胺与 PBSZ 原丝有明显的反应,不能作为PBSZ 原丝的集束剂;丙酮与三乙胺能够迅速溶解先驱体丝,也不能作为先驱体丝的集束剂,综合以上各项性能,水和氨水有望作为 PBSZ 大纺的集束剂。

为进一步确定水和稀氨水作为集束剂与先驱体丝是否有反应,将浸泡过的PBSZ 先驱体丝在不同时间进行 IR 分析,通过不同时间 IR 谱图中吸收峰有无变化来确定是否发生了反应,分别对浸泡后 1 h、2 h 的先驱体丝进行了分析。

图 4 - 35 为水处理后的 PBSZ 纤维的 IR 谱图。从图中可以看出,先驱体丝

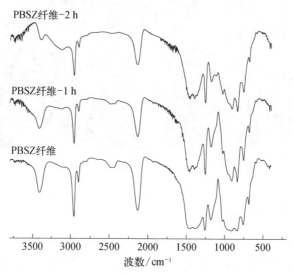

图 4 - 35　水处理后的 PBSZ 纤维的 IR 光谱图

浸泡 1 h 后,IR 图中各吸收峰无变化,说明此时先驱体丝没有与水发生反应;2 h 后,相对于未经过水处理的原丝,先驱体丝 IR 光谱图中 1 080 cm^{-1} 处出现了一个较小的新的吸收峰,为 Si—O—Si 或 Si—O—C 中 Si—O 伸展振动峰,由此可以判断,水处理后的先驱体丝于 2 h 后发生了反应。

　　图 4-36 为经质量分数 2.4% 的氨水处理后的 PBSZ 纤维的 IR 谱图。从图中可以看出,PBSZ 先驱体丝浸泡 1 h 后,IR 谱图中各吸收峰无变化,说明此时先驱体丝没有与水发生反应;2 h 后,先驱体丝 IR 谱图中的 1 080 cm^{-1} 处出现了一个较小的新的吸收峰,与水处理过的 PBSZ 纤维对比,峰的强度与形状、位置均无明显变化,说明氨水处理过的 PBSZ 先驱体丝于 2 h 后也发生了反应,二者与先驱体丝的反应类型相同,反应程度相近。

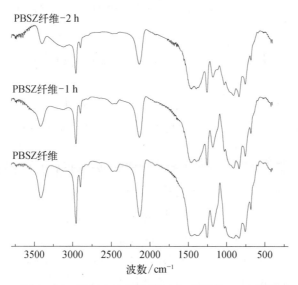

图 4-36　经氨水处理后的 PBSZ 纤维的 IR 光谱图

　　综合以上分析,以水和 2.4% 的氨水为集束剂来处理 PBSZ 丝,在 1 h 内不会与先驱体丝发生反应,2 h 后会有轻微水解,二者的反应类型和反应程度相似。根据文献推测,采用氨气和热的水蒸气混合,可用来集束 PBSZ 原丝,这说明,用水或氨水集束 PBSZ 原丝后,若能迅速除掉集束剂,可避免反应。为此,本节以水为集束剂,进行了 PBSZ 多孔连续熔融纺丝的探索,获得了约 400 g PBSZ 原纤维。图 4-37 为通过多孔连续熔融纺丝得到的 PBSZ 原丝的光学照片,由图可知,纤维经水集束后,在短时间内快速导丝处理后仍然具有亮泽的表面。

图 4 - 37　多孔连续熔融纺丝的 PBSZ 原丝的光学照片

4.3　PBSZ 纤维的不熔化处理

由于 PBSZ 原纤维是脆性纤维,在很小的外力作用下就能发生纤维断裂和破损,为了提高原纤维强度,使其能够在高温烧成时不发生熔并,保持纤维形状,并获得较高的陶瓷产率,减少纤维中的缺陷,必须采取不熔化处理。不熔化处理是指在有机高分子纤维内部产生交联,形成三维网络状的大分子结构,即由热塑性树脂转变为热固性树脂,最终使纤维形状得以保持。

PBSZ 纤维的不熔化处理一般采用化学气相交联法(chemical vapor curing, CVC)或热交联法。CVC 法是指引入活性气氛($HSiCl_3$、BCl_3、$MeHSiCl_2$、H_2SiCl_2)等使之与 PBSZ 纤维中的基团($SiMe_3$、N—H、Si—H)反应,从而实现不熔化。该方法反应迅速,所需时间短,但是仅能在 PBSZ 纤维表面反应。热交联法是在一定温度下使 PBSZ 纤维中的活性基团自身发生反应,实现不熔化。由于 PBSZ 的软化点较低(<100℃),为避免不熔化处理时 PBSZ 原丝发生熔并,热交联的处理温度需低于先驱体的软化点,处理温度过低会使交联反应速率过慢,故热处理所需时间较长。本节结合这两种不熔化处理工艺的特点,首先采用 CVC 法使 PBSZ 纤维表面不熔化,使之保持纤维形状,然后在较高的温度(150~350℃)条件下进行热交联,最终实现不熔化。

4.3.1　PBSZ 纤维的不熔化过程

图 4 - 38 为在室温采用 CVC 法处理 30 min 后,不同热交联温度下 PBSZ 纤

维的 IR 谱图,其中热交联升温速率为 0.5℃/min。采用 CVC 处理后,PBSZ 纤维中 2 950 cm^{-1}、2 895 cm^{-1}处的 C—H 伸展振动峰变弱,1 260 cm^{-1}、860~690 cm^{-1}处的 Si—CH$_3$变形振动峰变弱,说明 PBSZ 纤维中—CH$_3$变少,可能是因为发生了脱除 Me$_3$SiCl 的反应。同时,3 000~3 500 cm^{-1}出现一个宽的吸收峰,为 O—H 和 N—H 的叠加峰,此处的 O—H 主要为采用 CVC 法引入的 Si—Cl 水解产生的。加热交联后,随着热交联温度的升高,PBSZ 纤维中的 Si—H、N—H 峰强度逐渐减弱,说明 Si—H、N—H 的含量逐渐减少,主要发生了 Si—H、N—H 间的脱氢反应。

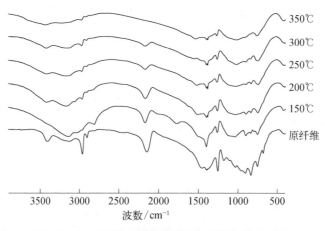

图 4 - 38　不同热交联温度下 PBSZ 纤维的 IR 谱图

通过不熔化处理不同阶段 PBSZ 的 IR 谱图,不熔化处理中可能存在如下反应[17]：

$$\equiv N—SiMe_3 + Cl—Si \equiv \longrightarrow \equiv N—Si \equiv + Me_3SiCl$$

$$\equiv N—H + Cl—Si \equiv \longrightarrow \equiv N—Si \equiv + HCl$$

$$NH_3 + Cl—Si \equiv \longrightarrow \equiv N—Si \equiv + NH_4Cl$$

$$\begin{matrix} & | & & & & | \\ & NH & & & & NH \\ & | & & | & & | \\ H_3C—Si—H & + & H—N & \longrightarrow & H_3C—Si—N \diagup & + H_2 \\ & | & & & & | \\ & NH & & & & NH \\ & | & & & & | \end{matrix}$$

4.3.2　PBSZ 纤维不熔化处理工艺

在不熔化处理过程中,CVC 时间(通入活性气体的时间)、热交联的温度及热交联的升温速率对不熔化程度的影响较大,本小节分别对这几个因素进行了考察。

1. CVC 时间对不熔化处理的影响

CVC 时间对不熔化处理的影响很大,CVC 时间过短时,不能完全实现纤维的不熔化,在烧成过程中容易熔融并丝;CVC 时间过长时,通入的活性气氛过多,会有较多的 Si—Cl 键没有反应,Si—Cl 键极易水解,会对 SiBN 纤维的力学性能、耐高温性能及介电性能产生不利影响。在前期的研究中发现,$HSiCl_3$、BCl_3、H_2SiCl_2 气体在与 PBSZ 纤维反应时,由于活性过高,反应过快,易放出大量热量,使 PBSZ 纤维熔融并丝,故本节选择活性较低的 DCMS 气体进行 PBSZ 纤维的不熔化。

表 4-12 为 CVC 时间对不熔化处理的影响,其中不熔化纤维 C 含量的下降是指纤维中 C 的质量百分数的下降值。从表中可以看出,随着 CVC 时间的延长,不熔化处理后 PBSZ 纤维的重量下降,这主要是因为 Si—Cl 与 ≡N—Si—Me₃ 发生反应,脱除了 Me_3SiCl,不熔化纤维中 C 含量的下降也是由该反应造成的。同时可以看出,随着 CVC 时间的延长,PBSZ 纤维凝胶含量逐渐增加,说明不熔化程度逐渐升高,CVC 时间从 2 min 增加到 30 min 时,凝胶含量从 86.7% 增加到 90.3%,CVC 时间进一步延长到 60 min 时,凝胶含量仅增加 0.3%,说明 CVC 时间超过 30 min 后,进一步延长 CVC 时间对不熔化程度的影响不大,故选择 CVC 时间为 30 min。

表 4-12 CVC 时间对不熔化处理的影响

编号	CVC 时间/min	不熔化处理后的重量/%	凝胶含量/%	不熔化纤维 C 含量的下降/%
1	2	82.4	86.7	12.5
2	10	78.5	88.2	15.3
3	30	76.9	90.3	18.6
4	60	76.2	90.6	19.2

2. 热交联温度对不熔化处理的影响

研究热交联温度对不熔化处理的影响主要是通过改变温度,调节 PBSZ 纤维中活性基团间反应的速率,结果见表 4-13。

表 4－13   热交联温度对不熔化处理的影响

编号	热交联温度/℃	不熔化处理后的重量/%	凝胶含量/%	不熔化纤维 C 含量的下降/%
1	200	81.3	81.1	17.8
2	250	77.9	85.6	18.1
3	300	76.9	90.3	18.6
4	350	75.6	91.7	17.2

从表 4－13 中可以看出,随着热处理温度的升高,不熔化处理后的纤维重量下降,凝胶含量逐渐升高,说明不熔化程度逐渐升高。这主要是因为随着热交联温度的升高,PBSZ 纤维中的 Si—H、N—H 间反应速率越快,不熔化程度越高,同时,纤维的重量降低得越多。热交联温度在 200~300℃间,温度每升高 50℃,凝胶含量增加约 4.5%,温度从 300℃升高到 350℃时,凝胶含量仅增加 1.4%,说明温度热交联温度超过 300℃后,升高温度对不熔化程度的影响不大,故选择 300℃为热交联的温度。

3. 热交联升温速率对不熔化处理的影响

热交联升温速率对不熔化处理的影响主要是通过改变 BSZ 纤维中活性基团间反应的时间来控制不熔化的程度。表 4－14 为热交联升温速率对不熔化程度的影响。

表 4－14   热交联升温速率对不熔化程度的影响

编号	热交联升温速率/（℃/min）	不熔化处理后的重量/%	凝胶含量/%	不熔化纤维 C 含量的下降/%
1	0.5	76.9	90.3	18.6
2	1	79.6	89.6	18.2
3	2	80.9	85.3	18.7
4	5	82.6	82.7	18.0

从表 4－14 中可以看出,随着热交联升温速率的逐渐变大,不熔化处理后的纤维重量下降,凝胶含量下降,说明 PBSZ 纤维的不熔化程度降低。这主要是因为,热交联升温速率越大,热交联时间越短,Si—H、N—H 间的反应越不充分,PBSZ 纤维的不熔化程度降低。热交联升温速率为 0.5℃/min 时,不熔化纤维的凝胶含量最高,为 90.3%,说明此时不熔化程度最高,故选择热交联升温速率为 0.5℃/min。

综合以上分析,本小节确定不熔化处理最优的工艺条件如下:室温下 CVC 处理 30 min 后,以 0.5℃/min 的速率升温到 300℃进行热交联。在此条件下处理过的纤维凝胶含量为 90.3%,纤维中碳含量下降了 18.6%。

图 4-39 为不熔化处理前后 PBSZ 纤维的 TG 曲线。从图中可以看出,处理前后,PBSZ 纤维在 100℃附近均有明显失重,这主要是纤维吸水造成的,同时可以看出,不熔化处理过的纤维由于引入了 Si—Cl 键,其吸水明显较不熔化处理前严重,为避免这种影响,本节在管式炉中进行不熔化处理,处理后直接烧成,尽量避免与空气接触。从图中还可以看出,不熔化处理后,纤维的陶瓷产率明显提高,扣除吸水的影响,PBSZ 纤维的陶瓷产率从 66.1%增加到 91.0%。

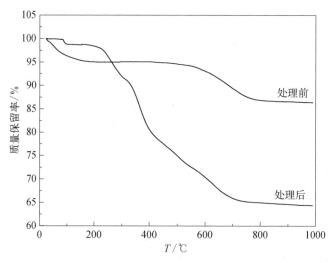

图 4-39　不熔化处理前后 PBSZ 纤维的 TG 曲线

4.4　PBSZ 不熔化纤维的烧成

不熔化处理后的 PBSZ 纤维中仍含有较多的 C,C 含量对最终纤维的介电性能影响很大,C 含量越高,ε 越大,介电性能越差,故在 PBSZ 纤维高温裂解阶段,需将 C 除去。在 NH_3 和 N_2 的混合气氛下进行高温裂解,除碳效果较好。在过程中,本节分别考察不熔化程度、裂解温度及加张对烧成的 SiBN 纤维影响。

4.4.1　不熔化程度对 SiBN 纤维烧成的影响

在纤维的烧成过程中,不熔化程度对烧成的纤维的力学性能影响较大,由于

CVC 方法和热交联的机理不同,由这两种不同处理工艺造成的不熔化程度对 SiBN 纤维力学性能的影响可能不同,为此,本节分别就此进行考察。

图 4-40 为不熔化程度(CVC 时间)对 SiBN 纤维抗拉强度的影响。从图中可以看出,不熔化程度从 86.7% 升高到 90.3%,纤维抗拉强度增大,由 0.78 GPa 增大到 1.03 GPa;不熔化程度进一步变大时,纤维抗拉强度反而下降,变为 0.98 GPa。这主要是因为不熔化程度的提高是由 CVC 时间的延长造成的,虽然当 CVC 时间为 60 min 时,不熔化程度最高(90.6%),但是过多活性气体的引入使得 PBSZ 纤维中含有较多未反应的 Si—Cl 键,Si—Cl 键易水解引入氧,使得纤维力学性能降低,该结论进一步证实了 CVC 处理的时间要适中。

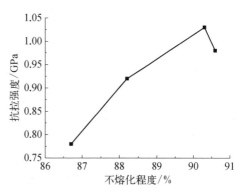

图 4-40　不熔化程度(CVC 时间)对
SiBN 纤维抗拉强度的影响

图 4-41 和图 4-42 分别为由热交联温度和热交联升温速率造成的不熔化程度对 SiBN 纤维抗拉强度的影响。从图中可以看出,随着不熔化程度的提高,SiBN 纤维的抗拉强度均变大,这主要是因为这两种处理方法都是基于热交联的机制,不熔化程度越高,Si—H、N—H 间的反应越完全,在高温裂解阶段所产生的 H_2、CH_4 越少,纤维中的缺陷、孔洞越少,纤维力学性能越好。

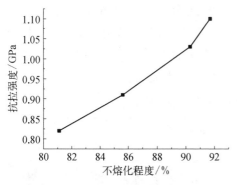

图 4-41　不熔化程度(热交联温度)对
SiBN 纤维抗拉强度的影响

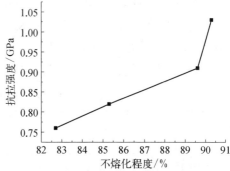

图 4-42　不熔化程度(热交联升温速率)对
SiBN 纤维抗拉强度的影响

4.4.2　裂解温度及加张对 SiBN 纤维烧成的影响

在 SiBN 纤维的烧成过程中,裂解温度和加张会对烧成纤维的性能,尤其是力学性能产生较大影响,本小节对其进行了初步研究,结果见表 4-15。

表 4-15　裂解温度和加张对纤维抗拉性能的影响

编号	裂解温度/℃	原丝直径/μm	陶瓷纤维直径/μm	陶瓷产率/%	力学强度/GPa
1	1 000℃	14	11	58.6	0.68
2	1 100℃	15	11.6	57.3	0.79
3	1 200℃	13	10.8	55.8	1.03
4	1 200℃(加张)	13	10.7	55.2	1.10

从表 4-15 中可以看出,随着裂解温度的升高,纤维的陶瓷产率逐渐降低而抗拉强度逐渐升高。裂解温度从 1 000℃ 升高到 1 200℃ 时,SiBN 纤维的力学强度从 0.68 GPa 增加到 1.03 GPa。这主要是因为裂解温度越高,纤维无机化程度越高,纤维越致密,其抗拉强度越高。从表中还可以看出,在 1 200℃ 加张后,纤维的抗拉强度从 1.03 GPa 增加到 1.10 GPa,这主要是因为烧结过程中由于裂解放出 H_2、CH_4 等气体,造成纤维轴向和径向收缩,导致纤维弯曲后产生应力集中,易产生断裂,烧成过程中施加张力可以抑制纤维轴向收缩,又可以促进纤维中晶体的形成取向,提高 SiBN 纤维的抗拉强度。

综合以上分析,不熔化程度对 SiBN 纤维的性能影响较大,在 CVC 时间相同的条件下,不熔化程度越高,烧成后纤维的力学性能越好;在低于 1 200℃ 温度条件下,烧成温度越高,纤维力学性能越好;适当加张可以提高纤维的抗拉强度。

为了解 SiBN 纤维的组成、结构及性能,本节对 1 200℃ 保温 1 h 烧成的抗拉强度为 1.03 GPa 的 SiBN 纤维进行 EA、IR、XRD、SEM 和电磁参数等测试,表征其组成结构及性能,PBSZ 纤维及 SiBN 纤维的化学组成如表 4-16 所示。

表 4-16　PBSZ 纤维及 SiBN 纤维的化学组成

样　　品	化学组成/%					
	Si	B	N	C	O	H
PBSZ 纤维	33.72	7.36	25.65	23.91	0.86	8.50
SiBN 纤维	42.21	16.86	34.78	0.10	5.12	0.93

从表 4-16 中可以看出,相对于 PBSZ 纤维,SiBN 陶瓷纤维中的 C 含量降低了 23.81%,C 含量仅为 0.10%,说明除碳比较完全,而低 C 含量的有效控制使得

所制备的 SiBN 陶瓷纤维具有较好的介电性能,电磁参数的测试结果验证了该结论。此外,SiBN 纤维中还有 0.93% 的 H,这是裂解过程中的无机化不完全造成的。从表中还可以看出,相对于 PBSZ 纤维,SiBN 陶瓷纤维中的 O 含量增加了 4.26%,这主要是由不熔化处理后 Si—Cl 的水解引入的,可采用下述方法尽量避免:① 控制 DCMS 气体的通入时间,减少 Si—Cl 的过多引入;② 将 PBSZ 纤维不熔化和烧成在同一装置中进行,尽量避免接触空气。

图 4-43 为 PBSZ 纤维与 SiBN 纤维的 IR 谱图。其中,2 180 cm^{-1} 处为 Si—H 峰,3 300 cm^{-1} 处的宽峰为 N—H 峰与 Si—OH 的叠加峰,1 410 cm^{-1} 为 B—N 的吸收峰,980 cm^{-1} 附近的宽峰为 B—N 六元环与 Si—N 的叠加峰。从图中可以看出,1 200℃ 裂解后,纤维中的有机基团消失,纤维基本实现无机化。

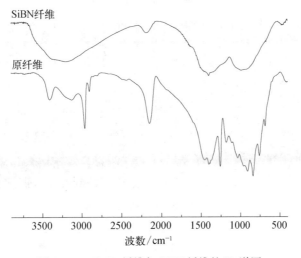

图 4-43　PBSZ 纤维与 SiBN 纤维的 IR 谱图

图 4-44 为该 SiBN 纤维的 XRD 图。从图中可以看出,SiBN 纤维没有明显的结晶峰,说明 1 200℃ 裂解后,纤维仍处于无定型态,这说明了该纤维具有优异的耐高温性能。

图 4-45 为 SiBN 纤维的 SEM 图片。从图中可以看出,SiBN 纤维表面光滑,纤维断截面致密,呈现光滑的脆性断裂,进一步证实 SiBN 纤维处于非晶态。

图 4-46 为采用同轴环法在 2~18 GHz 内所测得的 SiBN 纤维的介电常数和介电损耗角正切值。从图中可以看出,SiBN 纤维的介电性能优良,介电常数和介电损耗角正切平均值分别为 3.6 和 0.001 1,完全满足陶瓷基透波复合材料对增强纤维介电性能的要求。

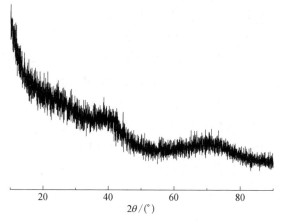

图 4 - 44 SiBN 纤维的 XRD 图

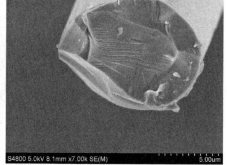

图 4 - 45 SiBN 纤维的 SEM 图片

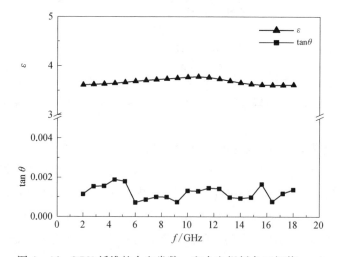

图 4 - 46 SiBN 纤维的介电常数 ε 和介电损耗角正切值 $\tan\theta$

综合以上分析,对 1 200℃烧成的 SiBN 纤维进行了组成、结构和性能表征,结果表明,SiBN 纤维中含有 Si、B、N、O、H 元素,其对应的质量百分数分别为 42.21%、16.86%、34.78%、5.12%、0.93%,其中 C 含量仅为 0.10%。IR 和 XRD 测试表明,该纤维已基本实现无机化,但仍处于无定型态。SiBN 纤维的抗拉强度约 1.0 GPa,具有优良的介电性能,其介电常数和介电损耗角正切值分别为 3.6 和 0.001 1。

参 考 文 献

[1] Jansen M, Jaschke B, Jaschke T. Amorphous multinary ceramics in the Si－B－N－C system [J]. Structure and Bonding, 2002, 101: 137－191.

[2] Baldus H P, Jansen M, Sporn D. Ceramic fibers for matrix composites in high-temperature engine applications [J]. Science, 1999, 285(5428): 699－703.

[3] Su K, Remsen E E, Zank G A, et al. Synthesis, characterization and ceramic conversion reactions of borazine-modified hydridopolysilazanes: New pdymeric precursors to silicon nitride carbide boride (SiNCB) ceramic composites [J]. Chemistry of Materials, 1993, 5(4): 547－556.

[4] 王宗明,何欣翔,孙殿卿.实用红外光谱学[M].北京: 石油化学工业出版社,1978.

[5] 王建祺,吴文辉,冯大明.电子能谱学(XPS/XAES/UPS)引论[M].北京: 国防工业出版社,1992.

[6] Toury B, Miele P. A new polyborazine-based route to boron nitride fibres [J]. Journal of Materials Chemistry, 2004(17): 2609－2611.

[7] Haberecht J, Krumeich F, Grutzmacher H, et al. High-yield molecular borazine precursors for Si—B—N—C ceramics [J]. Chemistry of Materials, 2004, 16(3): 418－423.

[8] Yive N S C K, Corriu R J P, Leclercq D, et al. Polyvinylsilazane: A novel precursor to silicon carbonitride [J]. New Journal of Chemistry, 1991, 15(1): 85－92.

[9] Yive N S C K, Corriu R J P, Leclercq D, et al. Thermogravimetric analysis/mass spectrometry investigation of the thermal conversion of organosilicon precursors into ceramics under argon and ammonia. 2. poly(silazanes) [J]. Chemistry of Materials, 1992, 4(6): 1263－1271.

[10] Bahloul D, Pereira M, Gerardin C. Pyrolysis chemistry of polysilazane precursors to silicon carbonitride, Part 1: Thermal degradation of the polymers [J]. Journal of Material Chemistry, 1997, 7(1): 109－116.

[11] Lee J, Butt D P, Baney R H, et al. Synthesis and pyrolysis of novel polysilazane to SiBCN ceramic [J]. Journal of Non-Crystalline Solids, 2005, 351(37－39): 2995－3005.

[12] Schuhmacher J, Berger F, Weinmann M, et al. Solid-state NMR and FT－IR studies of the preparation of Si—B—C—N ceramics from boron-modified polysilazanes [J]. Applied

Organometallic Chemistry, 2001, 15(10): 809-819.

[13] 何曼君,陈维孝,董西侠.高分子物理[M].上海:复旦大学出版社,1988.

[14] 尼尔生 L E.聚合物流变学[M].北京:科学出版社,1983.

[15] Ziabicki A.纤维成型基本原理[M].上海:上海科学技术出版社,1983.

[16] 蓝新艳,王应德,薛金根,等.熔融纺丝态下聚碳硅烷的流变特性[J].宇航材料工艺,2004(1): 35-38.

[17] Bernard S, Weinmann M, Cornu D, et al. Preparation of high-temperature stable Si—B—C—N fibers from tailored single source polyborosilazanes [J]. Journal of the European Ceramic Society, 2005, 25(2-3): 251-256.

第 5 章　SiBN 纤维组成与性能关系

在本书涉及的三类氮化物陶瓷纤维中,BN 纤维和 Si_3N_4 纤维是二元共价键陶瓷体系,而 SiBN 纤维则具有二者优势互补的复合特征,结合了 Si_3N_4 纤维优异的抗高温氧化性能和 BN 纤维优异的高温稳定性能和介电性能,是综合性能很突出、很全面的耐高温透波陶瓷纤维。从实际微观结构上来看,虽然 SiBN 纤维并不是简单的二者物理混合,但是从元素组成维度上看,SiBN 纤维可以看作 Si_3N_4 纤维和 BN 纤维两个端点的过渡区间,而 B 含量则是确定 SiBN 所在位置的关键参量。本章从组成结构、耐高温性能及介电性能方面对比分析了 Si_3N_4 纤维和不同 B 含量的 SiBN 纤维,并系统研究了组成结构与其高温稳定性能和抗高温氧化性能之间的构效关系。

5.1　典型纤维样品的组成结构

SiBN 纤维的主要组成元素有 Si、B 和 N,并存在少量的 C 和 O 等杂质元素,其中 B 含量对 SiBN 纤维的高温稳定性能和介电性能具有非常重要的影响。选取了 Si_3N_4 纤维(B 含量为 0.23%)和 B 含量为 3.56%、5.14% 和 6.81% 的 SiBN 纤维,分别命名为 SNB - 0、SNB - 3、SNB - 5 和 SNB - 7(表 5 - 1),其中数字代表纤维 B 含量。四种纤维的拉伸强度均为 1.4 GPa 左右,平均直径约为 13 μm,模量约为 130 GPa,具有较优异的力学性能。

表 5 - 1　SiBN 纤维的基本理化性能参数

纤　维	化学组成/%					拉伸强度/GPa	杨氏模量/GPa	直径/μm	密度/(g/cm³)
	Si	B	N	C	O				
SNB - 0	60.4	0.23	36.7	0.77	2.15	1.38±0.25	137±5	12.8±0.6	2.3
SNB - 3	58.3	3.56	35.4	0.46	2.33	1.09±0.21	110±7	12.9±0.9	2.1
SNB - 5	56.1	5.14	35.8	0.58	1.60	1.47±0.22	135±5	12.8±0.7	2.0
SNB - 7	56.2	6.81	34.7	0.51	1.74	1.41±0.28	123±6	13.4±0.7	1.9

从 SNB-0、SNB-3、SNB-5 和 SNB-7 四种 SiBN 纤维表面及截面的 SEM 图片(图 5-1)可以看出,不同 B 含量纤维的微观形貌没有明显区别,均具有光滑的表面形貌和致密的截面,从形态上保证了 SiBN 纤维具有优良的力学性能。

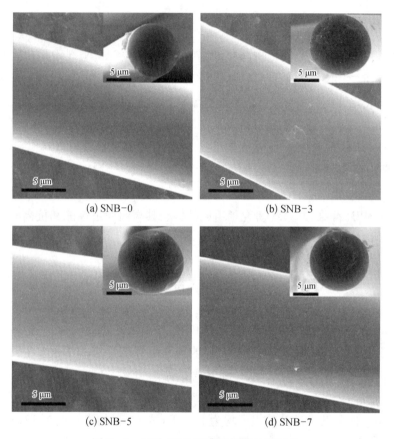

(a) SNB-0   (b) SNB-3

(c) SNB-5   (d) SNB-7

图 5-1　四种 SiBN 纤维的扫描电镜图片

通过 XRD 谱图对上述四种典型纤维的结晶状态进行分析,结果如图 5-2 所示。从图中可知,所有 XRD 谱图中均没有检测到衍射峰,四种纤维均为无定形结构,B 含量对纤维室温下的结晶状态没有明显影响。

采用 XPS 对纤维表面元素进行分析,研究了各元素的化学结合状态,结果如图 5-3 所示。四种典型纤维均含有 Si、B、N 及少量的 C 和 O 元素,其中不同 B 含量的纤维所对应的 B 元素光谱峰存在明显的强度区别。

采用 Gauss-Lorentz 方程对 SNB-5 纤维的 Si、B 和 N 三种主要元素光谱

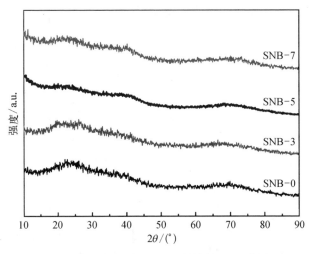

图 5-2　不同硼含量 SiBN 纤维的 XRD 谱图

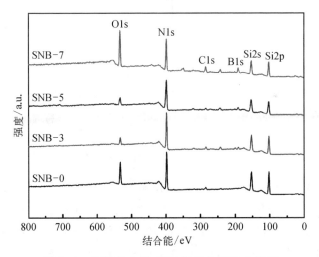

图 5-3　不同 B 含量 SiBN 纤维的 XPS 全谱图

峰进行分峰拟合,结果如图 5-4 所示。Si2p 拟合成两个峰,其中主峰位于
101.8 eV,对应 Si_3N_4 中的 Si—N 键合形式;很弱的肩峰位于 100.0 eV,归属于
SiC_xN_y 中的 C—Si—N 键合形式,表明 Si 原子主要以 Si_3N_4 的形式存在,并存在
少量的 SiC_xN_y。B1s 拟合成 190.8 eV 处的单峰,归属于 BN 中的 B—N 键合形
式。N1s 则可拟合分成 397.4 eV 处 N—Si 的键合和 398.3 eV 处 N—B 的键合形
式[1],与 Si2p 和 B1s 的拟合结果相验证。综合以上分析结果,SiBN 纤维主要包
括 Si_3N_4 和 BN,还有可能存在 Si—N—B 网络结构形式的中间相。

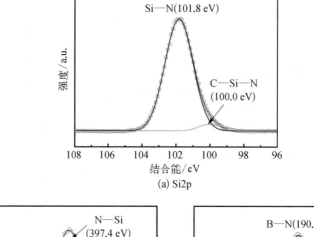

(a) Si2p

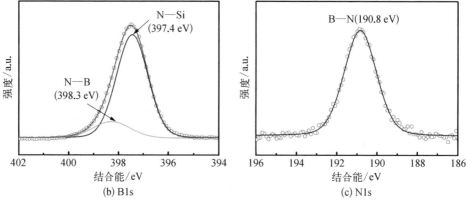

(b) B1s　　　　　　　　　　　　　(c) N1s

图 5 - 4　SNB - 5 纤维的 XPS 分峰拟合

通过 ^{29}Si MAS NMR 和 ^{11}B MAS NMR 谱图进一步分析了四种纤维中 Si 元素和 B 元素的化学键合状态,结果如图 5 - 5 所示。所有纤维均在 $\delta = -49$ ppm 处检测到 SiN_4 结构共振峰。同时,在 SNB - 3 纤维中还有少量位于 $\delta = -63$ ppm 的 SiN_3O 结构基元[2],表明少量 O 元素主要以 SiN_xO_y 的形式存在。同时,四种纤维中的 B 元素均以平面 BN_3 结构基元($\delta = 24$ ppm)形式存在[3],该结构基元可以通过 N 原子连接形成 BN,还可以通过 N 原子与 SiN_4 结构基元键合,形成 Si—N—B 网络结构。

为了确定 Si—N—B 网络结构是否存在,对四种纤维进行 FT - IR 分析,结果如图 5 - 6 所示。从图中可以发现,SNB - 0 纤维的主要吸收峰位于 1 250 cm^{-1} 附近,归属于 Si—N—Si 的伸缩振动。在 SNB - 3、SNB - 5 和 SNB - 7 等 SiBN 纤维中,Si—N—Si 的伸缩振动吸收峰与 1 500 cm^{-1} 附近的 B—N 吸收峰部分重合,不能单独区分。一般,1 500 cm^{-1} 附近的 B—N 吸收峰可以分为两个相邻单峰,其中

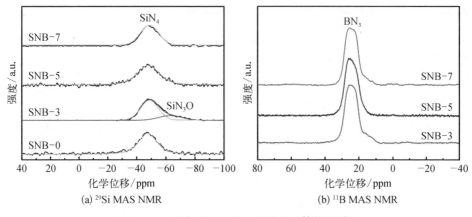

(a) ^{29}Si MAS NMR　　　　(b) ^{11}B MAS NMR

图 5-5　不同硼含量 SiBN 纤维的固体核磁谱图

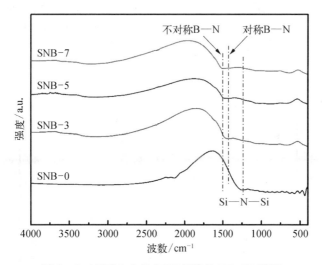

图 5-6　不同 B 含量 SiBN 纤维的 FT-IR 谱图

1 380 cm^{-1} 处的单峰对应 B—N 的对称振动,而 1 541 cm^{-1} 附近的单峰对应 B—N 的不对称振动。对比三种 SiBN 纤维的 B—N 吸收峰,随着 B 含量的增加,B—N 不对称振动吸收峰强度会逐渐增加。对于六方氮化硼,其红外谱图只存在 1 380 cm^{-1} 附近的 B—N 对称振动,与 SiBN 纤维的红外谱图存在明显区别。这主要是因为六方氮化硼中 N 原子周围的硼原子均具有相同的化学环境,且 B—N 通过进一步键合构成了刚性的二维结构,主要出现 B—N 的对称振动吸收峰。而 SiBN 纤维存在 Si—N—B 网络结构,该结构中 B—N 周围的化学环境存在明显的不对称性,且与四面体配位的 Si 原子键合后会扭曲倾向于形成平面二维结构的 B—N,最终使不对称红外振动吸收峰增强。因此,FTIR 光谱图中 1 541 cm^{-1} 处吸收峰的存在可以证明 SiBN 纤维存在 Si—N—B 网络结构。

进一步,对 SiBN 纤维进行拉曼光谱分析,并以六方氮化硼粉末作为对照样品(图 5-7)。SiBN 纤维只存在 1 365.6 cm^{-1}处的单峰,归属于 B—N 平面内的 E_{2g} 振动模式,该振动模式下,在六方氮化硼粉末和单晶六方氮化硼块体中的拉曼吸收峰位置分别为 1 364.1 cm^{-1} 和 1 366 cm^{-1},与 SiBN 纤维的拉曼峰位置非常接近。根据图 5-2 的 XRD 谱图,SiBN 纤维为无定形结构,因此其 B—N 的 E_{2g} 振动模式应该存在于无定形态的含 B 结构中(可能为无定形 BN 或 Si—N—B 网络结构),而非结晶态的六方氮化硼。Lee 等[4]却证实 BN 中的 E_{2g} 振动模式峰位置会随着其结晶程度的降低存在蓝移,但是,分析拉曼峰的位移发现,SiBN 纤维的 E_{2g} 振动模式峰存在约 1.5 cm^{-1} 波数的红移。因此,SiBN 纤维中 B—N 的 E_{2g} 振动模式峰的红移应该归结于 Si—N—B 网络结构的形成,该网络结构中 Si 原子的键合影响了 B—N 的 E_{2g} 振动模式,弥补了氮化硼非晶结构对拉曼峰产生的蓝移,总体上 B—N 的拉曼峰表现为红移。

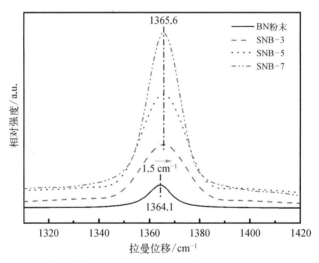

图 5-7 六方氮化硼粉末和不同硼含量 SiBN 纤维的拉曼光谱图

为了对 SiBN 纤维的组成结构分布进行全面了解,利用聚焦离子束(focused ion beam, FIB)技术沿 SNB-7 纤维径向进行切片制样[图 5-8(b)],并采用透射电镜(transmission electron microscopy, TEM)、电子能量损失谱(electron energy loss spectroscopy, EELS)等测试技术对切片进行表征。从纤维切片微区的 TEM 微观照片及相应的选区电子衍射(selected area electron diffraction, SAED)谱图可以看出,SiBN 纤维为无定形结构,与 XRD 测试结果一致。

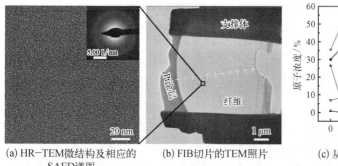
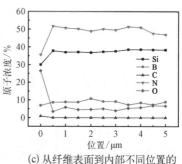
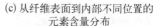

(a) HR-TEM微结构及相应的
SAED谱图　　　(b) FIB切片的TEM照片

(c) 从纤维表面到内部不同位置的
元素含量分布

(d) 纳米区域Si元素的
EELS映射图　　(e) 纳米区域B元素的
EELS映射图　　(f) 纳米区域N元素的
EELS映射图　　(g) 纳米区域C元素的
EELS映射图

图 5-8　SiNB-7 纤维样品的高分辨透射电镜图片

通过 EELS 能谱的半定量分析功能,对纤维从表面到内部沿径向不同位置进行了元素含量的测定,见图 5-8(c),从图中发现纤维表面存在一定厚度的富氧层,纤维内部主要元素有 Si、N 和 B 及杂质 C 和 O 等,且都分布均匀。其中,Si 元素、N 元素和 B 元素的原子百分比分别约为 37%、50% 和 9%。为了进一步分析 SiBN 纤维中各个元素在纳米尺度的分布情况,对 Si、B、N 和杂质 C 等元素进行了 EELS 映射分析[图 5-8(d)~(g)]。所有元素在所测试的纳米级微区内都均匀分布,有利于纤维高温下的组成结构稳定。

对 B 元素的 EELS 映射图片进行放大后发现,在几纳米尺度的微区范围内 B 元素分布不均匀,存在低 B 含量微区(Ⅰ)和富 B 含量微区(Ⅱ)[图 5-9(a)]。图 5-9(b)为两种不同微区的 B 元素 K-edge EELS 谱图,均存在两个位于 190.5 eV 和 197.8 eV 的能谱峰,分别对应 sp^2 杂化 B—N 六元环中的 π^* 峰和 σ^* 峰[5,6]。这些能谱峰的位置相比六方氮化硼向低能量区域有一定程度的位移,可能与 SiBN 纤维中 B—N 结构的无定形状态有关。同时在低 B 含量微区的谱图中,可以检测到位于 206.0 eV 的 σ^* 峰,归属于纤维中的 Si—N—B 网络结构。类似的 σ^* 峰(约 210 eV)也存在于具有 C—N—B 结构的碳掺杂氮化硼材料中[7,8]。

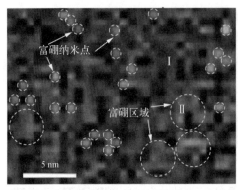

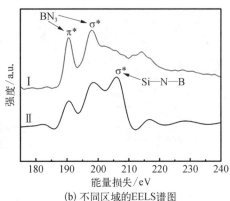

(a) 高分辨率EELS映射图片　　　　(b) 不同区域的EELS谱图

图 5 - 9　SiBN 纤维 B 元素微区分布

综合以上分析,SiBN 纤维为无定形结构,存在 SiN_4 和 BN_3 两种结构基元。两种结构基元各自通过 N 原子键合后分别形成 SiBN 纤维的主要组成相 Si_3N_4 和 BN,二者之间以 N 原子进行相互键合则形成 Si—N—B 网络结构。当形成 Si—N—B 网络结构后,N—B 键合形成二维平面结构的趋势会被与之结合的 sp^3 杂化硅原子打破,导致 Si—N—B 网络中 N—B 键和 Si—N 键的空间结构均发生扭曲,从而表现出与 BN 不同的光谱信号。

5.2　硼含量与 SiBN 纤维在氮气中耐高温性能的关系

5.2.1　高温处理后纤维结构变化

首先通过 FT－IR 谱图对 SNB－7 纤维在高温氮气下的结构演变进行分析(图 5－10)。随着处理温度升高,位于 1 380 cm^{-1} 处的 B—N 对称振动吸收峰强度逐渐增加,位于 1 541 cm^{-1} 处的 B—N 不对称振动吸收峰强度则会相应减弱。处理温度升高到 1 600℃时,开始出现 803 cm^{-1} 处的吸收峰,归属于 B—N—B 的面外弯曲振动,与六方氮化硼粉末相应的红外吸收峰位置一致。与此同时,位于 1 250 cm^{-1} 处的 Si—N—Si 振动吸收峰强度明显增加。上述结果表明,SiBN 纤维经过 N_2 气氛高温处理后,Si—N—B 网络结构会在 1 600℃开始发生相分离反应,形成能量更低的含 B—N—B 骨架结构的 BN 和含 Si—N—Si 骨架结构的 Si_3N_4。

SiBN 纤维在高温下除了会发生相分离反应外,其无定形结构还倾向于形成热力学稳定的结晶态。图 5－11 为不同 B 含量的 SiBN 纤维经过 1 500℃和

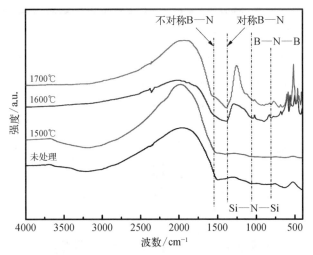

图 5 - 10　SNB - 7 纤维在 N₂ 气氛中经不同
温度处理后的 FT - IR 谱图

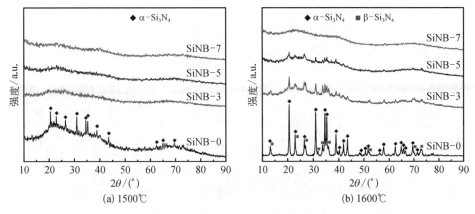

图 5 - 11　不同硼含量 SiBN 纤维经高温 N₂ 处理后的 XRD 谱图

$1600℃$ N₂ 气氛处理后的 XRD 谱图。SNB - 0 纤维在 $1500℃$ 就开始结晶形成
α - Si₃N₄，其他 SiBN 纤维均可以保持无定形结构。随着处理温度升高到 $1600℃$，
SNB - 0 纤维的衍射峰强度进一步增加，表明纤维结晶度增加，并开始形成 β -
Si₃N₄。B 含量为 3.56% 的 SNB - 3 纤维经 $1600℃$ 处理后开始出现 α - Si₃N₄ 和
β - Si₃N₄ 的衍射峰，但明显低于在相同温度处理后 SNB - 0 纤维的衍射峰强度。
随着 B 含量的增加，结晶相的衍射峰强度会逐渐降低；当 B 含量增加至 6.81% 时
（对应 SNB - 7 纤维），SiBN 纤维可以在 $1600℃$ 保持无定形态。因此，B 元素对
SiBN 纤维中的 Si₃N₄ 高温结晶具有显著抑制作用。

　　经 1 600℃ N₂ 气氛处理后,SNB－0 纤维形成粗糙多孔的表面,同时纤维截面可以观察到大量的粗大晶粒和多孔结构,说明纤维结晶度很高,内部也发生了剧烈的分解反应(图 5－12)。SNB－3、SNB－5 和 SNB－7 等三种 SiBN 纤维经过 1 600℃ N₂ 气氛处理后均可以保持光滑的表面和致密的截面,未观察到形成明显的多孔结构,结合 XRD 谱图分析结果,说明 B 元素具有显著抑制 Si_3N_4 高温结晶和高温分解的双重作用。考虑到 B 元素主要以 BN 和 Si—N—B 网络结构的形式存在,这些高温稳定的含硼组分一方面可以作为原子扩散的"壁垒",阻碍 Si_3N_4 结晶过程;另一方面,Si—N—B 网络结构与 Si_3N_4 之间存在化学键合,会导致 Si_3N_4 的结晶和分解需要更多的能量来断裂界面的 N—B 化学键,从而提高了分解反应温度和初始结晶温度。

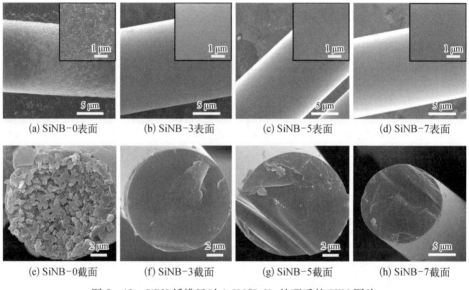

(a) SiNB-0表面　　(b) SiNB-3表面　　(c) SiNB-5表面　　(d) SiNB-7表面

(e) SiNB-0截面　　(f) SiNB-3截面　　(g) SiNB-5截面　　(h) SiNB-7截面

图 5－12　SiBN 纤维经过 1 600℃ N₂ 处理后的 SEM 图片

　　进一步将处理温度提高到 1 700℃,SiBN 纤维均出现明显的结晶现象,但不同硼含量的纤维结晶行为存在明显区别(图 5－13)。其中,SNB－0 纤维经过 1 700℃ N₂ 气氛处理后会形成 α－Si_3N_4 和 β－Si_3N_4 共存的微结构,而 B 含量为 3.56% 的 SNB－3 纤维只检测到 β－Si_3N_4。随着 B 含量增加至 5.14%,SNB－5 纤维的结晶相仍以 β－Si_3N_4 为主,同时会形成少量的 α－Si_3N_4;B 含量继续增加至 6.81%,SNB－7 纤维会生成明显的 α－Si_3N_4,继而形成 α－Si_3N_4 和 β－Si_3N_4 共存的微结构。

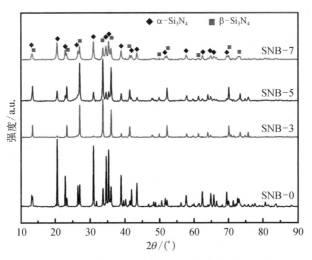

图 5 – 13　不同 B 含量的 SiBN 纤维经过 1 700℃
N$_2$ 气氛处理后的 XRD 谱图

　　解释上述实验现象需要从 α – Si$_3$N$_4$ 和 β – Si$_3$N$_4$ 的晶体结构和物理化学性
质进行分析。图 5 – 14 为 α – Si$_3$N$_4$ 和 β – Si$_3$N$_4$ 两种晶体结构示意图,均为六
方晶系,其中 α – Si$_3$N$_4$ 的 SiN$_4$ 四面体通过 C 轴旋转一定角度后可以转变为 β –
Si$_3$N$_4$。Rosenflanz 等通过实验已经测出 α – Si$_3$N$_4$ 的吉布斯自由能比 β – Si$_3$N$_4$
高约 30 kJ/mol,因此无定形 Si$_3$N$_4$ 的高温结晶会倾向于形成热力学更加稳定的
β – Si$_3$N$_4$。但是无定形 Si$_3$N$_4$ 转变成 β – Si$_3$N$_4$ 相比转变为 α – Si$_3$N$_4$ 需要克服更
多的能量势垒,因此在较低温度下会主要转变成生成速率更快的 α – Si$_3$N$_4$,即动
力学产物。

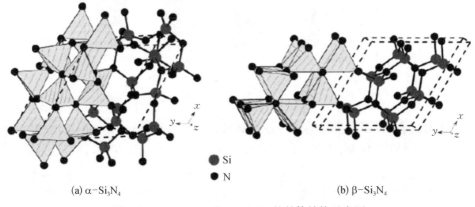

(a) α-Si$_3$N$_4$　　　　　　　　　　　　　　　　(b) β-Si$_3$N$_4$

图 5 – 14　α – Si$_3$N$_4$ 和 β – Si$_3$N$_4$ 的晶体结构示意图

但当存在高温液相时,相转变的能量势垒降低,无定形 Si_3N_4 及已经存在的 $\alpha - Si_3N_4$ 会通过溶解-再沉淀机制转变成 $\beta - Si_3N_4$,有利于形成热力学稳定的 $\beta - Si_3N_4$ 产物。常见的烧结型 Si_3N_4 材料通常通过添加烧结助剂的方法引入高温液相,使其尽可能完全转变为 $\beta - Si_3N_4$,达到烧结致密化的效果。在本书研究的 SiBN 纤维中,有可能会存在少量 B_2O_3,能够在高温下形成液相,发挥了烧结助剂的作用,有助于无定形 Si_3N_4 和 $\alpha - Si_3N_4$ 向 $\beta - Si_3N_4$ 转变,因此 SNB-3 纤维经过 1 700℃ 处理后可以完成转变为 $\beta - Si_3N_4$,而由于 SNB-0 纤维的含 B 组分很少,为 $\alpha - Si_3N_4$ 和 $\beta - Si_3N_4$ 共存的结晶组分。但当 SiBN 纤维中的 B 含量增加后(此时纤维中的杂质 O 含量基本不变),高温下稳定的 BN 和 Si—N—B 网络结构含量也会随之增加,Si 原子迁移受到抑制,从而降低了 SiBN 纤维中无定形 Si_3N_4 和 $\alpha - Si_3N_4$ 向 $\beta - Si_3N_4$ 的转变趋势,表现为 $\alpha - Si_3N_4$ 和 $\beta - Si_3N_4$ 共存的微结构。为了定量分析 B 含量对 SiBN 纤维的结晶行为影响规律,采用 K 值法测定了纤维经 1 700℃ N_2 气氛处理后形成的 $\alpha - Si_3N_4$ 和 $\beta - Si_3N_4$ 含量,并以此为基础计算了不同硼含量纤维的结晶度(图 5-15)。

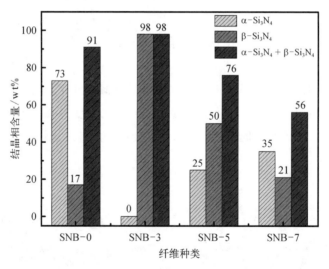

图 5-15　经过 1 700℃ N_2 处理后典型纤维形成微晶的含量和结晶度

SiBN 纤维高温处理后的结晶相主要为 $\alpha - Si_3N_4$ 和 $\beta - Si_3N_4$,因此两种结晶相含量的加和即为其结晶度。对于 SNB-0 纤维,其经过 1 700℃ 处理后形成的 $\alpha - Si_3N_4$ 和 $\beta - Si_3N_4$ 含量分别为 73% 和 17%,结晶度为 91%;B 含量为 3.56% 的 SNB-3 纤维经过 1 700℃ 处理后主要形成 $\beta - Si_3N_4$,含量高达 98%,结晶度大于不含 B 元素的 SNB-0 纤维。上述实验结果表明,含量为 3.56% 左右的 B 元素能够促进 SiBN 纤维在 1 700℃下的高温结晶,起到烧结助剂的作用。随着 B 含量进一步增加至 5.14%,对应 SNB-5 纤维,其经过 1 700℃处理后形成的 α-Si$_3$N$_4$ 和 β-Si$_3$N$_4$ 含量分别为 25%和 50%,结晶度为 76%。相比 SNB-0 纤维,α-Si$_3$N$_4$ 的形成被明显抑制,而 β-Si$_3$N$_4$ 的形成被促进。随着 B 含量进一步增加至 6.81%,对应 SNB-7 纤维,其经过 1 700℃处理后的 α-Si$_3$N$_4$ 和 β-Si$_3$N$_4$ 含量分别为 35%和 21%,结晶度为 56%,相比 SNB-0 纤维,α-Si$_3$N$_4$ 的形成也被明显抑制,而对 β-Si$_3$N$_4$ 的形成促进不明显,整体表现为对 SiBN 纤维高温结晶的抑制作用。综上所述,SiBN 纤维经 1 700℃处理后的结晶度随 B 含量增加呈明显的下降趋势,进一步说明 B 元素能够有效抑制 SiBN 纤维的高温结晶。同时,B 含量对 SiBN 纤维高温处理后结晶相的形成具有显著影响:B 含量在 3.56%~5.14%时,有助于形成 β-Si$_3$N$_4$,具有烧结助剂的作用效果;B 含量达到 6.81%时,则会显著抑制 α-Si$_3$N$_4$ 和 β-Si$_3$N$_4$ 的形成。

从 SEM 图片(图 5-16)可以看出,SNB-0 纤维经过 1 700℃ N$_2$ 气氛处理后,Si$_3$N$_4$ 分解程度加剧,导致纤维中的孔洞尺寸进一步增大,仅能维持基本的纤维形貌。从截面图片中可以看出,纤维内部为完全的疏松多孔结构,没有出现晶粒尺寸的异常长大,但周围会形成大量的纳米线,这可能是 Si$_3$N$_4$ 分解产物通过气固反应再结合形成的 Si$_3$N$_4$ 纳米线[9]。其他 SiBN 纤维经 1 700℃处理后的分解程度显著降低,均能保持完整的纤维形貌。其中,SNB-3 纤维表面会由于高

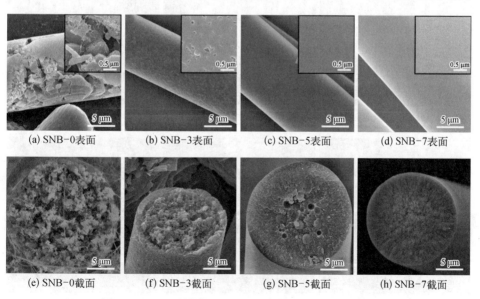

(a) SNB-0表面　　(b) SNB-3表面　　(c) SNB-5表面　　(d) SNB-7表面

(e) SNB-0截面　　(f) SNB-3截面　　(g) SNB-5截面　　(h) SNB-7截面

图 5-16　SiBN 纤维经 1 700℃ N$_2$ 处理后的 SEM 图片

温分解形成少量的孔洞,随着 B 含量增加至 5.14% 以上,SiBN 纤维可以保持光滑的纤维表面。通过纤维截面图片发现,所有 SiBN 纤维均在径向发生了明显的分层结构,主要表现为纤维内部形成多孔结构和结晶大颗粒,纤维外层则保持相对致密。其形成机理将在后续章节进行详细讨论。

　　经过 1 800℃ N_2 气氛处理后,SNB-0 纤维基本完全分解且粉化,不能够保持纤维形状。其他 SiBN 纤维还能够较好地保持纤维形状,但已经没有力学强度。对 SNB-3、SNB-5 和 SNB-7 三种 SiBN 纤维经过 1 800℃ 处理后的样品进行 SEM 形貌观察,可以发现所有纤维均发生了剧烈的分解反应,产生大量微米级孔洞和缺陷,造成纤维完全失去力学强度(图 5-17)。进一步观察发现,SiBN纤维高温分解后除了形成疏松多孔微区(Ⅰ)外,还会形成一定量的致密微区(Ⅱ)和少量由分解产物再结合形成的 Si_3N_4 纳米线(Ⅲ)。通过能谱仪(energy dispersive spectrometer, EDS)定性分析,疏松多孔微区(Ⅰ)和致密微区(Ⅱ)存在元素组成上的明显区别:多孔微区的主要组成元素为 Si,也存在一定量的 B 元素和 N 元素;致密微区主要由 B 元素和 N 元素组成,说明该区域为 BN。这些结果表明,SiBN 纤维经过 1 800℃ N_2 气氛处理后发生了很明显的相分离反应,

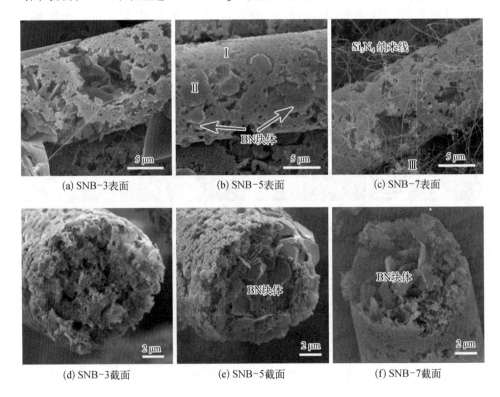

(a) SNB-3表面　　　　　　(b) SNB-5表面　　　　　　(c) SNB-7表面

(d) SNB-3截面　　　　　　(e) SNB-5截面　　　　　　(f) SNB-7截面

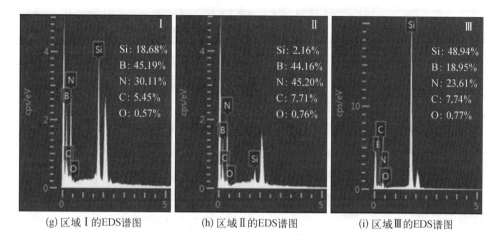

(g) 区域 I 的EDS谱图　　　　(h) 区域 II 的EDS谱图　　　　(i) 区域 III 的EDS谱图

图 5 - 17　SiBN 纤维经 1 800℃氮气处理后的 SEM 图片

大量 B 元素以 BN 的形式从 Si—N—B 网络结构中析出,与 FT - IR 的分析结果一致。当 B 元素析出后,不能够有效抑制 Si_3N_4 的高温分解,最终导致纤维形成多孔结构。从截面图片也可以看出,SiBN 纤维经过 1 800℃处理后发生了剧烈的相分离反应,形成了大量的微米级片状 BN。

综合以上分析,B 元素对 SiBN 纤维在 N_2 气氛中的耐高温性能具有重要影响,能够有效抑制无定形 Si_3N_4 的高温结晶和高温分解。这主要是因为 B 元素以 BN 和 Si—N—B 网络结构等高温稳定的组分形式存在,不但能够阻碍 Si_3N_4 结晶过程中原子的迁移,还能够增加 Si_3N_4 高温分解和结晶所需要的键能。当 B 含量增加至 6.81%时,SiBN 纤维能够在 1 600℃保持无定形结构;经 1 700℃处理后开始形成明显的结晶相,并在纤维径向形成明显的分层结构;进一步升高温度至 1 800℃,相分离反应加剧,硼元素从 Si—N—B 网络结构中析出形成微米级的片状 BN,不能有效抑制 Si_3N_4 的高温分解,导致纤维形成疏松多孔结构。

5.2.2　径向组成/结构梯度的形成机制

考虑到硼含量对 SiBN 纤维的高温结晶和高温分解行为具有重要影响,径向分层结构可能与硼元素在高温作用下的迁移再分配有关。事实上,美国研制的 Sylramic - iBN(iBN 表示纤维表层具有原位生成的 BN 涂层)型 SiC 纤维的 iBN 涂层的制备过程就在高温(>1 500℃)氮气的作用下,通过 Sylramic 型 SiC 纤维中硼元素迁移到纤维表面并与氮气反应原位形成[10]。

为了研究 SiBN 纤维经 1 700℃氮气气氛处理后硼元素的迁移与富集情况,

首先采用 XPS 对 SNB－7 纤维经高温处理 1 h(记为 SNB－7－1 h)和 3 h(记为
SNB－7－3 h)的表层元素进行半定量分析和化学状态分析,并与未高温处理的
SNB－7 纤维进行比较。图 5－18 为 SNB－7 纤维经过高温处理前后的 XPS 全
谱图,从图中可以看出高温处理后纤维表面的硅元素信号峰基本消失,同时硼元
素的信号峰显著增强,说明处理前后表面元素含量发生了显著变化。表 5－2 展示
了元素含量变化的具体结果: SNB－7 纤维表面硼含量为 10.23%,经过 1 700℃
氮气气氛处理 1 h 后,表面硼含量增加至 46.56%,并随着处理时间延长到 3 h 后
增加至 49.62%。这些结果证实了氮气在 1 700℃ 高温下会与 SiBN 纤维发生反
应,导致纤维中的硼原子向纤维表面迁移,并可能会在纤维径向形成硼含量的梯
度分布。

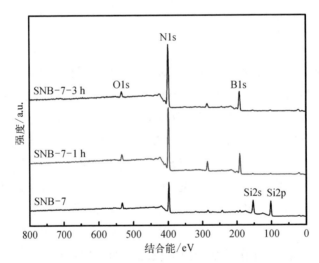

图 5－18　　SNB－7 纤维高温处理前后的 XPS 全谱图

表 5－2　SNB－7 纤维高温处理前后的表面化学组成

处理时间/h	样品	Si/%	B/%	N/%	C/%	O/%
—	SNB－7	34.67	10.23	40.21	6.91	6.94
1	SNB－7－1 h	0.77	46.56	39.98	9.86	2.82
3	SNB－7－3 h	0.89	49.62	41.14	5.45	2.90

对高温处理前后纤维样品的 B1s 和 N1s 谱图进行分峰拟合(图 5－19),SNB－
7 纤维的 B1s 只能拟合成位于 190.9 eV 处的单峰,归属于 B—N;经过高温处理
1 h 后,B1s 会在 192.7 eV 处出现新的弱肩峰,归属于 B—O,且强度会随着处理
时间的延长而增加。考虑到 SNB－7 纤维经过高温处理后,大部分杂质 O 元素

会随挥发性的 B 氧化物逸出至纤维外部,因此 B—O 的形成应该是 SNB-7 纤维高温处理后与空气中的水蒸气和 O_2 反应所致,说明 SNB-7 纤维经过高温处理后活性变高,极有可能产生了自由基。

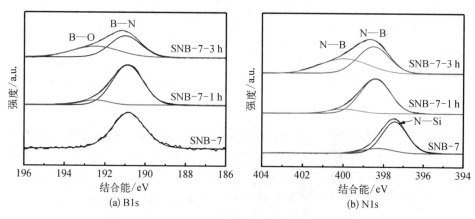

图 5-19 SNB-7 高温处理前后的 XPS 分峰拟合曲线

N1s 分峰拟合结果[图 5-19(b)]表明,SNB-7 纤维中的 N 原子主要以 N—Si(397.4 eV)存在,同时还存在有少量的 N—B(398.2 eV)。经过高温处理后,纤维表面的 N—Si 完全消失,而 N—B 则相应增强(其中位于 399.7 eV 处的肩峰归属于氧配位后的 N—B),说明纤维表面的主要组成已经由 Si_3N_4 转变为 BN。综合以上分析,高温 N_2 与纤维表层 B 原子结合形成稳定的 BN,并使 B 元素的分布发生改变,表层 B 原子不断生成 BN,芯部 B 原子则逐步向表层迁移。因此,B 原子的氮化反应驱动其向表面迁移,最终导致 B 原子在纤维径向上出现分布梯度。该过程会发生固相原子的高温迁移以及化学键的断裂与重排,因此极可能生成自由基导致纤维表层活性变高。上述 B 元素在 SiBN 纤维表层的富集过程本质上与高温相分离反应类似:在高温下 Si—N—B 网络结构会发生键合断裂,并形成更加稳定的含 B—N—B 骨架结构的 BN 和含 Si—N—Si 骨架结构的 Si_3N_4。不同的是,在纤维表面 N_2 反应活性的驱动下,B 原子会迁移至纤维表面形成 B—N—B 骨架结构,而含 Si—N—Si 骨架结构的 Si_3N_4 则主要存留在纤维内部,最终导致了高温处理后的径向分层现象。

通过上述分析结果,SiBN 纤维中的 B 原子会扩散至纤维表面并与高温 N_2 结合形成 BN,该扩散过程可能会导致 B 元素在纤维径向形成梯度分布。其中,纤维表层会形成 B 元素的聚集,有利于纤维继续保持致密和光滑的微观形貌[图 5-20(e)],而纤维内部 B 元素含量则会相应减少,则不能有效抑制 Si_3N_4 的

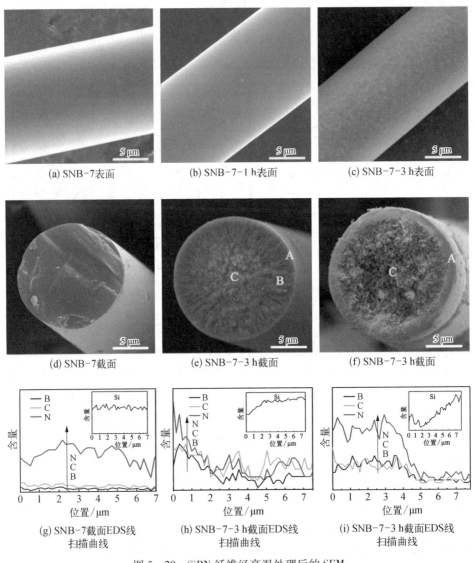

(a) SNB-7表面　　　　(b) SNB-7-1 h表面　　　　(c) SNB-7-3 h表面

(d) SNB-7截面　　　　(e) SNB-7-3 h截面　　　　(f) SNB-7-3 h截面

(g) SNB-7截面EDS线　　　(h) SNB-7-3 h截面EDS线　　　(i) SNB-7-3 h截面EDS线
　　扫描曲线　　　　　　　　扫描曲线　　　　　　　　扫描曲线

图 5-20　SiBN 纤维经高温处理后的 SEM

高温分解和结晶,最终在高温作用下形成多孔结构和大尺寸晶粒。随着处理时间延长至 3 h,纤维内部的多孔结构区域会扩大,同时与纤维致密表层之间的分界线会更加明显,表明有更多的 B 原子迁移至纤维表层形成 BN。采用 EDS 线扫描对 SNB-7 纤维处理前后的样品截面进行元素含量分析,SNB-7 纤维中 Si、B 和 N 等元素的含量沿纤维径向分布均匀,与 EELS 能谱的半定量分析结果一致。经过 1 700℃的 N_2 气氛处理 1 h 后,B 元素在纤维径向形成了含量的梯度分布,纤维表层 B 含量较高,内部则含量较低。与此同时,N 元素和 C 元素也会形成了含量的梯度分布,其中 C 含量的梯度分布形成可能与纤维在石墨炉中的含 C 环境热处理有关。由于 B 含量对 SiBN 纤维的高温结晶和分解具有重要影响, B 含量梯度导致了高温下纤维沿径向具有不同的结晶和分解行为,表观上在纤维径向形成分层现象,即结构梯度。当处理时间延长至 3 h 后,大部分 B 元素扩散至纤维外层形成厚度约为 3 μm 厚的富 BN 层,导致纤维内部 B 含量进一步降低,从而导致多孔结构区域进一步扩大。

　　为进一步证实 SNB - 7 纤维经过 1 700℃ N$_2$ 气氛处理 1 h 后在径向形成组成/结构梯度,通过 TEM、EELS 等测试方法对 SNB - 7 - 1 h 纤维样品 FIB 切片的组成结构进行分析,结果如图 5 - 21 所示。EELS 能谱分析结果表明,纤维表层主要组成元素 B、N 和杂质 C 元素的含量分别约为 33%、36% 和 25%,与前面的 XPS 和 EDS 线扫描实验结果基本一致。B 含量在距离纤维最外层 1 μm 时显著降低至约 10%,并在距离纤维最外层 5 μm 时降低至 5%,证实 B 含量在纤维径向的梯度分布。TEM 分析结果显示出纤维在径向的分层结构,结合 HR - TEM 和 HADDF 分析,其径向大致细分为四个区域:厚度约 100 nm 的最外层为 BN (C)乱层堆积(区域Ⅰ),并具有 0.34 nm 宽的晶格条纹[图 5 - 21(c)、(f)];接着为厚度约为 230 nm 的致密层(区域Ⅱ),基本保持无定形结构,通过 Z 衬度的 HADDF 图片可以看出该区域元素分布均匀,没有明显的相分离现象,只存在少量的乱层 BN(C)和 Si$_3$N$_4$ 纳米晶颗粒[图 5 - 21(g)];区域Ⅲ 的 HADDF 图片在不同位置存在明显的衬度区别[图 5 - 21(d)],这是相分离反应的结果,其中深色处对应析出的 BN,尺寸为 10~20 nm,可以观察到 BN 周围存在 Si$_3$N$_4$ 纳米晶颗粒,尺寸明显大于区域Ⅱ 中的 Si$_3$N$_4$ 纳米晶颗粒[图 5 - 21(h)];通过 HADDF

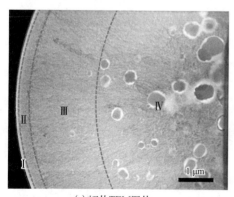

(a) 切片 TEM 图片

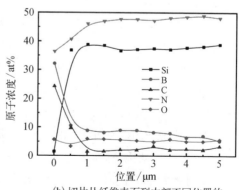

(b) 切片从纤维表面到内部不同位置的元素含量变化曲线

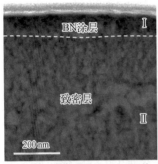
(c) 切片不同位置的HADDF图片

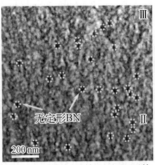
(d) 切片不同位置的HADDF图片

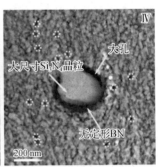
(e) 切片不同位置的HADDF图片

(f) 切片不同位置的
HR-TEM图片

(g) 切片不同位置的
HR-TEM图片

(h) 切片不同位置的
HR-TEM图片

(i) 切片不同位置的
HR-TEM图片

图 5-21　SNB-7-1 h 纤维 TEM 分析

图片可以看出区域Ⅳ的相分离反应更加明显,形成了异常长大的 Si_3N_4 纳米晶颗粒,尺寸可达 200 nm 以上,在纳米晶周围包裹有一层无定形 BN 以及纳米孔 [图 5-21(i)]。综合以上分析,在 N_2 气氛中经 1 700℃ 处理后,SiBN 纤维在径向形成元素组成、微结构成分、晶粒与孔隙等微观结构的梯度分布,是在高温处理过程中表层硼原子的氮化、Si—N—B 网络结构的相分离、Si_3N_4 的分解与结晶等反应的共同结果。

　　综合上述关于纤维组成/结构梯度的表征,SiBN 纤维的高温结晶过程可以描述如下(图 5-22):高温处理后会导致 SiBN 纤维高温处理后会导致 Si—N—B 网络结构中 Si—N 和 N—B 的断裂,该过程增加了各个原子的扩散速率,因此会形成能量更低的含 Si—N—Si 骨架结构的 Si_3N_4 和含 B—N—B 骨架结构的 BN,即发生相分离反应。与此同时,形成的 BN 在表面能驱动下会趋向于聚集,表现为含 B 组分从 Si_3N_4 中析出,并在 Si_3N_4 周围形成 BN 包覆层。一旦 Si_3N_4 中的 Si—N—B 网络结构分解,阻碍 Si_3N_4 形成完整晶格的因素随之消失,Si_3N_4 在高温作用下开始结晶。同时,因含 B 组分析出后形成的缺陷会伴随着 Si_3N_4 的结晶而聚集,最终在 Si_3N_4 结晶颗粒周围形成纳米孔(也可能是由于 Si_3N_4 的高温分解产生）。当外部活性 N_2 气氛存在时,部分析出的 B 原子会在纤维表面与活性 N 原子键合,形成稳定的 B—N—B 骨架结构。在该反应的驱动作用下,纤维表面的化学势会低于纤维内部,导致纤维内部 B 原子会源源不断地扩散至纤维表层,从而形成了硼含量的梯度分布。

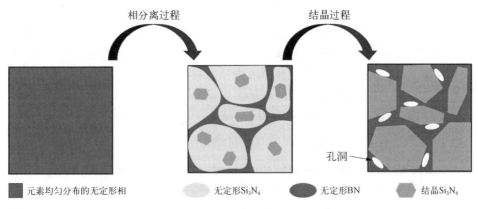

图 5 - 22　SiBN 纤维高温结晶过程示意图

　　通过上述分析结果,可以推测 B 原子以 Si—N—B 网络结构形式存在能够抑制无定形 Si_3N_4 形成完整晶格,从而提高了结晶温度。当含 B 原子通过相分离反应析出后,无定形 Si_3N_4 开始结晶,因此其高温结晶过程会伴随着相分离反应的发生。Tavakoli 等[11]已经通过实验证实无定形的 SiBN(C)陶瓷体系属于热力学不稳定状态,在没有外部环境作用下仍具有通过相分离反应和原子迁移形成低能量的完整晶格趋势。实验结果表明,SiBN 纤维在高温下仍能够处于无定形结构的亚稳态,除非达到一定高温后 Si—N 和 N—B 等键合发生断裂和原子迁移速率进一步增加,才能跨越无定形 SiBN 纤维自发形成热力学稳定状态的能量势垒,使纤维形成结晶相。因此,SiBN 纤维的高温结晶属于动力学控制过程,其能量势垒主要来源于 Si—N 和 N—B 等键合能以及随后的高温原子迁移活化能。

5.2.3　结晶动力学分析

　　前面分析结果表明,SiBN 纤维的相分离反应与高温结晶属于热力学自发过程,在高温下主要受动力学因素控制,其高温结晶行为与 B 含量存在相关性。通过对不同 B 含量的 SiBN 纤维在 1 600℃ N_2 气氛中的结晶动力学开展研究,测试了 SiBN 纤维经高温处理不同时间(1~8 h)后的 XRD 谱图,并以此为基础定量分

析了处理时间与 α-Si$_3$N$_4$ 和 β-Si$_3$N$_4$ 结晶相含量的关系及结晶相的形成机制。

进一步分析不同 B 含量的 SiBN 纤维在 1 600℃ N$_2$ 中处理不同时间前后的 XRD 谱图(图 5-23),处理 1 h 后,SNB-5 和 SNB-7 两种纤维仍保持了无定形状态,而随着处理时间的延长,所有 SiBN 纤维均由无定形结构转变生成 α-Si$_3$N$_4$ 和 β-Si$_3$N$_4$ 等微晶且微晶含量逐渐增加。对于不同 B 含量的 SiBN 纤维,其形成的微晶结构存在明显不同:SNB-0 纤维主要形成 α-Si$_3$N$_4$ 和少量 β-Si$_3$N$_4$ 结晶相;SNB-3 纤维和 SNB-5 纤维主要形成 β-Si$_3$N$_4$ 结晶相;SNB-7 纤维也主要形成 β-Si$_3$N$_4$ 结晶相,同时还会形成少量的 α-Si$_3$N$_4$ 结晶相。该结果说明升高温度和延长处理时间对 SiBN 纤维的高温结晶行为具有等效性。在相同的处理时间下,B 含量较高的 SiBN 纤维具有较低的结晶度,表明 B 元素对 SiBN 纤维的高温结晶具有明显抑制作用。当 B 含量增加至 6.81%,SNB-7 纤维经过高温处理后结晶度明显低于 B 含量较低的三种 SiBN 纤维。

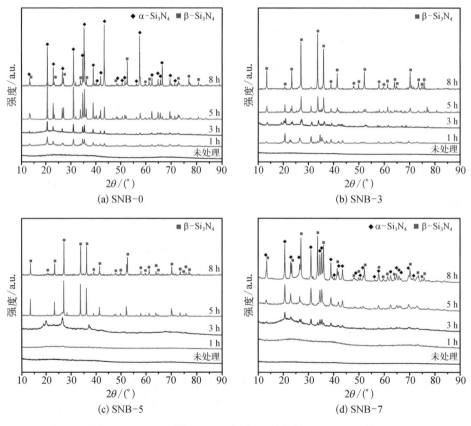

图 5-23　SiBN 纤维经 1 600℃处理不同时间后的 XRD 谱图

随着处理时间的延长,所有 SiBN 纤维的结晶度及 $\alpha - Si_3N_4$ 和 $\beta - Si_3N_4$ 含量均逐渐增加。采用经典的 Johnson - Mehl - Avrami - Kolmogorov(JMAK)理论对上述 SiBN 纤维中的 $\alpha - Si_3N_4$ 和 $\beta - Si_3N_4$ 含量与处理时间关系进行研究[12,13]。根据该理论提出的结晶动力学模型,结晶相含量 X 与处理时间 t 的关系可以通过式(5-1)进行表示,其中 k 是与温度有关的动力学常数,通常可以表示结晶速率;n 称为 Avrami 指数,与结晶相的形成机理有关,表 5-3 列举了部分 Avrami 指数与结晶形核机理的对应关系。式(5-1)可以通过数学变换得到式(5-2),表明当所研究体系的结晶形核机理随结晶度增加不发生变化时,与结晶度相关的参数 $\ln\{-\ln[1-X(t)]\}$ 和 $\ln t$ 之间满足线性关系,所得曲线斜率即为 Avrami 指数 n,并可以通过曲线截距求得结晶速率常数 k。

$$X(t) = 1 - \exp[-(kt)^n] \tag{5-1}$$

$$\ln\{-\ln[1-X(t)]\} = n\ln t + n\ln k \tag{5-2}$$

表 5-3　不同 Avrami 指数对应的结晶形核机理

Avrami 指数 n	形核机理
0.5	具有明显初始体积的球状生长,一维生长模式
1.5	扩散控制、零形核速率,三维生长模式
1.5~2.5	扩散控制、形核速率减小,三维生长模式
2.5	扩散控制、形核速率恒定,三维生长模式
3	位点饱和、零形核速率,三维生长模式
3~4	形核速率降低,三维生长模式

图 5-24 分别展示了 $\alpha - Si_3N_4$ 和 $\beta - Si_3N_4$ 含量的 $\ln\{-\ln[1-X(t)]\}$ 参数与处理时间的对数 $\ln t$ 之间的关系曲线,可以发现所有曲线均能较好地满足线性关系。通过分析所得曲线的斜率和截距可以分别计算得到 $\alpha - Si_3N_4$ 和 $\beta - Si_3N_4$ 结晶过程中的 Avrami 指数 n 和结晶速率常数 k,所有计算结果总结于表 5-4,$\alpha - Si_3N_4$ 主要存在于 SNB-0 和 SNB-7 纤维经高温处理后的样品中。对比两种不同 B 含量的 SiBN 纤维,发现 $\alpha - Si_3N_4$ 结晶过程中的 Avrami 指数 n 和结晶速率常数 k 均存在较大区别:SNB-0 和 SNB-7 纤维的 Avrami 指数 n 分别为 0.7 和 1.8,说明 SNB-0 纤维的 $\alpha - Si_3N_4$ 结晶属于具有初始形核的一维晶粒长大过程,而 SNB-7 纤维的 $\alpha - Si_3N_4$ 结晶则属于受扩散控制的三维连续形核过程,且形核速率逐渐减小。对比结晶速率常数发现,SNB-7 纤维的 $\alpha - Si_3N_4$ 结晶速率常数比 SNB-0 纤维的低约 1 个数量级,这与 B 元素能够有效抑制 $\alpha - Si_3N_4$ 的高温结晶过程有关。

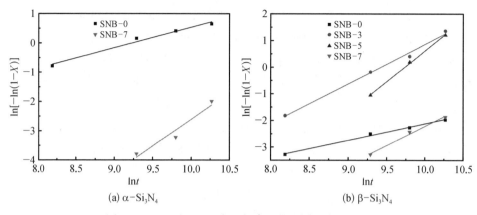

(a) α-Si₃N₄   (b) β-Si₃N₄

图 5 - 24　通过 JMAK 方程拟合后的不同硼含量 SiBN
纤维含量与处理时间的线性关系曲线

表 5 - 4　不同 B 含量 SiBN 纤维的结晶速率常数和 Avrami 指数

样　品	α - Si$_3$N$_4$		β - Si$_3$N$_4$	
	n	k_α /s^{-1}	n	k_β /s^{-1}
SNB - 0	0.7	9.8×10^{-5}	0.6	1.5×10^{-6}
SNB - 3	—	—	1.5	8.1×10^{-5}
SNB - 5	—	—	3.4	5.9×10^{-5}
SNB - 7	1.8	1.1×10^{-5}	1.4	9.7×10^{-6}

　　所有 SiBN 纤维经过高温处理后均会形成不同含量的 β - Si$_3$N$_4$,对比其 Avrami 指数 n 发现,随着硼含量逐渐增加至 5.14%,Avrami 指数值从 0.6 逐渐增加至 3.4,表明 β - Si$_3$N$_4$ 的形核机理从具有初始形核的一维晶粒长大过程,逐渐转变为形核速率为零且主要受三维晶粒长大的结晶过程和形核速率逐渐减小的三维连续形核过程。当 B 含量增加至 6.81% 后,Avrami 指数变为 1.4,继而转变为形核速率为零且主要受三维晶粒长大的结晶过程。

　　以上结果表明,B 含量对 SiBN 纤维高温结晶形核速率具有重要影响,B 元素增加有利于提高形核速率,但当 B 含量增加至 6.81% 后,形核速率会有所降低,可能与形核过程中的原子迁移被抑制有关。无定形 Si$_3$N$_4$ 的高温结晶不仅与形核速率有关,还受晶粒长大速率控制,因此形核速率和晶粒长大速率共同决定了其结晶速率。对比不同 B 含量的 β - Si$_3$N$_4$ 结晶速率常数,SNB - 3 和 SNB - 5 纤维的结晶速率常数分别为 8.1×10^{-5} s^{-1} 和 5.9×10^{-5} s^{-1},均比 SNB - 0(1.5×10^{-6} s^{-1}) 和 SNB - 7(9.7×10^{-6} s^{-1}) 纤维高一个数量级。因此,从结晶动力学角度,B 含量在 3.56%~5.14% 会显著提高 SiBN 纤维 β - Si$_3$N$_4$ 结晶速率;而当 B 含量达到 6.81% 后,B 元素对 β-Si$_3$N$_4$ 的结晶促进作用不明显,但会显著降低 α-Si$_3$N$_4$ 的结晶速率。

5.2.4　SiBN 纤维在高温氮气中力学性能的变化

　　SiBN 纤维高温处理后的力学性能对其能否在高温条件下起到增强作用至关重要。图 5-25 展示了不同 B 含量 SiBN 纤维的拉伸强度和弹性模量与处理温度的关系曲线。经过 1 400℃ 处理后,SNB-0 纤维的拉伸强度急剧下降,并在处理温度达到 1 500℃ 时完成丧失力学强度。对于 SNB-3、SNB-5 和 SNB-7 等 SiBN 纤维,其均可以在经过 1 500℃ 处理后基本保持拉伸强度不变,部分纤维的拉伸强度还略有升高;经 1 600℃ 处理后,SiBN 纤维的拉伸强度均开始下降,拉伸强度保留率基本在 50% 以上。与此同时,SiBN 纤维的弹性模量也均随温度升高而增加,可能与纤维高温处理后孔隙收缩有关。对比不同 B 含量的 SiBN 纤维,发现 B 含量较高的 SiBN 纤维经过相同温度处理后具有更高的拉伸强度。结合前面关于 SiBN 纤维高温组成结构演变规律研究,SiBN 纤维在高温下具有优异的力学性能,得益于 Si—N—B 网络结构等含 B 组分对无定形 Si$_3$N$_4$ 的高温结晶和高温分解的抑制作用。

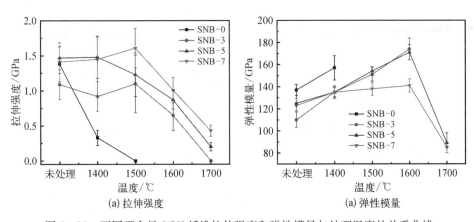

　　　　　(a) 拉伸强度　　　　　　　　　　　　(a) 弹性模量

图 5-25　不同硼含量 SiBN 纤维拉伸强度和弹性模量与处理温度的关系曲线

　　经过 1 700℃ 处理后,SiBN 纤维的弹性模量和拉伸强度均开始显著下降,其中 SNB-3 纤维完全失去力学强度,SNB-5 和 SNB-7 纤维的弹性模量分别降低至 89 GPa 和 85 GPa,拉伸强度分别降低至 0.2 GPa 和 0.5 GPa。根据前面的研究结果可知,SiBN 纤维经过 1 700℃ N$_2$ 气氛处理后会在径向形成组成/结构梯度,尽管不会改变纤维表层光滑致密的微观形貌,但是由于 Si$_3$N$_4$ 的结晶和分解,纤维内部形成多孔结构导致纤维的拉伸强度和弹性模量均急剧下降。综合以上分析,如果仅考虑纤维的力学性能,SiBN 纤维在高温下的使用温度可达 1 600℃；当 B 含量达到 6.81% 以上后,SiBN 纤维的使用温度可以达到 1 700℃,比 Si$_3$N$_4$纤维 1 400℃的使用温度提高了约 300℃[14]。

5.3　硼含量与 SiBN 纤维在氩气中的耐高温性能

5.3.1　高温处理后的组成结构变化

对氩气中不同温度处理后的 SNB - 7 纤维进行 FTIR 分析,结果如图 5 - 26 所示。随着处理温度的升高,位于 1 380 cm^{-1}的 B—N 对称振动吸收峰的强度会逐渐增加,而位于 1 541 cm^{-1}的 B—N 不对称振动吸收峰强度则会相应减弱,与在氮气气氛中的谱图变化规律一致,表明 SiBN 纤维经过氩气高温处理后 Si—N—B 网络结构也会发生相分离反应,最终形成骨架结构为 B—N—B 的 BN 和骨架结构为 Si—N—Si 的 Si$_3$N$_4$。

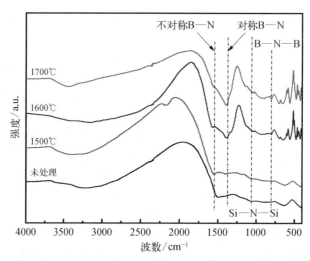

图 5 - 26　SNB - 7 纤维在氩气气氛中经不同温度处理后的 FTIR 光谱图

为了研究 SiBN 纤维在高温氩气气氛中的结晶行为,首先对经 1 500℃和 1 600℃氩气处理后的纤维样品进行 XRD 分析,结果如图 5 - 27 所示。SNB - 0 纤维经过 1 500℃处理后开始结晶生成 α - Si$_3$N$_4$和 β - Si$_3$N$_4$,此时 SNB - 3 和

SNB-5 纤维也生成了少量的 Si_2N_2O 微晶,而 SNB-7 纤维检测不到任何衍射峰,为无定形结构;经过 1 600℃处理后,SNB-0 纤维中,大部分 $\alpha-Si_3N_4$ 和 $\beta-Si_3N_4$ 会发生高温分解反应形成自由硅,与此同时,SNB-3、SNB-5 和 SNB-7 纤维等 SiBN 纤维也开始明显结晶,形成 $\alpha-Si_3N_4$、$\beta-Si_3N_4$ 和 Si_2N_2O。因此,SiBN 纤维在氩气气氛中的起始结晶温度均低于氮气气氛(1 700℃)。考虑到 SiBN 纤维的高温结晶为固相过程,理论上不受气氛中的氮气分压影响,但低的氮气分压会使 Si_3N_4 高温分解反应更容易发生,从而导致 SiBN 纤维在氩气气氛中的结晶温度降低。当 Si_3N_4 发生高温分解后,会形成低熔点的自由硅,其可以通过溶解-再沉淀过程加速 Si_3N_4 结晶的形核速率。上述结果侧面说明了无定形 SiBN 纤维等陶瓷材料在高温作用下会先倾向于先发生部分组分的分解反应,然后才开始形核结晶。

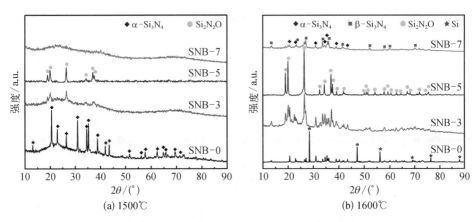

图 5-27　不同硼含量 SiBN 纤维经 1 500℃和 1 600℃氩气气氛处理后的 XRD 谱图

对比不同硼含量的 SiBN 纤维经过 1 600℃处理后的 XRD 谱图,可以发现结晶相种类及其衍射峰强度与硼含量密切相关:对于硼含量为 3.56% 的 SNB-3 纤维,XRD 谱图中的衍射峰主要归属于 $\alpha-Si_3N_4$ 和 $\beta-Si_3N_4$,同时还检测到较明显的 Si_2N_2O 衍射峰;硼含量为 5.14% 的 SNB-5 纤维只能检测到 Si_2N_2O 衍射峰,且强度很高;硼含量增加至 6.81% 后,SNB-7 纤维的 $\alpha-Si_3N_4$ 和 $\beta-Si_3N_4$ 衍射峰都比较明显,但强度明显低于 SNB-3 纤维,且检测不到 Si_2N_2O 的衍射峰。前面通过 EELS 能谱沿纤维径向的半定量分析已经证实,SiBN 纤维存在富氧表层[图 5-8(c)],具有形成 Si_2N_2O 结晶的基本组成因素,推测 Si_2N_2O 结晶主要存在于纤维表层。

进一步对不同硼含量的 SiBN 纤维在氩气气氛中进行 1 700℃高温处理,并测试了高温处理后纤维样品的 XRD 谱图,结果如图 5-28 所示。SNB-0 纤维

中的 Si_3N_4 基本完全分解成单质硅,其 XRD 谱图主要检测到单质硅的衍射峰。SNB-3、SNB-5 和 SNB-7 等 SiBN 纤维中的 Si_3N_4 也发生了不同程度的热分解反应并产生大量的自由硅,且随着硼含量的增加,自由硅的衍射峰强度逐渐减弱,表明硼元素对 Si_3N_4 的高温热分解反应具有明显抑制作用。所有 SiBN 纤维均没有出现 $\alpha-Si_3N_4$ 和 $\beta-Si_3N_4$ 的衍射峰,其在 1 600℃ 下形成的 Si_2N_2O 也基本分解完全,表明在低氮气分压的氩气气氛中,Si_3N_4 的结晶相(包括 $\alpha-Si_3N_4$、$\beta-Si_3N_4$ 和 Si_2N_2O)很容易发生分解反应。与此同时,无定形 BN 开始结晶,高温环境中的少量含碳气氛很容易渗入纤维高温分解后形成的多孔结构中,并与自由硅反应形成 $\beta-SiC$ 微晶。

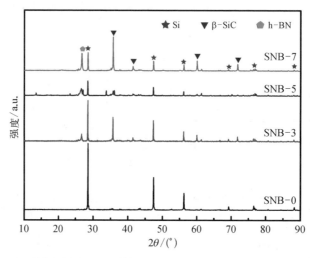

图 5-28　不同硼含量 SiBN 纤维经过 1 700℃ 氩气气氛处理后的 XRD 谱图

通过 SEM 对 1 700℃ 氩气处理后的 SiBN 纤维样品进行微观形貌分析。经过 1 700℃ 处理后,SNB-0(氮化硅)纤维完全失去纤维形状,分解产生的单质硅在高温下熔融,并通过表面张力作用形成微米级小球。SiBN 纤维经过 1 700℃ 处理后能保持纤维形状,但力学强度已经急剧下降。经 1 700℃ 处理后,SNB-3 纤维表面形成粗大的孔洞,截面 SEM 图片说明纤维内部孔洞尺寸更大,高温分解更严重,且产生了尺寸接近微米级的结晶颗粒(图 5-29)。SNB-5 和 SNB-7 纤维的孔洞明显减少,且尺寸较 SNB-3 纤维小,说明硼含量进一步增加,高温分解反应程度显著降低。截面图片也表明,SNB-5 和 SNB-7 纤维高温处理后具有相对致密的微观形貌,未出现明显分层结构。这些结果也说明了硼元素能够显著提高 SiBN 纤维在高温下的微观结构稳定性能。

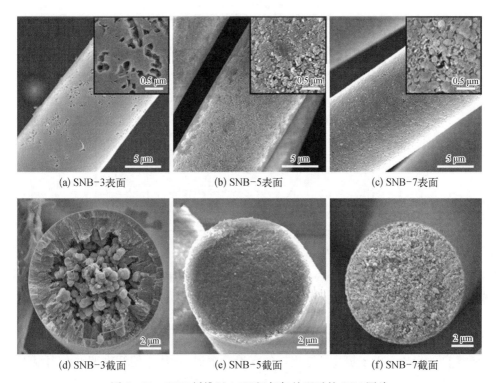

　(a) SNB-3表面　　　　　　　(b) SNB-5表面　　　　　　(c) SNB-7表面

　(d) SNB-3截面　　　　　　　(e) SNB-5截面　　　　　　(f) SNB-7截面

图 5-29　SiBN 纤维经 1 700℃氩气处理后的 SEM 图片

　　综合以上分析,SiBN 纤维在氩气中相比氮气气氛更容易发生相分离反应,导致纤维在 1 500℃开始形成微晶。SNB-7 纤维由于硼含量较高,在 1 500℃保持无定形结构。经过 1 600℃处理后,SiBN 纤维均开始发生明显的结晶现象,生成 α-Si_3N_4、β-Si_3N_4 和 Si_2N_2O 等结晶相;经 1 700℃处理后,SiBN 纤维形成多孔结构。

5.3.2　SiBN 纤维在高温氩气中的力学性能变化

　　图 5-30 为不同硼含量的 SiBN 纤维在氩气气氛中经过不同温度处理 1 h 后的拉伸强度变化情况。SNB-0(氮化硅)纤维经过 1 400℃处理后即完全失去力学强度。SNB-3、SNB-5 和 SNB-7 等纤维在处理温度低于 1 500℃时可以保持拉伸强度基本不变;经过 1 600℃处理后,SNB-3 和 SNB-5 纤维的拉伸强度基本维持在 1.0 GPa 左右,而 SNB-7 纤维的拉伸强度则下降至约 0.5 GPa,说明硼元素能够有效减缓 SiBN 纤维在高温下的拉伸强度下降,SNB-3 和 SNB-5 纤维经过高温处理后会形成 Si_2N_2O 表层,对维持纤维力学强度具有重要作用。

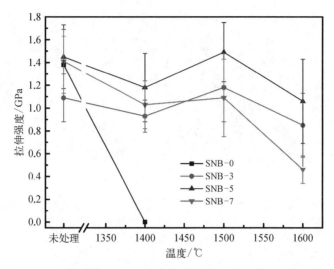

图 5 - 30　不同硼含量 SiBN 纤维拉伸强度与处理温度的关系曲线

根据热力学计算(图 5 - 31),Si_2N_2O 结晶的分解温度在 1 880℃,要高于结晶态 Si_3N_4 的分解温度(1 841℃),并且远高于无定形 Si_3N_4 的分解温度。因此,Si_2N_2O 的形成有助于提高纤维表层的高温分解温度,从而使纤维能够在高温下保持较高的拉伸强度。然而,SNB - 7 纤维的表面缺陷多于 SNB - 3 和 SNB - 5 纤维,这可能是其高温拉伸强度偏低的主要原因。

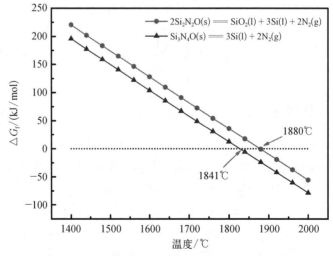

图 5 - 31　Si_2N_2O 和 Si_3N_4 结晶相热分解反应的标准
吉布斯自由能与温度的关系曲线

为了研究不同硼含量 SiBN 纤维经高温处理后拉伸强度变化的原因,对 SiBN 纤维在氩气气氛中进行了室温~1 900℃内的 TG 测试(图 5 - 32)。所有纤维在 200℃ 左右均出现了不同程度的热失重现象,为纤维在空气中吸附水气的释放。SNB - 0 纤维在 1 550℃ 就开始出现明显的失重现象,结合其在 1 400℃ 完全失去力学强度,说明微弱的分解就破坏了 SNB - 0 纤维的结构强度。尽管 SNB - 3 和 SNB - 5 纤维在 1 500~1 700℃ 附近也开始出现缓慢的失重现象,但直到温度升高到 1 700℃ 以上才开始出现质量的急剧下降,SNB - 5 纤维甚至接近 1 750℃ 时才出现质量的急剧下降。值得指出的是,SNB - 3 和 SNB - 5 纤维在 1 500~1 600℃ 附近的质量损失并没有造成拉伸强度的显著下降,这主要是因为表层生成了 Si_2N_2O。对比 SNB - 7 纤维,其高硼含量抑制了 Si_2N_2O 形成,同时也抑制了在 1 500~1 600℃ 的质量损失,但当处理温度达到 1 640℃ 时,相分离反应发生,硼元素析出伴随无定形 Si_3N_4 的高温分解,导致纤维急剧失重。此时,高温力学强度反而低于 SNB - 3 和 SNB - 5 纤维。因此,单从氩气气氛中的高温稳定性进行比较,SNB - 3 和 SNB - 5 两种纤维具有更优的耐高温性能。

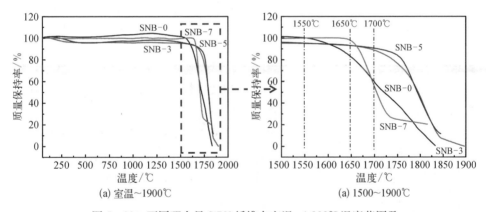

图 5 - 32 不同硼含量 SiBN 纤维在室温~1 900℃ 温度范围及 1 500~1 900℃ 温度区间的放大 TG 曲线

(测试条件:氩气气氛,升温速率为 10℃/min)

5.4 硼含量与 SiBN 纤维的抗高温氧化性能

5.4.1 SiBN 纤维的氧化过程

SiBN 纤维由无定形 Si_3N_4、BN 和 Si—N—B 网络结构所组成,这些组分经过高温空气气氛处理后会生成 SiO_2 和 B_2O_3 等氧化物,宏观上表现为纤维氧含量的增加。表 5-5 列举了不同硼含量的 SiBN 纤维经过 1 000~1 400℃ 空气气氛处理后的氧含量变化情况。当处理温度为 1 000℃ 时,SNB-0 和 SNB-3 等 SiBN 纤维氧含量基本不发生变化,而 SNB-5 和 SNB-7 等 SiBN 纤维的氧含量增加约 2%,表明高硼含量 SiBN 纤维更容易被氧化。这主要是因为高硼含量 SiBN 纤维具有较多的 BN,会在 1 000℃ 以上高温下发生氧化反应[式(5-3)]。随着处理温度的升高,所有 SiBN 纤维的氧含量均逐渐增加。对于 SNB-5 和 SNB-7 两种 SiBN 纤维,尽管起始氧化温度要高于 SNB-0 和 SNB-3 纤维,但是氧含量随温度升高的增长速率却较缓慢,这可能与氧化产物 B_2O_3 在高温下易形成挥发气体逸出有关[式(5-4)]。

表 5-5　SiBN 纤维在空气气氛中经不同温度氧化 1 h 后的氧含量

温度/℃	氧含量/%			
	SNB-0	SNB-3	SNB-5	SNB-7
未处理	2.15	2.33	1.60	1.74
1 000	2.70	2.15	3.58	4.06
1 200	3.24	3.88	4.55	4.83
1 300	4.35	5.29	5.44	5.06
1 400	6.62	6.75	6.56	6.55

为了分析 SiBN 纤维氧化后的组成结构变化情况,首先对纤维经过 1 300℃ 空气气氛氧化 1 h 后的表面进行 XPS 分析[图 5-33(a)]。从图中可以看出,所有 SiBN 纤维经空气气氛氧化后的表层组成元素主要有硅和氧,未检测到硼元素

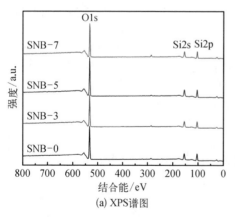

(a) XPS 谱图

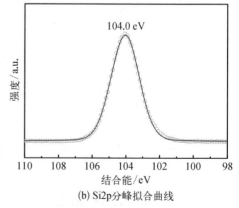

(b) Si2p 分峰拟合曲线

图 5-33　不同硼含量 SiBN 纤维经空气气氛 1 300℃ 氧化 1 h 后的
XPS 谱图及 SNB-5 纤维氧化后的 Si2p 分峰拟合曲线

的信号,从而验证了硼元素氧化形成的 B_2O_3 易挥发逸出至纤维外部,同时 Si_3N_4 被完全氧化[式(5-5)],最终在纤维表面形成 SiO_2 氧化层。Si2p 分峰拟合后的位置为 104 eV,也可以证实纤维表面氧化层的化学组分为 SiO_2[图 5-34(b)]。

$$2BN(s) + 1.5O_2(g) \Longrightarrow B_2O_3(l) + N_2(g) \qquad (5-3)$$

$$B_2O_3(l) \Longrightarrow B_2O_3(g) \qquad (5-4)$$

$$Si_3N_4(s) + 3O_2(g) \Longrightarrow 3SiO_2(s) + 2N_2(g) \qquad (5-5)$$

$$2B_2O_3(l) + Si_3N_4(s) \Longrightarrow 3SiO_2(s) + 4BN(s) \qquad (5-6)$$

图 5-34 为 SNB-5 纤维经过 1 000~1 400℃空气气氛氧化 1 h 后的截面和表面 SEM 图片。当处理温度为 1 000℃时,纤维截面没有观察到明显的氧化层;处理温度升高到 1 200℃时,可以观察到厚度约为 185 nm 的氧化层。随着处理温度升高至 1 300℃和 1 400℃,氧化层厚度分别增长至 318 nm 和 512 nm。纤维氧化层厚度随处理温度的增长与氧含量随处理温度的增长具有一致性。从纤维表面的 SEM 图片可以看出,SNB-5 纤维经过 1 000~1 400℃空气气氛氧化后均

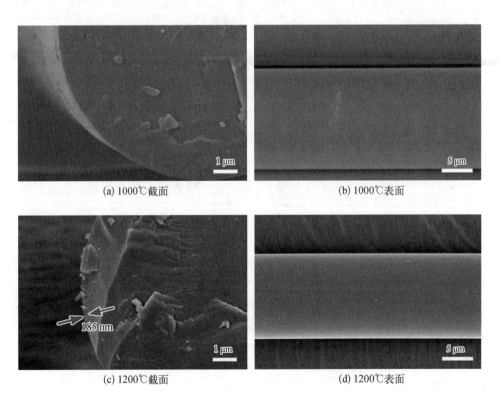

(a) 1000℃截面　　　　　　　　　　　(b) 1000℃表面

(c) 1200℃截面　　　　　　　　　　　(d) 1200℃表面

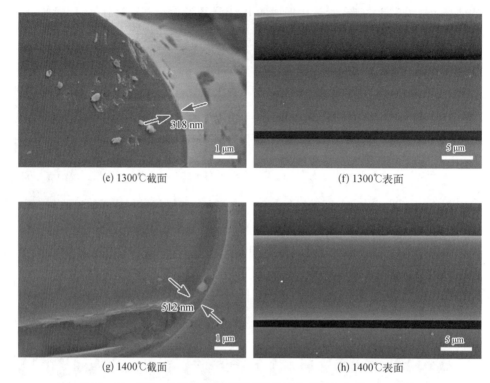

(e) 1300℃截面　　　　　　　　　　　　(f) 1300℃表面

(g) 1400℃截面　　　　　　　　　　　　(h) 1400℃表面

图 5-34　SNB-5 纤维经不同温度氧化后的截面和表面 SEM 图片

能保持光滑致密的微观形貌,未出现氧化层与纤维基体因热膨胀系数失配而形成的裂纹。光滑的纤维表面形貌有利于降低其表面缺陷,但氧化层在高温下的熔融会导致纤维之间互相黏结在一起,单丝的剥离容易造成损伤,力学性能的测试则会出现较大偏差。

图 5-35 为不同硼含量的 SiBN 纤维经过 1 300℃空气气氛处理 1 h 后的截

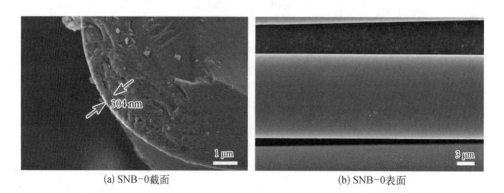

(a) SNB-0截面　　　　　　　　　　　　(b) SNB-0表面

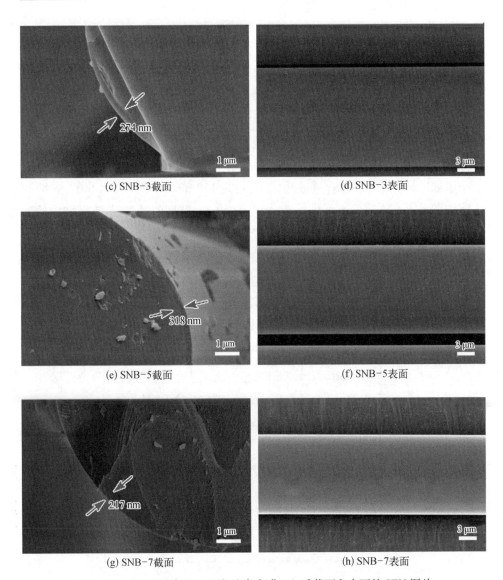

(c) SNB-3截面　　　　　　　　　　　(d) SNB-3表面

(e) SNB-5截面　　　　　　　　　　　(f) SNB-5表面

(g) SNB-7截面　　　　　　　　　　　(h) SNB-7表面

图 5-35　SiBN 纤维经 1 300℃空气氧化 1 h 后截面和表面的 SEM 图片

面和表面 SEM 图片。SNB-0 纤维的氧化层厚度为 304 nm,氧化层与纤维基体之间存在明显缝隙。SNB-3 和 SNB-5 纤维的氧化层厚度与 SNB-0 纤维相当,均为 300 nm 左右,但氧化层与纤维基体之间连接紧密,未出现明显的缝隙,说明硼元素经高温氧化后部分熔融 B_2O_3 渗入纤维内部会对微裂纹起到一定的愈合作用。SNB-7 纤维形成的氧化层厚度最低,为 217 nm,可能与高温下 B_2O_3 的挥发有关。

为了分析 SiBN 纤维经高温氧化后的氧化层结构,通过二次离子质谱(secondary ion mass spectroscopy, SIMS)对 SNB－5 纤维经过 1 300℃空气气氛氧化 1 h 后的表层进行深度剖析,结果如图 5－36 所示。根据不同剖析深度溅射出的氧离子信号强度变化情况,SNB－5 纤维的氧化层厚度为～330 nm,与通过 SEM 图片获得的氧化层厚度基本一致。同时,在氧离子强度大幅减弱前,存在深度约为 75 nm 的氧离子强度渐变区域,表明氧化层和纤维基体之间存在氧气扩散形成的过渡区域。对硼离子信号强度分析表明,纤维氧化层还可以细分成三个精细区域:最外层硼含量很低,厚度约为 150 nm,主要组分为 SiO_2,表明该区域的硼元素基本挥发至纤维外部;接着为 50 nm 厚度的过渡层,该区域中的硼含量和氮含量随着测试深度的增加而增加,表明硼元素可能通过与氮元素键合形成 BN 保留在纤维内部,BN 的形成过程可以用式(5－6)表示,即 B_2O_3 会与 Si_3N_4 反应后析出 BN,并同时转变形成 SiO_2。SiBCN 纤维经过高温氧化后也会形成类似的 BN 析出[15,16]。随着剖析深度进一步增加,纤维中的硼、氮和氧等离子强度趋于稳定,表明该区域为部分氧化的 SiBN 基体(SiBNO)。

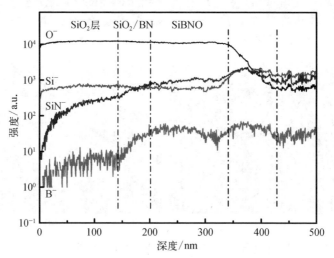

图 5－36　SNB－5 纤维经过 1 300℃空气气氛氧化
1 h 后的表层元素含量 SIMS 深度剖析

综合以上分析,提出了 SiBN 纤维经空气气氛氧化后的氧化层结构模型(图 5－37),即纤维氧化层由外到内的主要组分依次为 SiO_2、SiO_2/BN 和 SiBNO,并在氧化层和纤维基体之间存在氧含量逐渐降低的过渡区域。根据所提出的氧化层结构模型,SiBN 纤维在空气气氛中的氧化过程如图 5－38 所示:

BN 在 1 000℃以上温度开始氧化形成 B_2O_3，随着氧化温度升高至 1 200℃以上，Si_3N_4 开始氧化形成 SiO_2；与此同时，纤维表层的 B_2O_3 会挥发至纤维外部，所以氧化层的最外层主要组分为 SiO_2；氧化层内部的熔融 B_2O_3 则会渗入纤维内部起到自愈合作用，同时还会与 Si_3N_4 反应析出 BN 并产生 SiO_2。氧气在向纤维内部扩散的过程中浓度逐渐降低，会将纤维基体部分氧化，形成主要组分为 SiBNO 的区域和氧含量逐渐减少的氧化过渡区域。

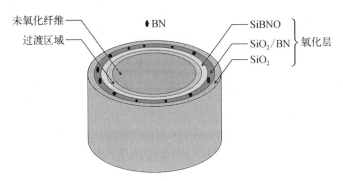

图 5 - 37　SiBN 纤维在空气气氛中氧化后的氧化层结构模型

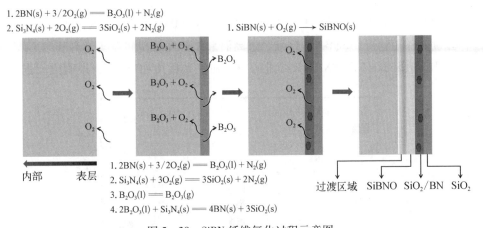

图 5 - 38　SiBN 纤维氧化过程示意图

图 5 - 39 计算了上述物理化学变化的标准吉布斯自由能与温度的关系曲线，所有涉及的化学反应在 1 000~2 000℃下的标准吉布斯自由能均小于零，表明反应均可以自发进行。对于熔融态 B_2O_3 的气化这一物理变化过程，其在 1 000~2 000℃的标准吉布斯自由能均大于零，但考虑到空气气氛中的气态 B_2O_3 分压很低，根据反应平衡原理会促进该物理变化的发生，因此在所研究温度范围内也能够自发进行。

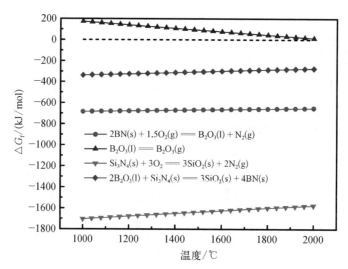

图 5-39 SiBN 纤维氧化过程中各反应的标准
吉布斯自由能与温度的关系曲线

5.4.2　SiBN 纤维经空气氧化后的力学性能

图 5-40 为不同硼含量的 SiBN 纤维经过 1 300℃空气气氛氧化 1 h 后的拉伸强度及保留情况。SNB-0 纤维经过高温氧化处理后拉伸强度只有 0.61 GPa，而 SNB-3、SNB-5 和 SNB-7 纤维的拉伸强度为 0.70~0.8 GPa，说明硼元素有

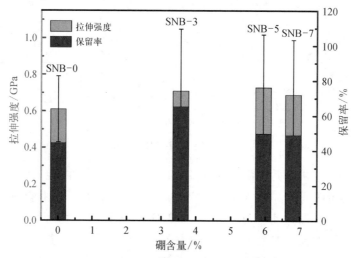

图 5-40 不同硼含量 SiBN 纤维经 1 300℃空气气氛
氧化 1 h 后的拉伸强度及其保留率

利于 SiBN 纤维在高温氧化条件下能够保持较高的拉伸强度,主要原因是氧化产物 B_2O_3 在高温下为低黏度的液体,会对纤维中的微裂纹起到自愈合作用。

　　为了评估 SiBN 纤维在高温空气气氛中的长时使用情况,对不同硼含量的 SiBN 纤维经 1 300℃空气气氛处理 30~90 min 后的拉伸强度进行测试,结果如图 5-41 所示。由图可知,在相同处理条件下,硼含量较高的 SiBN 纤维具有较高的拉伸强度,但区别不大。所有纤维均在氧化时间为 30 min 时下降至 0.8 GPa 左右,且随着处理时间的延长,拉伸强度逐渐降低。当处理时间达到 90 min 后,拉伸强度均下降至 0.6 GPa 左右,拉伸强度保留率接近 50%。综上所述,尽管硼元素的引入会加速 SiBN 纤维的高温氧化反应,但是所形成的 B_2O_3 会渗入纤维内部起到自愈合作用,硼含量较高的 SiBN 纤维经高温氧化后具有较高的拉伸强度。

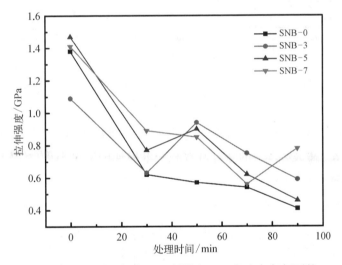

图 5-41　不同硼含量 SiBN 纤维在 1 300℃空气气氛下的
处理时间与拉伸强度关系曲线

5.5　SiBN 纤维介电性能研究

　　图 5-42 为不同硼含量的 SiBN 纤维在 7.3~18.5 GHz 电磁波频率内测试的介电常数 ε' 和介电损耗 $\tan\delta$。其中,SNB-0 纤维的介电常数和介电损耗分别为 6.3 和 0.015~0.021。随着硼含量的增加,SiBN 纤维的介电常数和介电损耗均逐渐降低,当硼含量增加至 6.81%时(对应 SNB-7 纤维),其介电常数和介电损耗分别降低至 3.5 和 0.005~0.006,因此硼含量的增加能够有效提高 SiBN 纤维

的电磁透波性能。根据 Lichtenecker 对数混合定律,介电常数和介电损耗的明显降低主要归结于 SiBN 纤维中低介电常数和介电损耗的 BN 组分的增加。同时,Si—N—B 网络结构会抑制微结构中电子云的流动,产生介电限域效应,也会降低介电常数和介电损耗[17,18]。

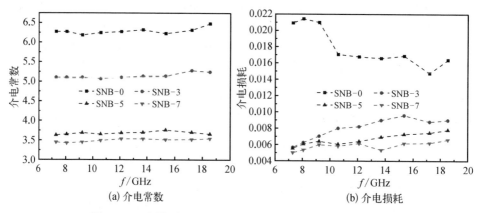

(a) 介电常数　　　　　　　　　　(b) 介电损耗

图 5-42　室温下 SNB-0、SNB-3、SNB-5 和 SNB-7 介电
常数和介电损耗与电磁波频率的关系曲线

为了进一步评估 SiBN 纤维在高温环境下的透波应用,测试了不同硼含量的纤维在 12 GHz 电磁波频率下的介电常数和介电损耗随测试温度(室温~1 200℃)的变化情况,结果如图 5-43 所示。

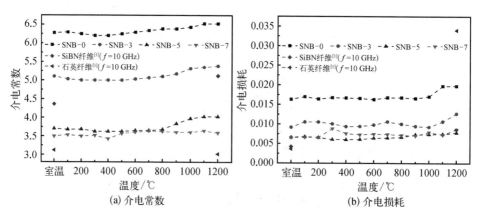

(a) 介电常数　　　　　　　　　　(b) 介电损耗

图 5-43　SNB-0、SNB-3、SNB-5 和 SNB-7 纤维介电常数和介电
损耗与测试温度的关系曲线(f=12 GHz,氩气气氛)

SNB-0 和 SNB-3 纤维的介电常数和介电损耗均随着测试温度的升高而缓慢增加,当温度升高到 1 200℃时,SNB-0 纤维的介电常数和介电损耗分别增

加至 6.5 和 0.02,SNB－3 纤维的介电常数和介电损耗则分别增加至 5.4 和 0.017。随着硼含量增加至 5.14%后,SNB－5 纤维在低于 800℃时可以保持介电常数和介电损耗基本不发生变化。但当温度升高至 800℃以上后,介电常数和介电损耗均会随温度升高而逐渐增加,并在 1 200℃时分别增加至 4.0 和 0.008。随着硼含量进一步增加至 6.81%,SNB－7 纤维可以在室温~1 200℃内保持介电常数和介电损耗基本稳定在初始值,因此具有优异的高温透波性能。以上分析表明含硼组分(包括 BN 和 Si—N—B 网络结构)可以有效维持 SiBN 纤维在高温下低介电常数和介电损耗的属性,这主要是因为含硼组分能够稳定纤维在高温下的组成结构演变,从而稳定了纤维对电磁波的相互作用。

　　SiBN 纤维介电常数和介电损耗均随硼含量的增加而明显降低,表明硼元素有利于纤维的电磁透波性能,主要归结于部分硼元素以低介电损耗 BN 的形式存在,以及 Si—N—B 网络结构对微结构中电子云流动的抑制作用。硼含量的增加还能够有效维持纤维从室温~1 200℃温域的低介电常数和介电损耗的特性,主要是因为含硼组分能够提升纤维在高温下组成结构的稳定性,从而稳定了纤维与电磁波的相互作用。SiBN 纤维在室温~1 200℃内的介电常数和介电损耗基本稳定在初始值,具有优异的高温透波性能。

参 考 文 献

[1] 唐云.先驱体转化法制备 SiBN 纤维研究[D].长沙:国防科学技术大学,2010.

[2] Cheng H, Li Y, Kroke E, et al. In situ synthesis of Si_2N_2O/Si_3N_4 composite ceramics using polysilyloxycarbodiimide precursors [J]. Journal of the European Ceramic Society, 2013, 33(11): 2181－2189.

[3] Vöklger K W, Kroke E, Gervais C, et al. B/C/N materials and B_4C synthesized by a non-oxide sol-gel process [J]. Chemistry of Materials, 2003, 15(3): 755－764.

[4] Lee K H, Shin H J, Lee J, et al. Large-scale synthesis of high-quality hexagonal boron nitride nanosheets for large-area graphene electronics [J]. Nano Letters, 2012, 12(2): 714－718.

[5] Xue Y, Zhou X, Zhan T, et al. Densely interconnected porous BN frameworks for multifunctional and isotropically thermoconductive polymer composites [J]. Advanced Functional Materials, 2018, 28(29): 1801205.

[6] Merenkov I S, Myshenkov M S, Zhukov Y M. Orientation-controlled, low-temperature plasma growth and applications of h－BN nanosheets [J]. Nano Research, 2019, 12(1): 91－99.

[7] Huang C, Chen C, Zhang M, et al. Carbon-doped BN nanosheets for metal-free photoredox catalysis [J]. Nature Communication, 2015, 6: 7698.

[8] Kumar R, Gopalakrishnan K, Ahmad I, et al. BN-graphene composites generated by covalent

cross-linking with organic linkers [J]. Advanced Functional Materials, 2015, 25(37): 5910 – 5917.

[9] Wang X, Wang H, Jian K. Synthesis and formation mechanism of $\alpha - Si_3N_4$ single-crystalline nanowires via direct nitridation of H_2-treated SiC fibres [J]. Ceramics International, 2018, 44(11): 12847 – 12852.

[10] Yun H M, Dicarlo J A. Comparison of the tensile creep and rupture strength properties off stoichiometric SiC fibers [J]. Ceramic Engineering and Science Proceedings, 1999, 20(4): 259 – 270.

[11] Tavakoli A H, Golczewski J A, Bill J, et al. Effect of boron on the thermodynamic stability of amorphous polymer-derived Si(B)CN ceramics [J]. Acta Materialia, 2012, 60(11): 4514 – 4522.

[12] Avrami M. Kinetics of phase change. I General theory [J]. The Journal of Chemical Physics, 1939, 7(12): 1103 – 1112.

[13] Emília I, Jaroslav Š. Thermal Analysis of Micro, Nano- and Non-Crystalline Materials [M]. Amsterdam: Springer Netherlands, 2012, 257 – 289.

[14] Hu X, Shao C, Wang J, et al. Characterization and high-temperature degradation mechanism of continuous silicon nitride fibers [J]. Journal of Materials Science, 2017, 52(12): 7555 – 7566.

[15] Cinibulk M K, Parthasarathy T A. Characterization of oxidized polymer-derived SiBCN fibers [J]. Journal of the American Ceramic Society, 2001, 84(10): 2197 – 2202.

[16] Ji X, Wang S, Shao C, et al. High-temperature corrosion behavior of SiBCN fibers for aerospace applications [J]. ACS Applied Materials & Interfaces, 2018, 10(23): 19712 – 19720.

[17] Dong J, Yang C, Cheng Y, et al. Facile method for fabricating low dielectric constant polyimide fibers with hyperbranched polysiloxane [J]. Journal of Materials Chemistry C, 2017, 5(11): 2818 – 2825.

[18] Movilla J, Planelles J, Jaskólski W. From independent particles to Wigner localization in quantum dots: The effect of the dielectric environment [J]. Physical Review B: Condensed Matter, 2006, 73(3): 035305.